中国环境史纲

周琼 耿金 著

高等教育出版社·北京

内容简介

　　本书梳理了环境史的概念、定义和研究内容,勾勒了环境史的学科兴起、发展过程,探讨了影响环境变迁的自然、人文因素和中国环境史研究中的史料来源等基础问题,纲要性地以时间为主线梳理了中国历史时期环境演变与人类活动的互动关系,从环境史角度再看中国历史发展脉络。本书在梳理过程中结合了目前环境史研究的新成果,并附有中国环境史研习推荐阅读书目。希望本书能为初入门环境史的学习者提供基础知识的系统学习与参照,帮助从事环境史教学和研究的学者找寻定位。

图书在版编目(CIP)数据

　　中国环境史纲 / 周琼,耿金著 . -- 北京:高等教育出版社,2022.2
　　ISBN 978-7-04-057353-4

　　Ⅰ. ①中… 　Ⅱ. ①周… ②耿… 　Ⅲ. ①环境 – 历史 – 研究 – 中国 　Ⅳ. ① X–092

　　中国版本图书馆 CIP 数据核字(2021)第 239978 号

中国环境史纲
ZHONGGUO HUANJINGSHI GANG

| 策划编辑 | 包小冰 | 责任编辑 | 包小冰 | 封面设计 | 姜　磊 | 版式设计 | 童　丹 |
| 责任校对 | 张　薇 | 责任印制 | 赵义民 | | | | |

出版发行	高等教育出版社	网　　址	http://www.hep.edu.cn
社　　址	北京市西城区德外大街4号		http://www.hep.com.cn
邮政编码	100120	网上订购	http://www.hepmall.com.cn
印　　刷	北京中科印刷有限公司		http://www.hepmall.com
开　　本	787mm×1092mm 1/16		http://www.hepmall.cn
印　　张	18.75		
字　　数	320千字	版　　次	2022年2月 第1版
购书热线	010-58581118	印　　次	2022年2月 第1次印刷
咨询电话	400-810-0598	定　　价	72.00元

本书如有缺页、倒页、脱页等质量问题,请到所购图书销售部门联系调换
版权所有　侵权必究
物 料 号　57353–00

目　　录

绪　论

　　历史学是一门传统的基础学科,有自己的研究对象、任务、性质、特征及发展规律。在顺应历史发展的过程中,历史学不断派生出众多适应新时代的分支学科,诸如政治史、经济史、思想史、文化史、制度史等。20 世纪以来,人类对生存环境的改造力度不断加大,由此带来的自然反馈也越来越显著。20 世纪中后期,环境史作为历史学的新分支学科在美国诞生,随后在世界范围内掀起环境史研究热潮。20 世纪末 21 世纪初,中国环境史研究也呈繁荣兴盛之势。时至今日,中国环境史研究无论是理论还是方法,或是个案探讨,都取得了十分丰硕成果。全国重要的高等院校相继成立研究机构,并开设了环境史专业,逐步形成环境史人才培养体系。然不无遗憾,目前除部分学者有过总体性的论著阐述中国历史上的环境变迁问题外,国内还没有编著一部系统全面的基础性的环境史图书。已有的国外中国环境史论著,或偏于专题性,或偏于时段性,不利于探寻和把握中国环境变迁的轨迹与脉络。从中国环境史自身发展过程看,国内环境史研究走过了借鉴国外理论阶段,形成了具有中国特色的学科体系和研究路径。基于此,本书编写组期望呈现一部从中国视角看中国环境变迁史的基础性图书。本书大致有以下两方面的价值:其一,为初入门环境史的学习者提供基础知识的系统学习与参照;其二,帮助从事环境史教学和研究的学者确定基本思路及粗略的目标,作为环境史教学和研究过程中的参考用书。

　　如何编撰是首先要解决的问题,以案例式的专题体例还是以区域环境发展变迁史体例,或是通史体例? 编写组一开始就有不同意见,但一致认为只有先确定了编写体例,才能开展接下来的具体工作。从研究专著的呈现形式看,目前国内环境史研究大致有三种:其一,断代环境史研究,诸如王子今的《秦汉时期生态环境研究》[①]、张全明的《两宋生态环境变迁史》[②] 等,以朝代为经、环境变迁为

---

　　① 王子今:《秦汉时期生态环境研究》,北京:北京大学出版社,2007 年。
　　② 张全明:《两宋生态环境变迁史》,北京:中华书局,2015 年。

纬,总论具体时段的中国环境状况;其二,区域环境史研究,如王建革的《江南环境史研究》《水乡生态与江南社会(9—20世纪)》[①],马俊亚的《被牺牲的"局部":淮北社会生态变迁研究(1680—1949)》[②]等,都是基于具体时空范围进行的长时段或中时段的环境史研究;其三,专题环境史研究,如王利华的《人竹共生的环境与文明》[③]、李玉尚的《海有丰歉:黄渤海的鱼类与环境变迁(1368—1958)》[④]等,以构成环境的重要元素(植物或动物)为研究对象,探讨人与环境的互动历史。当然,还有部分研究以上几种形式兼而有之,如周琼的《清代云南瘴气与生态变迁研究》[⑤],即为区域断代专题环境史研究。从事环境史具体问题研究,无论采用以上何种体例都可以将研究对象向深入推进,但要编写中国环境史纲要,一些体例就不太适合,毕竟本书要呈现的是一部中国环境变迁发展史,首先既要体现通史的特点,但又不能只是区域环境变迁通史,也不能只是专题类型的环境变迁史的汇总。最终,我们选择编写以通史体例统合中国古代环境变迁发展脉络,将不同时期环境变迁的主导因素与结果勾勒出来,以达到整体上认知中国历史时期人与环境的互动关系。

以通史形式撰写环境史,需要对环境变迁的时代特点进行分段总结,即要对中国环境史研究进行分期。对于中国环境史研究的分期问题,大多学者认同从事环境史研究应该跳出朝代历史分期划分法,比如马立博(Robert B. Marks)的《中国环境史:从史前到现代》一书对中国环境史的分期就没有按照朝代叙述,他指出:"(中国古代)绝大多数历史时期划分所依据的都是特定政治单位——通常是近代民族国家——内部主要政治或社会经济的重要发展或变化。但这种政治的分界线并不是空间形成的,而是人类思想意识的产物,世界生态系统却跨越了这些人类的政治分界线,因此,环境史更倾向于一种超越民族国家单位及其历史分期的全球化描述。例如,森林的砍伐、能源来源和利用方法

---

① 王建革:《江南环境史研究》,北京:科学出版社,2016年。王建革:《水乡生态与江南社会(9—20世纪)》,北京:北京大学出版社,2013年。

② 马俊亚:《被牺牲的"局部":淮北社会生态变迁研究(1680—1949)》,北京:北京大学出版社,2011年。

③ 王利华:《人竹共生的环境与文明》,北京:生活·读书·新知三联书店,2013年。

④ 李玉尚:《海有丰歉:黄渤海的鱼类与环境变迁(1368—1958)》,上海:上海交通大学出版社,2011年。

⑤ 周琼:《清代云南瘴气与生态变迁研究》,北京:中国社会科学出版社,2007年。

的变化等话题,都超越了民族国家及其历史分期的界线。"①虽然如此,我们还是选择以时间为线索来叙说中国环境变迁的历史。这种选择具有一定的合理性:第一,我国古代各个时代有各自的特点,这些特点本身也就成为影响环境的重要动力;第二,时代有强弱、伸缩变化,这种变化也会影响到当时人群对所处环境改造的强度与限度。因此,本书在借鉴其他分期方法基础上进行综合论述,揭示一个时间段的人与自然关系互动的历史。

　　人口增殖、迁移是推动中国古代环境变迁由中心向四周变化的核心因素。因此,历史上几次重要人口迁徙和传统社会后期的人口快速增长,是划分古代环境变迁时段的重要节点。邹逸麟认为当今的环境问题是长期渐变的过程,是历史积淀的结果,因此他将中国历史上的环境变迁分为三个阶段:第一阶段以秦汉时期黄河中下游地区单一农耕经济局面的形成为标志,黄河流域的大规模破坏开始,其中汉唐时代也是历史上对黄河流域环境破坏最为严重的时期;第二阶段以唐宋以来东南地区的生态破坏为标志,这一生态环境破坏与中国历史上北方人口的三次大规模南迁有关,即西晋末年的"永嘉之乱"、唐朝中期的"安史之乱"和两宋之际的"靖康之乱",其围湖造田、开发山地等活动使长江中下游地区湖泊缩小、山林被毁、水土流失,环境遭到严重破坏;第三阶段是16世纪以耐旱作物的传入为标志的长江中游地区大规模的破坏性开发时期。② 对于中国古代环境变迁,学者基本认可秦汉时期是第一个突变期,而唐宋则是另一个关键节点,特别是宋代。张车伟认为中国历史上的生态问题自先秦时期就已初露端倪,但因为北宋时期人口第一次呈现出稳定而持续的增长趋势,对土地的垦殖和开发也发展到了一个新的阶段,因此生态环境的恶化从局部扩展到全国,真正的生态恶化开始。③ 陈业新以森林覆盖率和水旱灾害作为考察历史时期环境变迁的要素,认为森林覆盖率以秦汉为起点,至民国时期,均呈下降趋势,与此同时水旱灾害多发也以秦汉为始端,年均发生率逐年增长,且以宋为节点增长更为明显。他指出中国历史上的环境变迁,始于秦汉,从北宋中期开始,

---

① ［美］马立博:《中国环境史:从史前到现代》,关永强、高丽洁译,北京:中国人民大学出版社,2015 年,第 11 页。

② 邹逸麟:《我国生态环境演变的历史回顾——中国环境问题初探(上)》《正确应对我国生态环境的重大变化——中国环境变迁问题初探(下)》,《秘书工作》2008 年第 1、2 期。

③ 张车伟:《北宋以来我国的人口增长、土地垦殖和生态环境》,《浙江社会科学》1991 年第 1 期。

环境质量整体趋劣。①

　　除了关键节点的转变观点，不少学者还提出中国古代环境变迁的"恶化—恢复—再恶化"循环逻辑。余文涛等认为中国历史环境变迁的总趋势，是从秦以来逐渐恶化。先秦至近代，其间经历了良好、第一次恶化、相对恢复、第二次恶化、严重恶化共五个阶段。具体地说，先秦时期是中国古代环境良好时期，秦和西汉是中国环境第一次恶化时期，东汉至隋则是中国环境相对恢复时期，唐至元是中国环境第二次恶化时期，明清以后为中国环境严重恶化时期。② 其实，中国古代生态环境从整体上具有明显的阶段性、区域性与可逆性特点，不可一概而论，所谓恶化—恢复—恶化之归纳与总结也不具有实际意义。论述中国古代环境变迁轨迹需要具体区域分时段讨论。张全明将中国古代环境变迁大致划分为五个阶段，照顾到了区域性与时段性，具有参考价值。

　　第一阶段，自原始社会至春秋战国铁制农具出现时期，主要是黄河中下游流域的中原地区农耕经济的形成和发展，导致我国历史上相对原始的生态环境在中原地区出现了垦荒等森林植被减少的现象。但当时我国境内总人口较少，生态系统自身的调节与更新能力能够正常发挥，故生态环境的变化相当有限。

　　第二阶段，秦汉至隋唐时期，因铁制农具普遍推广，加速了农业垦殖，导致黄河流域中下游地区水土流失有所加剧等生态退化现象；但因南北朝时期人口减少，生态系统的整体状况一度有好转，北方许多地区尤其是森林植被获得较好的恢复与更新，部分地区水土流失的现象也暂时有所遏制。至唐代，生态环境变化又承两汉而有所加速。

　　第三阶段，自两宋至明代中叶，由于南迁人口的大规模垦殖活动，长江流域以南地区的农业开发特别是丘陵垦荒、围湖造田与手工业等经济活动的不断发展，造成这一地区森林砍伐的加剧与水、旱等生态灾害的快速增加。

　　第四阶段，自明代中叶至清末，海外一些耐旱作物如玉米、红薯等传入我国，对生态系统的变迁产生深远影响，大量山区、丘陵、坡荒地等迅速被开辟为耕地，以致山区森林面积减少，水土流失加剧，生态系统质量整体上日趋脆弱。

　　第五阶段，近100年以来，因近代化运动和科技的发展，人类对生态系统的破坏比历史上任何时期都要迅速而严重。大面积的沙漠化或土地沙化现象的迅速发展、森林覆盖率急剧降低、生物种类减少、河流污染、水土流失加剧、土地

---

① 陈业新：《中国历史时期的环境变迁及其原因初探》，《江汉论坛》2012年第10期。

② 余文涛、袁清林、毛文永：《中国的环境保护》，北京：科学出版社，1987年，第106～112页。

重金属污染及废气、废水、固体污染等各种环境问题日益严重。[①]

无论基于何种划分标准,历史时期中国人与环境的互动历史确实有一些线条是相对明晰的。因此,本书将中国环境变迁按照考古时期、春秋战国时期、秦汉时期、魏晋南北朝时期、隋唐时期、宋元时期、明清时期、20世纪上半叶、20世纪50年代以来进行分述。虽然目前的分期存在不妥之处,但也基本照顾到中国历史演变的基本轨迹。

最后,本书希望以时间为主线,通过梳理中国历史时期环境演变与人类活动的互动关系,最终解析何以形成当今的中国及其生态环境格局。中国概念的形成不仅是民族史学者需要考虑的问题,也是环境史学者希望解构的问题。在时间主线下,分区域对中国各个时段的代表性环境问题进行详细探讨,探索不同区域环境变化、经济发展、社会进步与人类活动之间的复杂关系,以及由此解析中国历史时期基本经济区转移、内地视野下的边缘区开发过程,从而揭示中国历史发展的内生动力机制。方法论上坚持人与环境互动为标尺,既不以人类中心观为价值取向,也跳出环境决定论的窠臼,同时警惕"开发—破坏"的逻辑陷阱,客观揭示区域环境变迁背后人与自然互动过程,探索区域长时段演变的内在规律。在梳理过程中介入目前环境史研究之最新成果,并给出详细参考书目。

当然,中国环境变迁历史既是一个复杂、综合的问题,也是一个客观、微观互渗的过程。本书提纲挈领的简明表述,不能完全、完整地反映中国生态环境变迁历史的全貌,只能以粗略的理解呈现其一斑状貌,期待在未来再予补充纠缪。

---

① 张全明:《两宋生态环境变迁史》,北京:中华书局,2015年,第71~72页。

第一章　环境史的概念、定义与研究内容

第一节　几个概念辨析

环境史作为学科在美国兴起后,20 世纪 90 年代以后传入国内,但国内学界对于这门史学分支学科的名称一直有争议,大多数学者认同环境史(environmental history)名称,而一些学者则认为应该称生态史(ecological history)或称生态环境史。鉴于名称上存在的争议,有必要对环境、生态与生态环境三个概念进行辨析。

一、环境

"环境"的概念有历史的形成与演变过程,英文为 environment。从环境的本意看,环境的内涵和外延都是以某项中心事物为参照的,中心事物与其他外部因素之间就构成了特定的环境系统,因而环境是一个相对概念。中国古代没有"环境"这一专门概念词语,但是在古文献中经常出现"环境"一词,如宋代祝穆的《方舆胜览》中有:"海山环境,古称富庶之邦。"① 这里的"环境"是环绕边界的意思,指一定的地理空间范围。近代以来,现代意义上的"环境"概念已经基本定型,大致分为社会环境和自然环境,而划分依据是以人为中心的。除这两层意思外,一些学人还将"人"身体内之状态也纳入环境范畴。民国时期王在勤在《环境与社会》中从两方面界定了"环境"的内涵与外延:"普通对于环境之定义有二:(一) 我之四周之事物(surrounding)。(二) 影响有机体之任何力量(any force influence to organism)。"但是对于这种普通的定义,王在勤认为有不妥之处。在此基础上,王在勤修订"环境"之定义:"环境者,乃支配我行为的要素也。普通可以分为二大类:(一) 身以外的环境——如像地理的、技术

---

① 祝穆:《方舆胜览》卷十《福建路·福州》,北京:中华书局,2003 年,第 171 页。

的、社会自身的等。除了身体以内的一切都是。(二)身以内的环境——一切心性的势力属之。以生理组织为基础。"以人为中心,"人类受着三种势力之影响,(一)物质之影响,(二)自身之影响——因为自身也是环境的一部分,(三)外界与自身接触后所发生之影响——包括精神文化与物质文化。"基于此三种影响因素,"环境"可以分四类:物质之环境(physical environments),如天象、气候、地形、土壤、无机物、自然力等;生物或有机环境(biological or organican environments);社会的环境(social environments),包括物质的社会环境(physico-social environments)、生物的社会环境(bio-social environments)及心理的社会环境(psychosocial environments);复合的环境(composite environments),包含经济、教育、政治、伦理、美感等,还包括人种、性别、派别等。①

很明显,虽然对环境的定义有争议,但"环境"概念是有中心的,这里的中心就是"人",强调作为生物体的人在环境中如何生存、如何应对环境,以及在此过程中表现出的外在动作,也就是人类行为。可见,"环境"是以"人"为中心而形成的内在环境与外部世界。但在使用过程中,较少关注人的"内在"环境,而只是关注以人为中心的外部世界。

《辞海》将环境定义为:"围绕人类生存和发展的各种外部条件和要素的总体。在时间与空间上是无限的。分为自然环境和社会环境。自然环境中,按组成要素,分为大气环境、水环境、土壤环境和生物环境等。"②当前对环境的定义中,广义的环境泛指一定主体,特别是人类生产、生活及人类所置身其中的空间场所及其全部组成要素;而狭义的环境则指与人类相关的自然环境。《中华人民共和国环境保护法》规定:"本法所称环境,是指影响人类生存和发展的各种天然的和经过人工改造的自然因素的总和,包括大气、水、海洋、土地、矿藏、森林、草原、湿地、野生生物、自然遗迹、人文遗迹、自然保护区、风景名胜区、城市和乡村等。"③因此,《中华人民共和国环境保护法》中的环境主要是指与人类相关的"自然环境",不包括非物质性的政治、经济、法律、文化、风俗、观念等人文现象和社会氛围。

环境的主体不仅是"人",还可以是其他群体生物或个体生物,中心主体不同,所界定的环境概念也就有所不同。如在环境科学中,人类是主体,环境是围

---

① 王在勤:《环境与社会》,《复旦大学社会学系半月刊》1931 年第 2 卷第 1 期,第 11~13 页。
② 辞海编辑委员会:《辞海(第六版)》,上海:上海辞书出版社,2009 年,第 1631 页。
③ 《中华人民共和国环境保护法》,北京:中国法制出版社,2014 年,第 1 页。

绕着人类的空间及可以直接或间接影响人类生活或发展的各种因素（其他的生命物质和非生物物质）的总和。在生物科学中，生物是主体，环境是指围绕着生物体或者生物群体的一切事物（生物以外的所有自然条件）的总和，即环境是生物的栖息地及直接或间接影响生物生存和发展的各种因素。在生态学中，环境的主体可以是生物个体（包括人）、种群、群落、生态系统、生物圈等。因此，环境可以划分为人类环境与生物环境。

此外，还可以按范围将环境划分为大环境与小环境，大到宇宙小到尘土。大环境主要指宇宙环境、地球环境和区域环境。具体而言，宇宙环境指大气层以外的宇宙空间；地球环境指大气圈中的对流层、水圈、土壤圈、岩石圈和生物圈；区域环境指某一特定地域空间的自然环境，由地球表面不同地区的五个自然圈层相互配合而形成，不同区域环境分布着不同的生物群落。小环境主要指对生物有直接影响的邻近环境，即小范围内的特定栖息地，可以分为：生态位、微环境、内环境。生态位（ecological niche）又称小生境或生态龛位，是指一个种群在生态系统中，在时间和空间上所占据的位置及其与相关种群之间的功能关系与作用，也是一个物种所处的环境以及其本身生活习性的总称。微环境（microenvironment）是指区域环境中，由于某一个（或几个）圈层的细微变化而产生的小环境。内环境（inner environment）是指生物体内组织或细胞间的环境，内环境对生物体的生长和繁育具有直接的影响。还可以根据环境的性质将环境划分为：自然环境、半自然环境（被人类破坏后的自然环境）及人工（社会）环境。[①]

目前的"环境"概念，更多还是以人类为中心，从人类与环境的互动关系上，可以分三个阶段：适应环境、改变环境和污染环境。人类作为一种生命，与所有其他生命一样是环境的产物，人类要依赖自然环境才能生存和发展。人类又是环境的改造者，通过社会性生产活动来利用和改造环境，使其更适合人类的生存和发展。人类还会造成环境的破坏，产生各种环境污染物，破坏生态平衡，使环境条件发生不利于人类和其他生命的变化。

二、生态

"生态"一词，词源来自希腊语，是由 oikos 派生出来的，意思是住所或栖息地。1866 年，德国博物学家海克尔（E.Haeckel）在其所著的《普通生物形态学》（*Generelle Morphologie der Organismen*）中首次提出"生态学"概念，认为

---

① 梁士楚、李铭红主编：《生态学》，武汉：华中科技大学出版社，2015 年，第 15~17 页。

生态学是研究生物在其生活过程中与环境的关系,尤其动物有机体与其他动物、植物之间的互惠或敌对关系。[①] 生态学一词是由日本学者译自德语 biologie,德语 biologie 有两层含义:一为广义的,普通译为生物学;一为狭义的,与德语 oekologie 同一意思,对应英语 ecology,即生态学。《中国大百科全书》对生态学的界定是:"生态学是研究生物与环境及生物与生物之间相互关系的生物学分支学科。"[②] 基本意思与海克尔所提概念没有太大差别。作为生态学的研究对象,"生态"的内涵实际上是生物有机体与周围外部世界的关系,其主体是生物有机体。

生物有机体广义的生存条件既包括生物环境(其他生物),也包括非生物环境(大气、水、土壤等)。因此,"生态"内涵实际包括两部分:其一是生物有机体与其他生物之间的关系;其二是生物有机体与非生物环境之间的关系。生态学概念被提出后,生态学的研究范围也不断扩大,"生态"的内涵也逐渐扩大。"生态"由早期的局限于单个生物有机体与周边环境的关系,逐渐演变为生物种群与周边环境的关系,后来又发展到了生物群落与周边环境的关系,并在 1935 年产生了"生态系统"的概念。但是,从生态、生态学的产生,一直到 20 世纪 20 年代,"生态"的主体都还没有包括人类,所指的生物有机体仅限于人类之外的生物有机体。

20 世纪六七十年代以后,人类生存环境进一步恶化,环境问题越来越表现出全球性特点,群众性的环境运动进一步促使生态学逐步脱离生物学领域,上升到对人类与自然界之间本质关系的研究,并引起全世界的注意。生态主体侧重于人类,在此基础上,生态学由自然科学向自然科学与人文科学融合的方向发展。20 世纪 80 年代末以后,在主体仍然是人类的基础上,"生态"表现出了更多的"和谐论",即"生态"意味着人类生态系统众多复杂关系的和谐。[③]"生态"一词开始泛指自然健康、保持平衡与"和谐共生"的集合。

归纳言之,生态是指生物之间和生物与周围环境之间的相互联系、相互作用的状态。简单地说,就是生物在周围环境中的生存状态。只是随着生态学的发展,生物对象从非人类到包括人类,人类因素的作用越来越显著。"生态"与"环境"概念有区别也有交叉,有时可以互换使用,但生态更强调生态系统诸要

---

① 李博主编:《生态学》,北京:高等教育出版社,2000 年,第 3 页。

② 《中国大百科全书》总编委员会编:《中国大百科全书》第 10 卷,北京:中国大百科全书出版社,2009 年,第 43 页。

③ 宋言奇:《浅析"生态"内涵及主体的演变》,《自然辩证法研究》2005 年第 6 期。

素之间的相互关系。

三、生态环境

"生态环境"是我国目前使用频率较高的术语,但也是较有争议的术语之一。王孟本从词源上探源,认为"生态环境"在我国的使用至少可以追溯到20世纪50年代初期,最初是从俄文和英文翻译而来,并最终脱离了词源母体,目前国内已普遍将"生态环境"与英文 ecological environment 互译,并且指出该词语可以有双重主体:以生物为主体,生态环境可以定义为"对生物生长、发育、生殖、行为和分布有影响的环境因子的综合";以人类为主体,则可以定义为"对人类生存和发展有影响的自然因子的综合"。以人为主体的生态环境概念是从人与自然界的关系为基本出发点,强调人与自然相互关系、相互依赖和相互作用的整体性,主张人与自然和谐相处,从而实现人类社会的可持续发展。与人类中心主义价值观有根本区别,目前媒体、公众以及法律等所称的"生态环境"多是以人类为主体的,并且认为"生态环境"概念是一个具有特定内涵的生态学概念,可以作为生态学的规范名词来使用。[①]"生态环境"不仅是一个重要的生态学概念,也是一个很富中国特色的概念,没有直接对应的英文词组,国外或以生态(ecology),或以环境(environment)来表达相同的意思。

候甬坚指出"生态环境"一词是先有中文表达,出现在20世纪80年代,之后才有外文翻译,并非从外文翻译而来。1982年,"生态环境"一词开始在国家行政管理层面上采纳使用,1982年12月4日,全国人大五届五次会议通过了新中国历史上的第四部《宪法》,其第一章总纲第二十六条规定:国家保护和改善生活环境和生态环境,防治污染和其他公害。[②]国家组织和鼓励植树造林,保护林木,是"生态环境"一词在国家法律里的基本表述。1982年宪法修改中出现了"生态环境"这一用语,之后开始使用和流传,这实际上是通过国家根本法,向全民提出了生存环境方面的质量要求,符合公文写作和叙述习惯的中国语表达方式,即"生态+环境"。本质是关心人民的生存、生活状态,要求整个社会转向稳定和平衡,保障整个社会正常运转和持续发展。自从有了"生态环境"一词,农业生态环境、生态环境建设、生态环境质量、生态环境问题等提法随之流行开来。[③]"生态环境"一词在学界有诸多争议,但自公开使用起,给社会带来许多积

---

① 王孟本:《"生态环境"概念的起源与内涵》,《生态学报》2003年第9期。

② 《中华人民共和国宪法》,北京:中国法制出版社,1999年,第11页。

③ 侯甬坚:《"生态环境"用语产生的特殊时代背景》,《中国历史地理论丛》2007年第1期。

极的意义。

　　在"生态环境"一词被官方正式公布使用后,学者才开始逐步梳理其学理上的问题,在 20 世纪 70 年代后期"生态环境"一词在学界已经开始使用,但并不是一个公认的学术概念。20 世纪 80 年代,地理学者还更多使用"生态平衡"的概念,指生态系统中有机体的相互关系,以及有机体与其环境的相互关系彼此和谐状态。[①] "生态环境"一词出现后,又有了"生态环境建设"的提法。1987年中国科学院环境科学委员会在乐山召开会议,提出:应把社会、经济、环境作为一个复合系统,在高效发展社会经济的同时,保护生态环境,促进生态良性循环,将"生态环境建设"专用于保护和改善自然环境的总称。[②] 进入 21 世纪,人类与环境关系成为时代主题,如何认识人与自然环境的辩证关系,也关乎未来中国环境发展走向。因此对"生态环境""生态环境建设"等词语,一些专家学者提议进行修改。

　　2005 年,中国工程院院士钱正英、沈国舫、刘昌明向中央提议逐步改正"生态环境建设"一词的提法,国务院要求全国科学技术名词审定委员会对该名词组织讨论。钱正英等认为当前常用的"生态环境建设"一词与国际用语不接轨,如果直译成外文,不能被国外科学界理解。这个词是已故中科院院士黄秉维(第五届全国人大常委会委员)在全国人大讨论宪法草案时,针对草案中"保护生态平衡"这一说法提出的,认为"保护生态平衡"不够确切,建议改为"保护生态环境",并被宪法和政府报告采用,成为法定名词。黄秉维指出"生态环境"一词有不当之处:"顾名思义,生态环境就是环境,污染和其他的环境问题都应包括在内,不应该分开,所以我这个提法是错误的。"[③] 并且在多种场合、多次提议不赞成使用"生态环境"一词。钱正英等指出,在对生态与环境的界定上,"生态"是与生物有关的各种相互关系的总和,不是客体;而环境则是以人为主体的人类生存环境总和,环境是客体,因此不能叠加使用。而"生态环境建设"一词更是与生态、环境本身的内涵有偏差,对于自然环境,国际的共识是应去除或减轻人类对自然界的干扰破坏,保护、恢复或修复(即部分恢复)原有的自然生态系统,而不是人为地"建设"一个生态系统。这种名称上的误导和误解,导致一

　　① 黄秉维:《生态平衡与农业地理研究——生态平衡、生态系统与自然资源、环境系统》,《地理研究》1982 年第 2 期。

　　② 侯甬坚:《"生态环境"用语产生的特殊时代背景》,《中国历史地理论丛》2007 年第 1 期。

　　③ 黄秉维:《地理学综合工作与跨学科研究》,《黄秉维文集》编写组:《地理学综合研究——黄秉维文集》,北京:商务印书馆,2003 年,第 XV 页。

些地方不是努力认识当地天然生态系统的演化规律,不是着眼于如何利用大自然的自我修复功能,去保护、恢复或修复天然的生态系统,而是热衷于建设大规模的人工系统,造成大量资金和劳力的浪费,有的由于违反当地自然规律,不但徒劳无功,甚至事与愿违,反而增加了破坏。因此,专业术语的修改问题不仅仅只是学术文字的改动,还涉及人类对环境的认知态度,需要认真对待。她提议将"生态环境"改为"生态与环境",或直接用"环境"。①

"生态环境"一词存在争议,还延伸出"生态建设""生态环境建设"等提法,这些词语的使用也存在较大争议。2005 年 5 月 17 日,全国科技名词委邀请在京生态学、环境科学的有关专家共同讨论"生态环境建设""生态环境"的内涵、用法和翻译等问题。中科院植物研究所陈灵芝认为:"生态"与"环境"应该根据各自的内涵分别使用。由于生态系统遭破坏而产生的问题,则为生态问题,如森林破坏、草原退化、盐碱化、沙漠化,以及水生生态系统被破坏和退化等;"环境"包括的范围更广,环境问题应该包括全球气候变化,自然危害,沙尘暴以及大气、水体等的污染。从本意上理解,"生态建设"或"生态环境建设"是针对退化生态系统和环境所采取的各种恢复和改善的措施。环境问题中,有些问题是通过人类的努力可以解决的,如污染问题,需要高新技术和资金的投入。而有些环境问题,人类不能控制,如全球气候变化、洪涝灾害,人类只能根据目前的科学水平,使之减轻对人类不利的影响,但不能"建设",只可能"改善"和"保护"。② 北京林业大学王礼先认为生态环境是指影响人类生存和发展的自然资源与自然环境因素的总称。生态环境问题指生态系统退化(degradation),是指人类为其自身生存和发展,在利用和改造自然资源与环境过程中,对资源与环境造成的破坏和污染,包括危害人类生存的各种负反馈效应。导致生态环境退化的原因,可分为两大类:一是生态破坏,如滥伐森林、陡坡开荒、超载放牧等引起的水土流失、土地退化、物种消失等;二是环境污染,如工农业废弃物对大气、水源、土壤的污染。③ 而生态建设的实质是生态环境的保育(conservation),生态环境建设是指水、土、气、生等自然资源与环境的保护,改善和合理利用。正确认识概念内涵,有助于避免某些地区或部门片面强调某一项生态工程。

---

① 钱正英、沈国舫、刘昌明:《建议逐步改正"生态环境建设"一词的提法》,《科技术语研究》2005 年第 2 期。

② 陈灵芝:《对"生态环境"与"生态建设"的一些看法》,《科技术语研究》2005 年第 2 期。

③ 王礼先:《关于"生态环境建设"的内涵》,《科技术语研究》2005 年第 2 期。

全国科学技术名词审定委员会郐江则认为,首先要肯定"生态建设"这个名词,其次才将"生态环境"一词的内涵概念一分为二:在一般情况下用"生态与环境"(ecology and environment),在强调两者相互交融、密不可分时用"生态环境"(ecological environment),并提议"生态环境建设"是否可用"生态建设"(ecological construction)和"环境保护"(environmental protection)代替。[1] 中国科学院地理科学与资源研究所阳含熙认为,"生态环境"一词容易造成混乱,可以不再采用,废弃不用,就不用考虑外文的翻译问题,应恢复生态和环境原来的用法。生态是指生物(可以包括人类)与环境的相互关系,如生态效应或生态影响等;环境则是一个很广泛的名词,如环境科学,环境保护等。恢复生态和环境用法,就可以解决与国际接轨的问题。[2]

2006 年,中国科学院地理环境科学与资源研究所张林波等人又对"生态环境"一词的合理性与科学性进行辨析,认为不应对该词进行全面否定,应在明确界定其定义与内涵基础上,规范使用、科学表达:在内涵上,"生态环境"一词应包括两方面内容,一方面将其作为联合词组使用,表达"生态"和"环境",以及"生态"或"环境"的含义,在对外交流时,可根据其固有的意思,译为"ecology""environment""ecology and environment";另一方面,将其作为偏正词组使用,意味着从系统性、整体性角度考虑生态环境问题,强调两者相互交融、密不可分,强调环境问题的系统性和整体性,在对外交流时可译为"ecological environment"。[3]

基于以上梳理,我们大致清楚以上三个概念的基本内涵,目前学界基本认同"环境史"作为本门历史学分支学科的名称,因为"环境"概念本身包括的内涵与外延更丰富,也与国外 environmental history 直接接轨对应。

第二节　什么是环境史

作为一门新的史学分支学科,环境史的研究对象、方法及价值与历史学的其他分支学科有何不同? 为何要单独成立这样一个学科? 要回答此问题,就必须从环境史是什么开始阐述。

---

① 郐江:《探讨生态环境建设、生态环境的内涵》,《科技术语研究》2005 年第 2 期。

② 阳含熙:《不应再采用"生态环境"提法》,《科技术语研究》2005 年第 2 期。

③ 张林波、舒俭民、王维等:《"生态环境"一词的合理性与科学性辨析》,《生态学杂志》2006 年第 10 期。

环境史从诞生以来，其学科存在性就一直受到争议。特别是在中国，由于传统史学分支中的历史地理学在研究内容上与环境史有诸多重叠之处，因此，一些学者认为环境史没有存在的必要与价值。历史地理学研究人地关系，也长期关注历史时期的环境变迁问题。那环境史何以存在？它与其他史学分支学科的区别是什么？回答这些问题既是为了解答环境史自身内涵与外延，也是为环境史找寻学科归属。

环境史从字面上理解即"环境"加"历史"，这种字面意思很容易理解为"环境变迁的历史"。美国学者唐纳德·休斯(Donald Hughes)在《什么是环境史》一书序言开头就指出，环境史本身涉及两个术语，其中环境关系到更加普遍的"自然"观念，而历史则关系到更加普遍的"文化"观念。一些学者将环境历史界定为景观和自然生态系统中曾发生的变化，如此环境史就成了"环境的历史"。休斯认为："环境史，如果简单定义为环境的历史，就如同地理学一样，是某种科学的一个分支，我并不否认科学对于环境史有着非常重要的价值。环境史学家应该运用历史和科学这两种工具，然后努力跨越它们之间的鸿沟。"[1] 因此，他提议要对环境史的概念与定义明晰化。休斯指出："(环境史)是一门历史，通过研究作为自然一部分的人类如何随着时间的变迁，在与自然其余部分互动的过程中生活、劳作与思考，从而推进对人类的理解。"[2] 明确了环境史的学科属性，即环境史是历史学的分支学科。

一、国外学者对环境史的定义

"环境史"一词则最早出现在美国学者罗德里克·纳什(Roderick Nash)于 1972 年发表的《美国环境史：一个新的教学领域》(*American Environmental History：A New Teaching Frontier*)一文中。纳什认为，环境史是"人类与其居住环境的历史联系，是包括过去与现在的连续统一体"，因而，环境史"不是人类历史事件的总和，而是一个综合的整体。环境史研究需要诸多学科的合作"。[3] 此

---

① ［美］J. 唐纳德·休斯：《什么是环境史》，梅雪芹译，北京：北京大学出版社，2008 年，"中文版序"第 2 页。

② ［美］J. 唐纳德·休斯：《什么是环境史》，梅雪芹译，北京：北京大学出版社，2008 年，第 1 页。

③ R.Nash. "American Environmental History：A New Teaching Frontier". *Pacific Historical Review* No.3 (Aug.1972), pp.362–372.

后,不同的学者根据环境史研究的对象和内容,从不同的角度、不同的思维视角对其进行定义。

美国学者唐纳德·沃斯特(Donald Worster)认为,环境史主要是研究"自然在人类生活中的地位和作用",其目的是使我们对历史上人类与自然之间相互作用、相互影响的关系有更为清晰的认识与理解。[1]卡洛琳·麦茜特(Carolyn Merchant)指出,环境史是要"通过地球的眼睛来观察过去,它要探求在历史的不同时期,人类和自然环境相互作用的各种方式,它仍处于一个需要自我界定的过程当中"[2],认为环境史主要的探讨内容为历史时期人与自然之间的关系。但是不同于沃斯特的是,麦茜特更强调人与自然是通过何种方式、何种媒介以达到相互影响的效果,使得环境史研究更加深入。对于研究人与自然之间的关系,泰德·斯坦伯格(Ted Steinberg)给出的定义做出了详细的解释,他认为,环境史学要"探求人类与自然之间的相互关系,即自然世界如何限制和形成过去,人类怎样影响环境,而这些环境变化反过来又如何限制人们的可行选择。"[3]马特·斯图尔特(Mart A. Stewart)则强调将大自然引入人类历史中后,自然扮演的重要角色,因此认为环境史是"关于自然在人类生活中的地位和作用的历史,是关于人类社会与自然之间的各种关系的历史"[4]。约翰·麦克尼尔(J. R. McNeill)认为,环境史研究"人类及自然中除人以外的其他部分之间的相互关系"[5]。在此定义中,麦克尼尔进一步细化了环境史研究所包含的内容,认为它主要是研究生物和自然环境的变化以及这种变化如何影响人类社会的物质环境史、自然在人文和艺术中的表达以及形象的文化环境史、与自然环境有关的法律和政策的政治环境史这三个不同的可变量。

---

① Donald Worster. "Appendix:Doing Environmental History". in Donald Worster, ed.. *The Ends of the Earth*: *Perspectives on Modern Environmental History*.Cambridge:Cambridge University Press, 1989,p. 292.

② Carolyn Merchant. *Major Problems in American Environmental History*. Lexington,D.C.: Heath and Company,1993,p.1.

③ Ted Steinberg. "Down to Earth:Nature,Agency,and Power in History". *American Historical Review*,Vol.107, No.3(June 2002),p.352.

④ Mart A.Stewart. "Environmental History:Profile of a Developing Field". *The History Teacher*, Vol.31,No.3(May 1998),p.352.

⑤ J.R.McNeill. "Observations on the Nature and Culture of Environmental History". *History and Theory*:*Studies in the Philosophy of History*,Vol.42,No.4(Dec. 2003),p.6.

伊懋可（Mark Elvin）在 1995 年出版的《积渐所致：中国环境史论文集》的导论中曾给出一个较为简洁的定义，他认为环境史"不是关于人类个人，而是关于社会和物种，包括我们自己和其他的物种，从他们与周遭世界之关系来看的生和死的故事"[①]。环境史探究人与自然的关系，但伊懋可将这里的"人"扩展为除自然之外的社会。之后，随着研究的进一步深入，他在《大象的退却：一部中国环境史》（*The Retreat of the Elephants : An Environmental History of China*）一书中提出了一个复杂但较为成熟的环境史概念，即环境史的主题是"人与生物、化学和地质等系统之间不断变化的关系，这些系统曾以复杂的方式既支撑着人们又威胁着人们。所有这些都以种种方式互为不可或缺的朋友，有时候也互为致命的敌人。技术、经济、社会与政治制度，以及信仰、观念、知识和表述都在不断地与这个自然背景相互作用。在某种程度上，人类系统有其自身的活力，但不论及它们的环境，就不可能自始至终对它们予以充分的理解。"[②] 包茂红（曾用名包茂宏）认为这两个定义都具有重要的价值，可以相互补充，其中包含四层含义：第一，环境史研究人与社会跟环境的相互作用的关系，这里既涉及单个的人、广义的人类，也包括由人组成的社会。这里的环境也可分为三个系统，依次为生物系统、化学系统和地质系统，粗略地可以理解为有机界、无机界和非社会时间的地质界。第二，人只是环境的一部分，环境内各因素之间是相互影响的。第三，人类社会的经济、政治和文化都与环境发生了不可分割的关系，这是人类历史发展的动力之一。第四，要从人与自然环境的相互作用的研究视角发现我们所处的世界为什么、如何变成了现在这个样子。[③]

作为环境史的开创者之一、美国环境史学会和欧洲环境史学会的创始会成员的唐纳德·休斯对"什么是环境史"也做过多次探讨。1994 年，休斯在《潘神的劳苦：古代希腊人和罗马人的环境问题》（*Pan's Travail : Environmental Problems of the Ancient Greeks and Romans*）中提出："环境史，作为一门学科，是关于自古至今人类如何与自然界发生关联的研究；作为一种方法，是将生态学

---

① 刘翠溶、伊懋可主编：《积渐所至：中国环境史论文集（上）》，台北："中央研究院"经济研究所，1995 年，第 1 页。

② ［英］伊懋可：《大象的退却：一部中国环境史》，梅雪芹、毛利霞、王玉山译，南京：江苏人民出版社，2014 年，"序言"第 5~6 页。

③ 包茂宏：《解释中国历史的新思维：环境史——评述伊懋可教授的新著〈象之退隐：中国环境史〉》，《中国历史地理论丛》2004 年第 3 期。

的原则运用于历史学。"①该定义不同以往只将环境史定义限制在人与自然的
关系上进行探讨,而是将研究视野进一步开阔,认为环境史也是研究人类历史
的一种方法。对于环境史的定义,随着休斯研究的不断深入,也在不断地完善。
2001 年他在《世界环境史:人类在地球生命中的角色转变》(*An Environmental
History of the World:Humankind's Changing Role in the Community of Life*) 中
提出:"环境史的任务是研究自古至今人类与他们所处的自然群落的关系,以
便解释影响那对关系的变化过程。作为一种方法,环境史将生态分析用作
理解人类历史的一种手段。"②2005 年他在《地中海地区:一部环境史》(*The
Mediterranean:An Environmental History*) 中又提出:"环境史,作为一门学科,
是对自古至今人类社会和自然环境之间相互作用的研究;作为一种方法,是使
用生态分析作为理解人类历史的一种手段。"③再次强调,环境史的任务,是研
究人类与他们所处的自然群落的关系;这一关系贯穿时间长河,频频遭遇突如
其来的变化。2006 年休斯在其所著的《什么是环境史》(*What is Environmental
History?*)一书中又明确指出,环境史"是一门历史,通过研究作为自然一部分
的人类如何随着时间的变迁,在与自然其余部分互动的过程中生活、劳作与思
考,从而推进对人类的理解"④;至于环境史的任务,他在这本书中不仅沿袭一贯
提法,而且强调,人类与他们所处的群落的天然联系,必然是历史解释的基本要
素。这样,休斯最终对环境史作了本质定义,并通过反复思考,给出了"什么是
环境史"的基本答案:(1) 环境史是一门新兴的学科,也是一门历史;(2) 环境史
的对象是自古至今与自然其余部分相关联的人类的生活、劳作和思考;它通过
时间带来的变化,一方面研究自然因素对人类活动的影响,另一方面研究人类
活动对自然环境的影响;(3) 这门历史的核心概念或概念单元是"生态过程",
它是一个动态的概念,意味着人与自然环境的相互关系经历着不断的复杂的变
化,时而转向、时而背离生态系统的平衡与可持续;(4) 这门历史的方法是将生
态分析运用到历史研究之中,从而补充了已有的政治、经济和社会等历史分析

① J.Donald Hughes. *Pan's Travail:Environmental Problems of the Ancient Greeks and Romans*. Baltimore:Johns Hopkins University Press,2014,p.3.

② J.Donald Hughes. *An Environmental History of the World:Humankind's Changing Role in the Community of Life*. New York:Routledge,2009,p.4.

③ J.Donald Hughes. *The Mediterranean:An Environmental History*. Santa Barbara,CA:ABC-CLIO,2005, "Introduction" p. XV.

④ [美] J.唐纳德·休斯:《什么是环境史》,梅雪芹译,北京:北京大学出版社,2008 年,第 1 页。

形式;(5) 这门历史的宗旨是从与自然相关联的新视角重新探索对人类社会历史发展的认识,以更好地把握人类及其历史的影响,从而为寻找环境问题的答案提供基本视角。[①]

对于环境史的理解不同,对其定义表述也不尽相同,但被更多环境史学者所引用的是美国环境史学会的定义:"环境史研究历史上人类与自然之间的关系,它力求理解自然如何为人类行动提供选择和设置障碍,人们如何改变他们所栖息的生态系统,以及关于非人类世界的不同文化观念如何深刻地塑造信念、价值观、经济、政治以及文化,它属于跨学科研究,从历史学、地理学、人类学、自然科学和其他许多学科汲取洞见。"[②]该定义强调环境史并不是一门传统的历史学科,在研究方法上它需要借鉴地理学、自然科学等多学科知识及其研究方法,是一种跨学科研究。

对于环境史的定义,国外学者纳什、休斯、沃斯特、伊懋可及美国环境史学会等国外的学者、研究机构都对环境史的定义进行界定。这些定义虽然存有差异,但是主要讨论的是人与自然两个核心要素。

二、国内学者对环境史的定义

中国学者借鉴西方学者研究思路及观点,从各自角度对环境史这一概念给予了界定。包茂红以全球观为研究视角、以逐渐扩大和深化对所有环境因素的关注为出发点,将环境的发展历史分为三个阶段:人与环境基本和谐相处、人类中心主义和走向生态中心主义。基于此,包茂红将环境史定义为:"环境史就是以建立在环境科学和生态学基础上的当代环境主义为指导,利用跨学科的方法,研究历史上人类及其社会与环境之相互作用的关系;通过反对环境决定论、反思人类中心主义文明观来为濒临失衡的地球和人类文明寻找一条新路,即生态中心主义文明观。"[③]该定义中,包茂红认为环境史并不是纯粹的传统史学,是以环境科学和生态学为基石并且运用跨学科的方法进行综合研究的新兴学科。它给予了史学家新思维以及新的思考角度。随着研究的不断深入,包茂红的环境史定义也在不断深化,提出环境史"研究的是人及其社会与自然界的其他部

---

① 梅雪芹:《什么是环境史?——对唐纳德·休斯的环境史理论的探讨》,《史学史研究》2008 年第 4 期。

② "The American Society for Environmental History Mark Your Calendar",美国环境史学会网站。

③ 包茂宏:《环境史:历史、理论和方法》,《史学理论研究》2000 年第 4 期。

分的历史关系"。在该定义中他将"人"进行了明确的界定,"人"有个人和人类之分,因此在研讨与自然的关系中也必须加入"社会"以进行完整全面研讨。该定义从整体论出发,认为地球是由不同部分相互作用、相互影响的有机构造而成,每个部分都有其存在价值,缺一不可。因此他把人作为环境的一部分,反对人和自然相互对立的二元论思想。[①]之后,包茂红又对环境史定义层级进行细致的划分,认为环境史的定义有广义与狭义之别,并在其所著的《森林与发展:菲律宾森林滥伐研究(1946—1995)》中以菲律宾森林滥伐研究为例对此做了说明,即"狭义的环境史就是具体研究人与环境相互作用的关系史……广义的环境史研究人与环境的其他部分的相互作用的历史"[②]。较之前定义,包茂红在这个定义中将与人发生关系的自然分为两类:一类是环境,一类是环境的其他部分。分离主要是由于现有的旧历史研究中缺乏对环境内容的研究,即使存在也只是将环境视为人类发展的基石或背景。该定义的提出为环境史研究提供了一种新的思维视角,进一步拓宽了环境史研究的新道路。

此后,景爱、高国荣、王利华、梅雪芹和周琼等学者都从各自研究的专长以及思维角度对环境史作了定义。景爱认为环境史是"研究人类与自然的关系史",即研究人类社会与自然环境相互作用、相互影响的历史过程,但是"环境史研究的对象,不是环境变迁,而是人类与自然物质交换、能量交换的历史过程及其结果"[③]。景爱认为,环境有自然环境和社会环境之分,而环境史研究中的环境主要是指人类赖以生存的物质基础,即自然环境。人类与自然环境之间存在着错综复杂的关系,而这关系随着人类的演变及其进化不断发生变化,因此景爱认为必须对人类与自然的关系史进行全面、综合、系统的研究,从研究中吸取教训,以为当下生产、生活以及处理人与自然关系等提供前人之鉴。从景爱的定义中可以看出,他把"社会环境"排除于环境史研究的范围。

高国荣认为环境史学研究所涉及的"人",是参与社会实践的人,因而能够体现一个时代的政治、经济、文化等多方面的特点。环境史研究不但要体现人生物性,其社会性也不容忽视。而单纯地把环境史研究定义为研究人和自然的关系,既不能与人文地理学、环境考古学、文化人类学区别,也不能够完全包含环境史研究的丰富内容。因此,高国荣给环境史所作的定义为:"环境史是在战

---

① 袁立峰:《环境史与历史新思维》,《首都师范大学学报》(社会科学版)2007 年第 5 期。

② 包茂红:《森林与发展:菲律宾森林滥伐研究(1946—1995)》,北京:中国环境科学出版社,2008 年,第 141 页。

③ 景爱:《环境史:定义、内容与方法》,《史学月刊》2004 年第 3 期。

后环保运动推动之下在美国率先出现、以生态学为理论基础、着力探讨历史上人类社会与自然环境之间的相互关系以及以自然为中介的社会关系的一门具有鲜明批判色彩的新学科。"① 高国荣在该定义中认为，环境史是一门具有批判性的学科，而这也是环境史较为突出的特点。相较经济史、社会史等其他史学分支学科，环境史对环境污染、破坏等进行的批判以及对今人乃至后人的教育、警示功能更为突出。

王利华认为若将环境史研究的核心定义为"关于历史上人类与自然世界相互作用的研究"尽管符合环境史研究的重点，但过于概括和抽象，不能具体地展示出其研究对象和内容，"已有的设计大多是一些罗列式的课题清单，而非逻辑严密的学科架构，不能很好地体现'自然进入历史，人类回归自然'的学术旨趣。"② 因此，王利华引入现代生态学家所提出的"人类生态系统"一词作为环境史的核心概念，不仅有助于环境史这一学科理论系统的构建，更有助于明确环境史研究的界域，由此将环境史定义为"环境史运用现代生态学思想理论、并借鉴多学科方法处理史料，考察一定时空条件下人类生态系统产生、成长和演变的过程。它将人类社会和自然环境视为一个互相依存的动态整体，致力于揭示两者之间双向互动（彼此作用、互相反馈）和协同演变的历史关系和动力机制"③。此定义与高国荣的定义较为相似，都强调环境史研究的是历史上各个特定的、不同时空条件的人类生态系统。

梅雪芹在《环境史学与环境问题》一书中，将人类社会同样纳入环境史定义及其研究内容中，其定义为"环境史是研究由人的实践活动联结的人类社会与自然环境互动过程的历史学新领域"④。梅雪芹认为，虽然环境史研究与环境的历史有着紧密的联系，但它既不是研究自然领域历史的自然史，也不是纯粹研究人类社会的社会史，而是人与自然的关系史。因此，环境史研究要以"人及其社会与自然环境的关系史"为中心展开研究，不仅要具体地、历史地、综合地研究人与自然环境之间的关系，而且要进一步深入认识和揭示这一关系背后的"人与人之间历史的、现实的关联与矛盾"⑤。

① 高国荣：《什么是环境史？》，《郑州大学学报》（哲学社会科学版）2005 年第 1 期。
② 王利华：《作为一种新史学的环境史》，《清华大学学报》（哲学社会科学版）2008 年第 1 期。
③ 王利华：《生态环境史的学术界域与学科定位》，《学术研究》2006 年第 9 期。
④ 梅雪芹：《环境史学与环境问题》，北京：人民出版社，2004 年，第 46 页。
⑤ 梅雪芹：《从环境的历史到环境史——关于环境史研究的一种认识》，《学术研究》2006 年第 9 期。

　　不同的是,周琼认为对环境史给出定义,首先需要理清自然界中整体与个体的关系,不仅要避免陷入人类中心观,而且要摆脱自然中心论的影响。更为重要的是,要兼有区域性思维及全球的视野及胸怀,去思考和界定环境的内涵及其组成要素。基于此,周琼将环境史的定义分为广义和狭义两种。广义的环境史定义为:"环境史是一门研究自然界非生物及生物各要素产生、发展、变迁及其相互关系的历史,重点关注人与自然界各生物及非生物要素相互依赖、影响与塑造的关系及其变迁史,以探究自然界及其环境状态发展变迁的动因、特点、规律及其后果的历史学分支学科";狭义的环境史定义为:"应根据不同区域的地理位置、生物类型、非生物构成等要素进行界定,具有鲜明的地理区位尤其是海陆位置、气候带及生物分布的影响等特点。对中国环境史而言,主要是研究中国境内寒带、温带、亚热带、热带等不同气候带环境中的河流、湖泊、海洋、大气、岩石、土壤、矿藏等非生物,以及陆生生物及环太平洋区域的海洋生物各个体、类群、系统等产生、发展、变迁及其相互关系的历史,探究中国境内各环境要素及其类群、系统变迁的自然与人为原因、变迁规律、特点及其对人类社会及自然界的影响与后果,总结其间的经验教训,为中国环境的保护、恢复、重建及其良性、持续发展,为现当代中国生态文明建设提供资鉴。"① 从定义中可以看出,周琼将环境史研究的范围扩大了,指出环境史研究的不仅是人与自然的关系,而且包含除人以外的生物与其他生物和非生物的关系。从狭义的环境史定义中亦可看出,该定义不仅研究河流、湖泊、土壤、大气等非生物体及其群落、系统的历史和变迁,而且注重对陆生、海生等生物体及其群落、系统的历史和变迁的研究,因此较以往的环境史定义的内容更广泛。

　　从对环境史的定义进行梳理可知,学者对环境史定义的确立主要是根据其研究对象进行解释、总结以至升华为理论。虽然学者各自表述不同,但是大部分学者作出的环境史定义中所包含的关于环境史研究对象的共识是清晰可辨的。简言之,即历史时期人与自然之间的互动关系的历史,以及自然界各要素、系统相互影响的历史。虽然环境史研究如新笋破土、蓬勃向上,呈现出强劲的发展势头,但对"环境史"的定义尚处于争议、探讨的过程中,正如沃斯特曾言:"在环境史领域,有多少学者就有多少环境史的定义。"② 环境史学科无论其史学理论及其研究方法,还是学科的系统框架,目前都尚未成熟,来自不同国家和地

---

① 周琼:《定义、对象与案例:环境史基础问题再探讨》,《云南社会科学》2015 年第 3 期。

② 包茂宏:《唐纳德·沃斯特和美国的环境史研究》,《史学理论研究》2003 年第 4 期。

区、不同领域、不同专业的学者从不同的视角、不同的思维、不同的专业领域及不同的切入点对环境史的理解与解读各有侧重。不过,"随着研究的进一步深入和学科的发展,相信会形成大多数学者都可以认同的环境史定义"①,并认同环境史的学科构建。

第三节　环境史的研究对象、方法与学科属性

一、环境史的研究对象与内容

关于环境史的研究对象及其内容,中外学者都做了深入的理论探讨。由于国外环境史兴起较早,一批西方学者最早对环境史的研究对象及内容进行了研究。

1981 年,萨德·泰特(Thad Ted)较早地对环境史的研究对象进行了阐释,他认为,环境史研究应该包括四个方面:第一是人类对自然界的感知和态度;第二是对环境有影响的、从石斧到核反应堆的技术创新;第三是对生态过程的理解;第四是公众对有关环境问题的辩论、立法、政治规定及对"旧保护史"中大量文献资料的思考。只有把这些主题有序连接起来,才能全面均衡地理解文化与环境的关系。② 肯德尔·贝利(Kendall Bailes)也指出,环境史不仅讨论人类本身的问题,还研究人与自然环境的关系,研究范围包括四个层次:一是人类对自然评价、态度的变化及意义之探讨;二是人类经济行为对环境之影响及人类环境价值观对经济之影响;三是森林与水资源保护即资源保护运动和环境运动的历史;四是专业团体的作用,如科学家、工程师的贡献及其与环境思想和环境运动的关系。③

其后,沃斯特、威廉·克罗农(Willim Cronon)、休斯等美国环境史学家,也对环境史的研究对象进行探讨。沃斯特认为,环境史是研究自然在人类生活中的角色与地位的历史,应包括三项内容:一是自然在历史上是如何组织和发挥作用的;二是社会经济领域是如何与自然相互作用的,即生产工具、劳动、社会关系、生产方式等与环境的关系;三是人类是如何通过感知、神话、法律、伦理及

---

①　袁立峰:《环境史与历史新思维》,《首都师范大学学报》(社会科学版)2007 年第 5 期。

②　包茂宏:《环境史:历史、理论和方法》,《史学理论研究》2000 年第 4 期。

③　包茂宏:《环境史:历史、理论和方法》,《史学理论研究》2000 年第 4 期。

其他意义上的结构形态与自然界对话的。① 克罗农认为,环境史是个大雨伞,下设三个研究范围:一是探讨某一特定地区的特别的和正在变化的生态系统内人类社会的活动;二是探讨不同文化中有关人类与自然关系的思想;三是对环境政治与政策的研究。② 休斯认为,环境史的主题可以宽泛地划分为三大类:第一,环境因素对人类历史的影响;第二,人类行为造成的环境变化,以及这些变化反过来在人类社会变化进程中引起回响并对人类社会产生的影响;第三,人类的环境思想史,以及人类的各种态度激起影响环境之行为的方式。③

尤其值得一提的是美国学者卡洛琳·麦茜特,她将女性视为自然环境的第一要素,较早地研究科学革命中妇女的地位、科学革命给自然和妇女带来的影响等问题,于 1980 年完成了《自然之死:妇女、生态和科学革命》(*The Death of Nature*:*Women*,*Ecology and the Scientific Revolution*)这一开创性著述。该书从宏观维度探讨历史上人与自然的相互关系,提出了由生态、生产、再生产和意识四因素组成的生态革命理论结构。同时,该书从性别视角将四因素纳入具体的历史语境之中,探讨了自科学革命以来性别与环境互动关系的历史面貌。④

总之,西方环境史学者在环境史的研究对象及内容方面起了奠基作用,正如侯文蕙所总结的,环境史学者尽可能按照各自的理解对这个新学科进行诠释,亦能尽情地描述各自视野中的特点。如沃斯特特别强调文化和生产模式在环境变迁中的作用,克罗农则更注重阶级、种族和性别等社会因素,麦茜特视女性为自然环境的第一要素。然而,我们同时发现,无论这些学者对环境史有多么不同的理解,他们都具备同一个特点:他们都竭力将自然纳入历史之中,或者说,是要还自然在历史中应有的地位。⑤

中国学者在环境史的研究对象及内容的探讨方面,也做出了突出贡献,如高国荣、梅雪芹、周琼、王利华等。高国荣认为,目前许多对环境史研究对象及

---

① D.Worster. "Doing Environmental History".in D.Worster(ed.),*The Ends of the Earth*:*Perspective on Modern Environmental History*. Cambridge:Cambridge University Press,1988,pp.292–293.

② William Cronon. "Modes of Prophecy and Production.Placing Nature in History".*The Journal of American History*,Vol. 76,No.4(March 1990).pp.1122–1131.

③ [美]J. 唐纳德·休斯:《什么是环境史》,梅雪芹译,北京:北京大学出版社,2008 年,第 3 页。

④ Caroly Merchant. *The Death of Nature*:*Woman*,*Ecology and the Scientific Revolution*. San Francisco:Harper,1982.

⑤ 侯文蕙:《环境史和环境史研究的生态学意识》,《世界历史》2004 年第 3 期。

内容的界定,既不能把环境史同其他相关的学科——人文地理学、环境考古学、文化人类学——区别开来,因为这些学科同样以历史上人与自然的关系为研究对象;也不能涵盖环境史丰富的研究内容,而把以自然生态环境为中介的各种社会关系排除在外。他在对环境史研究对象的阐释中认为,除研究历史上人与自然的互动关系外,环境史还研究以自然为关系的各种历史。环境史学研究人类在开发和改造自然过程中形成的各种社会关系,要研究历史上特定时空条件下不同种族、不同性别和不同阶级开发利用自然资源的不同方式以及对待自然的不同态度,研究生态危机背后错综复杂的社会关系。[1]高国荣的研究注意到了不同种族、不同性别和不同阶级对环境影响的差异性,这些差异性表现为他们开发利用自然资源的不同方式和对待自然的不同态度。此外,他还强调,由于侧重人类历史的生态方面,环境史学者探讨的多为以前总被忽视的领域,环境史研究还能对传统的研究课题赋予新的含义,甚至做出全新的评价。环境史以人与自然的相互关系为中心,强调自然的文化史和文化的生态史,在研究旨趣、评价标准和材料取舍等方面都能够推陈出新。因此,在环境史著作中,气候、土壤、水体、生物、污染、能源、粮食、人口、瘟疫、饥荒、水利、自然灾害、生活垃圾都成为环境史学者关注的对象,而政治、军事、外交和精英人物则淡出了人们的视野。[2]

梅雪芹认为,环境史研究不仅要具体地、历史地研究人与自然环境之间错综复杂的关系,而且要深入认识和揭示这一关系背后的人与人之间历史的、现实的关联和矛盾。所以,环境史研究必然将自然史和社会的历史勾连起来。[3]因此,她认为环境史研究的内容大体包括以下几个方面:第一,探讨自然生态系统的历史,致力于重构过去的自然环境,以理解历史上的自然界本身——因为在各个历史时期自然是充满生机并发挥作用的。第二,探讨社会经济领域和环境之间的相互作用。第三,研究一个社会和国家的环境政治和政策。第四,研究关于人类的环境意识,即人类概述周围的世界及其自然资源的思想史。[4]

周琼将环境史研究对象分为生物与非生物两种要素,强调在环境史研究中,不能忽视非生物要素。她认为,环境史包含的内容远远突破了人与自然关

① 高国荣:《什么是环境史?》,《郑州大学学报》(哲学社会科学版)2005 年第 1 期。

② 高国荣:《环境史及其对自然的重新书写》,《中国历史地理论丛》2007 年第 1 期。

③ 梅雪芹:《从环境的历史到环境史——关于环境史研究的一种认识》,《学术研究》2006 年第 9 期。

④ 梅雪芹:《环境史研究叙论》,北京:中国环境科学出版社,2011 年,第 18~20 页。

系史这个简单的范畴，其研究对象应该是自然界这个大整体中单个的个体及群体、个体与个体、群体与群体之间独立存在、发展及相互依赖、影响的历史。但目前一些涉及自然史的相关讨论，经常忽视非生物环境的历史，也忽视非生物环境的基础性作用，尤其是无时无刻不对生物界各要素发挥影响的历史。地球生物及非生物都在环境发展变迁史上扮演了重要且不能缺失的角色，那么，除动物、植物及微生物等生物与人类关系存在历时性的发展及变迁是环境史研究的内容外，生物个体、群体的发展史及其相互影响的关系史，也应当是环境史研究中极为重要的内容。除此以外，大气、水、阳光、岩石、土壤、气候等非生物也是重要的环境组成要素，其对包含人类在内的生物存在、发展的作用也不能小觑，个体及群体不仅有发展、变迁的历史，也有相互依赖及影响的关系史，还与人类及其他生物存在着无我即无他的相互影响的关系史，这无疑是环境变迁史中不可或缺的、基础性的内容。没有非生物要素，人类及其他生物都不可能存在、发展。因此，非生物要素的发展史及其相互关系史、与生物的关系史，应该成为环境史研究中的重要内容。一部客观及完整意义上的环境史，应该是自然界各要素产生、发展、变迁及其相互影响、促动而共同谱写的历史，其定义及研究对象也应从非生物、生物各要素存在及其相互关系发展演变的历史这个视角进行界定。[①]

在中国环境史学者中，王利华在环境史的研究对象及内容的理论探讨方面做出了深入的思考和总结。他认为环境史研究立足于人与自然相互接触的界面，不仅考察人类作用下的自然环境变迁，而且考察自然影响和参与下的人类活动、成果及其发展变化，着重揭示二者之间相互关系的历史演变。环境史学者所关注的是社会文化发展和自然生态变迁的共同场域，不曾与人类活动发生联系的自然事物和现象，则不在环境史研究之列。[②] 同时，由于环境史的研究对象与许多其他相关学科模糊不清，因此，在界定环境史的对象和范围时，应当做出一个既能涵盖环境史的丰富内容、又能与其他相邻学科明确区分的定义，可以引入"人类生态系统"这一既具有开放性和包容性，又具有比较明确的边界的概念。引进"人类生态系统""生命史"的概念，有助于对环境史进行系统的学术建构，不仅可以帮助我们明确环境史的研究界域，而且更能体现"自然进入历史，人类回归自然"的旨趣。环境史学者可从不同的角度和层面入手，讨论难以

---

① 周琼：《定义、对象与案例：环境史基础问题再探讨》，《云南社会科学》2015 年第 3 期。

② 王利华：《浅议中国环境史学建构》，《历史研究》2010 年第 1 期。

数计的问题,比如既可从某个特定时代、地域入手,亦可从经济、社会、文化的某个侧面入手,如森林植被、野生动物、河流湖泊、气候、土地、污染、人口、饮食、疾病、灾害、社会组织、制度规范、宗教信仰、文学艺术、性别、观念乃至政治事件、战争等。"人类生态系统"不仅是一个研究对象,更是一种思维框架。

可以看出,无论在西方还是国内,环境史的研究范围和内容仍在发展变化中,但这种变化过程也出现了一些令人担忧的问题。王利华认为,近几十年来,曾有不少西方学者试图对环境史研究的对象和课题进行梳理归纳,基本趋势是对环境史的理解越来越宽泛,涉及的领域和问题越来越多。为了便于操作,一些学者试图将众多问题划分成若干层次或"问题组",从而对环境史的对象和范围做出界定。但是,随着相关研究的发展,这些界定不断被打破。这一方面说明研究者的视野日益开阔,另一方面说明采用罗列的方式无法为环境史圈定领地。环境史是一个极具开放性的领域,它所探讨的许多问题在若干相邻学科中同样受到重视,存在着许多重叠和交叉的内容。因此,我们不能指望通过开列一份问题清单来界定环境史的对象和范围,无论这份清单多长,都不足以标明环境史的独特性质和学科地位。[1] 环境史的研究对象及内容难以界定,这主要是由于环境史作为一个交叉学科的特殊性质所决定的,这证明了环境史的研究具有极其广阔的可拓展空间,同时是我们今后深入环境史研究的一个严峻挑战。

在论述环境史的研究对象时,国内环境史学者还进一步就其对象的两大组成部分,即人与自然,作了具体的阐述与界定。这些观点既有相同之处,也存在一些差异。

景爱把环境分为自然环境和社会环境,认为环境史是研究人类与自然的关系史,是研究人类社会与自然环境相互作用、相互影响的历史过程,即人类与环境的互动史。[2] 景爱对环境史的基本问题也作了进一步探讨,认为环境包括自然环境和人工环境,但不包括社会环境。他认为人工环境,即人类在利用、改造自然的基础上所创造的环境,如水利灌溉系统、人工运河、湖泊、耕地、城镇、道路等。把人工环境称为社会环境,是不准确的。所谓社会环境是指在特定历史条件下人类社会的全部,包括生产力、生产关系、科学文化、观念心态和社会组织等,社会环境不包括在环境史研究的环境之内。环境史研究的主要内容有:(1)研究自然环境的初始状态;(2)研究人类对自然环境的影响;(3)研究、探索

---

① 王利华:《生态环境史的学术界域与学科定位》,《学术研究》2006 年第 9 期。

② 景爱:《环境史:定义、内容与方法》,《史学月刊》2004 年第 3 期。

人类开发、利用自然的新途径。[①]景爱把社会环境排除在环境史研究的环境之外,但生产力、生产关系与人类对环境的影响大小程度有密切关系,文化水平、观念心态也影响人类对环境的改造,不同种族、不同性别和不同阶级开发利用自然资源的不同方式和对待自然的不同态度都会影响到环境的发展。因此,把社会环境排除在环境史研究的环境之外的研究,可能存在缺憾。

梅雪芹也对环境史的内涵和外延进行了一番辨析。她认为,作为环境史中互动一方的"自然环境",是由地球上的大气圈、水圈、土壤—岩石圈和生物圈所构成的自然子系统,即环境史中所运用的"自然"概念,它不包括人工环境和社会环境。但是互动的另一方,即"人类社会",则由现实的人和现实的社会环境的统一所构成,它囊括了人工环境和社会环境。人类正是通过连续不断的实践活动,在利用与改造自然环境的过程中创造着人工环境和社会环境,或者在创造人工环境和社会环境的过程中实现着对自然环境的利用与改造,并使原生的自然环境逐渐地改变了模样。[②]

可以看出,环境史研究涉及的与自然互动的人,包括个体的人以及由人构成的社会,是"人及其社会",对此,学者们的认识是一致的。但环境史研究所涉及的与人互动的自然,一般而言还有另外两个称谓,即环境和自然,关于它们的指代或界定,学者们的理解不完全一致。对此,梅雪芹认为,对于自然的含义,从事环境史研究的学者的看法并没有异议,关键在于从什么意义上界定与人互动的自然,这在不同学者的不同著述中,甚至在同一学者的同一或不同著述中并不一致,有时甚至有些含混。[③]这是我们在今后的环境史研究及教学中需要注意的问题。

二、环境史研究的主体

传统的历史研究是人类挥袖独舞的历史,反映了人类在历史中的主导地位,环境则被视为"自然背景"或"地理背景",隐身其后。而环境史则力图加以匡正,以人与自然的关系为研究对象,突出环境的地位和作用。那么,环境史研究的主体,到底是人还是环境? 学界对此展开了讨论。学界虽然承认环境在历史中的作用和地位,但大多数学者认为,在环境史研究中,人依然是环境史研究

① 景爱:《环境史续论》,《中国历史地理论丛》2005 年第 4 期。

② 梅雪芹:《环境史学与环境问题》,北京:人民出版社,2004 年,第 46 页。

③ 梅雪芹:《中国环境史研究的过去、现在和未来》,《史学月刊》2009 年第 6 期。

的主体,但环境史的人和传统历史研究中的人具有显著的差异。

环境史研究中,人依然是环境史研究的主体,对此很多学者达成了一致。高国荣指出,在环境史学中,人依然是主体,一方面环境史所研究的人,是参与社会实践的人,因而能够体现一个时代的政治、经济、文化多方面的特点。另一方面环境史在强调人的社会性的时候,并不忽视人的生物性。人的生物性体现出人是自然的产物,人必须在一定的自然环境中生活。人同时兼具生物性与社会性,二者不可能剥离,因而应尽量协调人的两重属性。[①]

相较于传统史学,环境史突出了环境在历史上的地位和作用,但我们也绝不能走向另一极端。因为如果无视人类的主体地位,甚至将人类排除在外,历史将失去它的灵魂。王利华认为,环境史学视野中的环境,并不等同于"自然",更不是以往史学家所理解的(几乎静止不变的)自然背景或地理背景;环境史亦不同于仅以非人类事物为研究对象的"自然史"(比如植物史、动物史、气候史、地球史等)。他还强调:环境史中不能没有人,它还要继续讲述甚至仍然主要讲述"人类的故事",只是环境史学者讲述历史,采用了与以往显然不同的立场和方式。在环境史所讲述的"人类的故事"中,人被重新进行定位。环境史学者只是特别提醒人们不要忘记自己的生物属性,人首先是一种生物,然后才是公务员、工人、农民、科学家或其他身份。因此,环境史既不仅仅是人的历史,也不仅仅是非人类事物的历史,而是以人类为主导、由人类及其生存环境中的众多事物(因素)共同塑造的历史。尽管环境史学者的个人研究可以侧重于自然或社会的任一方面,但以人类生态系统为研究对象的环境史作为一个学科,则应将自然和社会视为彼此依存和互相作用的统一整体。[②]

梅雪芹从人类中心的立场,探讨环境史以人及其活动为中心的必要性。她认为环境史研究需要以人的活动为中心,着重探讨和认识具有主观能动性的人类及其活动对自然环境的复杂的、深远的影响。环境史研究的人类中心立场,也是由现实的世情和国情所致。环境史研究只有以人类为中心,深入、具体地研究历史和现实之中人与自然环境相互作用的不同方式及其结果,才能认清环境问题的来龙去脉,抓住环境问题的核心和实质。[③]

环境史研究中的人和传统历史研究中的人具有显著的差异。那么,环境

---

① 高国荣:《什么是环境史?》,《郑州大学学报》(哲学社会科学版)2005 年第 1 期。

② 王利华:《生态环境史的学术界域与学科定位》,《学术研究》2006 年第 9 期。

③ 梅雪芹:《从环境的历史到环境史——关于环境史研究的一种认识》,《学术研究》2006 年第 9 期。

史研究中人的具体存在哪些不同？梅雪芹认为，传统历史研究中的人，主要是类的概念，而不是具体时空下的群体或个体。这里的人可以去掉年龄、性别、种族、时空等具体要素，而由普遍的一般特征所构成，因而是抽象的人。比较而言，环境史研究中的人，不仅是抽象的类或生物学意义上的人，也不仅是已经完成或定型了的物种，而是在历史与现实之中具体存在并有着种种差异的人。梅雪芹还强调，自古以来，人类社会内部存在着身份、地位、能力、权力、观念、性别等方面的差异，因此，环境史需要从不同方向和多种层面来认识人存在的具体差异性。从纵向看，在不同时代，人类对大自然的认识水平和态度不一致，对什么是资源、如何选择和获取资源、如何分配与占有资源等的看法以及表现有别，人类在自然界中的活动范围和作用于自然的能力悬殊，乃至人的数量、人口规模也相差甚远。从横向看，同一时代，人分三六九等，各有不同。人们在与环境互动的过程中结成了各种各样的社会关系，分属于不同阶级、阶层，从事不同职业，享有不同能力、权力、地位和财富，既处于复杂的环境网络之中，又活在复杂的社会网络之中。同样，男性和女性作用于环境的差别也应为我们所重视。此外，人的地域差异、人的个体差异等也是不容忽视的。总之，同样受制于环境、作用于环境的人，实则千差万别，包括历史的差异、阶层的差异、性别的差异、地域的差异乃至个体的差异等。这样，当环境史研究者将芸芸众生纳于笔端，认识所有的人都作用于环境，因而谈"人类""人为"之时，就需要进一步追问，到底是"谁人所为"？他们为何而为？他们的所作所为有什么差异？因身份、性别、能力、地位、观念、情感等方面的差异，这势必导致不同时期不同阶层和群体影响环境的程度各异，所关注的环境问题有别，耐受环境问题的能力不同。所以，在环境史研究中，必须注意考察同样面对环境的人，因历史、文化等差异而表现的种种不同，必须深入分析和研究各色人等面对自然而形成的不同关系、不同阶层和群体作用于环境的差异性及由此产生的矛盾等。①

人及其活动虽然是环境史研究的主体，但是，环境史对人的存在及其活动的认识，并不排斥或远离自然，而是融入或回归自然而产生的。包茂红指出，环境史不是简单地以人为中心，也不是完全以生态为中心，而是以人与自然的其他部分的相互作用为中心，是把原来历史研究中被忽略的那一部分重新融入历史研究。这样做必然会引起我们的历史思维发生很大的变化。这种变化，不是

① 梅雪芹：《论环境史对人的存在的认识及其意义》，《世界历史》2006年第6期。

指我们以前缺少环境这块内容,那么现在就把它补上;环境史的兴起促使我们认识到,历史的主体发生了变化。以前我们讲创造历史,指的是历史是人有意识创造的结果。研究环境史后,我们就会发现,历史不仅仅是人创造的,参与创造历史的或者说出演历史这幕大戏的,还有其他因素。[①] 王利华也认为,环境史研究应将生命关怀放在首位,他既反对"人类中心主义",亦不赞同极端"生态中心主义"。他认为,由人、其他生物及其生存环境中的诸多因素共同构成的生态系统演化过程及其动力机制,应作为环境史研究的主要导向。既具有生物属性、又具有社会和文化属性的人的生命活动是观察研究的重点,撇开人类生命活动来讨论环境的历史是没有意义的。[②]

正如梅雪芹所言,在环境史研究者的笔下,人不仅以文明的创造者和历史的推动者之形象出现,还以垃圾的制造者和自然的干扰者之角色登场。此外,环境史中的自然,不仅涉及滋养世间万物的大地,而且涉及晴雨交替的天空。因而,环境史将上上下下的自然景致尽收眼底。此外,自然并非静止不变,也并非死寂一片。相反,自然是充满生机的,是与人一起共同作用于历史的活跃的因素。这样,忽略它们之影响的任何一部历史,都可能是令人遗憾的不完整的历史。环境史研究和叙述必定围绕人与自然之关系及其变迁,来解释自然在人类历史中的地位和作用,述说人类文明的发展对自然的影响及其对人类自身的反作用。[③] 因此,环境史研究不能简单地以人为中心或完全以生态为中心,而应该立足于人与自然的关系及其变迁,以人与自然的其他部分的相互作用为中心,把原来历史研究中被忽略的部分重新融入历史研究。

三、研究方法

环境史的研究方法,学者基本认可环境变迁本身需要多学科知识体系才能全面解答,因此需要跨学科综合研究。对于环境史跨学科研究方法,包茂红有比较全面的阐述,本书以下基本采纳其学术观点。

首先,环境史本身是多学科知识积累的结果,自然也继承了多学科的研究方法。研究环境史不但要有历史学的基本训练,还必须有环境科学和生态学的知识。其次,由于人类行为本身的复杂性,环境史研究必然涉及地理学、人类学、

---

① 梅雪芹:《中国环境史研究的过去、现在和未来》,《史学月刊》2009 年第 6 期。
② 王利华:《浅议中国环境史学建构》,《历史研究》2010 年第 1 期。
③ 梅雪芹:《环境史:一种新的历史叙述》,《历史教学问题》2007 年第 3 期。

社会学、哲学、经济学和政治学等学科知识。自然科学和生命科学给历史学提供了理论及方法的启示,使之精确化、科学化。社会科学给分析人类社会以及环境的关系提供有益的概念系统、调查和统计资料。一些基础学科则为研究环境史打下坚实基础,诸如地质学、考古学等,对于准确把握历史时期的环境变迁具有重要价值。跨学科研究就是要跨越人文科学、社会科学和自然科学及工程科学的界限,互相借鉴和融合,达到整体上把握人类历史的目的。

但是,环境史跨学科研究的落脚点一定是历史学,因为历史学在整合社会、政治、经济和文化,在从整体上认识变化如何发生最具优势、困难最少。如果仅从不同学科进行独立探讨,其结果必然具有很大局限性。跨学科也难以克服内在矛盾,随着科学的发展,学科越分越细,各学科的研究对象、理论和方法之间的差异越来越大,沟通起来难度增大。此外,从研究群体及队伍培养上看,环境史研究人员大多来自历史学科,其他学科,特别是自然科学的知识很难吃透,对综合复杂环境问题的深入研究存在阻碍;而有自然科学背景的学者又因不熟悉历史学的研究路径,难以做出历史学所希望呈现的研究成果。不过,还是有不少学者在不断打破不同学科间的壁垒,开展复杂、立体、全面的环境史研究,而且这样的成果在不断涌现。需要指出的是,跨学科研究方法并非简单整合既有学科知识,也不能为了运用而运用,将已有的学科知识生搬硬套。这种跨学科研究,其内容之间往往是各自独立、不成有机整体的,更严重的是,这样的研究如果没有学术创造,价值也就大打折扣。所以环境史研究需要借助跨学科的综合知识,但这些知识在最终汇聚、相互作用后,应该形成有创造性的新知识,而不是旧有知识的拼接。

环境史研究应该坚持历史学的叙述特点,但是也要有自己的叙述规范,包茂红认为至少要注意三点:首先,故事不能违背已知的历史事实;其次,故事必须具有生态意义,否则就不是环境史的叙述;最后,环境史学者是以社会成员的身份编写故事的,工作时必须考虑社会因素。总之,环境史的编写方法既要坚持历史学的传统特点,又要回应新思维的不断挑战,形成更加宽容、具有创新能力的新形式。①

此外,历史地理学、人类学中经常用的田野调查方法也需要在环境史研究中受到重视。环境史研究毕竟是基于一定时空背景进行的实证研究,必须走入现场,才能感知环境的历史,体悟沧海变桑田的时空过程。读万卷书,行万里路,

---

① 包茂红:《环境史:历史、理论和方法》,《史学理论研究》2000 年第 4 期。

即此道理。在研究视野上,环境史研究还要采用国际化与本土化相结合的方法。环境问题研究本身既有全球性,而各国的环境史研究又形成了各自独特的学术理论。中国的环境史研究既需要扎实的本土研究,也需要关注国际研究问题,与国际学界对话。国际化与本土化并存,不仅能很好地呈现区域环境史特点,还能在与国际环境史对比过程中形成差异化发展。

四、学科属性及与相关学科关系

环境史在学科归属上首先是历史学,在此基础上才谈其学科交叉属性。与环境史关系密切的学科很多,其中首推历史地理学,这是一门典型的学科交叉产生的史学分支学科,它以历史学为父学科,地理学为母学科。当然,也有观点认为历史地理学属于地理学学科体系,即地理学为父学科,历史学为母学科。这样就导致目前历史地理学在国内分属两个学科体系。目前从事环境史相关研究的学者,基本都认可环境史首先是历史学。环境史不是环境科学的谱系史,也不是生态学学科的发展史,而是以人类活动为核心、归纳人类社会发展演变过程的生态史学。休斯指出,环境史是一门新兴学科,而且是一门历史,奠定了环境史的基本学科属性。只是这门历史学的研究对象与传统的史学稍有不同,它通过时间的变化,一方面研究自然因素对人类活动的影响,另一方面研究人类活动对自然环境的影响,而且这门学科的核心概念或概念单元是"生态过程"(ecological process)。生态过程是一个动态概念,意味着人与自然环境的相互关系经历着不断的复杂的变化,时而转向、时而背离生态系统的平衡与可持续。这门历史的方法是将生态分析运用到历史研究之中,补充了已有的政治、经济和社会等历史分析形式。其宗旨是从与自然相关联的新视角重新探索人类社会历史发展,从而为寻找环境问题的答案提供基本视角。[1] 归纳言之,休斯认为环境史应该是以历史学为父学科,生态学为母学科。

由于环境史研究涉及人与自然的互动过程,所以从事环境史研究,就需要适当掌握农学、考古学、植物学、动物学、气候学、地理学、地质学、经济学、哲学等领域的知识,并探寻有益的综合。在学科上,环境史与自然科学、社会科学及人文科学都有显而易见、密不可分的关系。

环境史是以生态学理论和方法为指导而开展的历史学研究,但在具体研

---

① [美]J.唐纳德·休斯:《什么是环境史》,梅雪芹译,北京:北京大学出版社,第2008年,"译者序"第5页。

究范围上,经常与传统的历史地理学有重叠。而学界对环境史与历史地理学之间异同和研究路径的区别有多种观点。伊懋可认为从原则上讲,二者之间没有明显的分界线,唯一的区分就是由不同的学术文化产生的界限[①];王利华也认为生态史学和历史地理学的研究对象本来即有很大的重叠,二者间的界线非常模糊,几乎无法断然划清,直到目前,我们所进行的许多生态史课题,往往是由历史地理学者提出并率先开展研究的。[②]

也有许多学者认为环境史与历史地理学是有明显区分的,"环境史与历史地理学关系十分密切,但二者仍有明显的差别,是属性与研究内容都有一定区别的两门学科。"[③] 具体表现在以下方面。

第一,环境史与历史地理学的学术渊源问题。从环境史自身发展角度看,环境史是现代环境主义运动兴起的产物,其兴起与发展又扎根于历史地理学的前期积淀。[④] 在中国环境史发展中,一方面,如王利华所言"中国生态环境史研究主要是从历史地理学中生长出来的,也不算言过其实"[⑤]。朱士光也认为改革开放以来中国环境史的兴盛,虽然也受到国外环境史研究的影响,但其渊源与20世纪30年代兴起并发展成熟的历史地理学的激发有关[⑥];另一方面,环境史与历史地理在学术渊源上还是有本质区别的,侯甬坚认为,环境史研究传入我国较晚,要将此前其他学科的论著判断为环境史研究是困难的,因其依赖于研究内容的相似性或重叠现象,而主要不是从研究理路出发予以解读和把握,得出的结论很难成立,否定了历史地理学与中国环境史的学术渊源,指出"历史地理学、环境史研究有如两株不同农作物穗上的子实,相互间不存在渊源关系,而是自行发展,各有其道。"[⑦]

① 包茂宏:《中国环境史研究:伊懋可教授访谈》,《中国历史地理论丛》2004 年第 1 期。

② 王利华:《中国生态史学的思想框架和研究理路》,《南开学报》(哲学社会科学版)2006 年第 2 期。

③ 朱士光:《关于中国环境史研究几个问题之管见》,《山西大学学报》(哲学社会科学版)2006 年第 3 期。

④ 袁立峰:《环境史与历史新思维》,《首都师范大学学报》(社会科学版)2007 年第 5 期。

⑤ 王利华:《中国生态史学的思想框架和研究理路》,《南开学报》(哲学社会科学版)2006 年第 2 期。

⑥ 朱士光:《关于中国环境史研究几个问题之管见》,《山西大学学报》(哲学社会科学版)2006 年第 3 期。

⑦ 侯甬坚:《历史地理学、环境史学科之异同辨析》,《天津社会科学》2011 年第 1 期。

　　第二,环境史与历史地理学的研究目的不同。韩昭庆认为二者同样是关注人地关系,但是目的有所不同。她认为中国历史地理的研究具有强烈的时代特色,在每一时段研究的目的是不同的。在作为一门学科诞生之初的 20 世纪 30 年代,中国历史地理的目的是应对边疆危机,所以产生了许多有关疆域变迁的研究成果;中华人民共和国成立之后,研究历史地理的目的是更好地利用自然环境,而目前气候变化是历史地理研究的一个重要内容,把区域自然环境变迁与人类活动的关系结合起来进行研究也是当今历史地理学的一个趋势。相较而言,环境史是工业化带来一系列的环境问题之后产生的,其目的是重新审视人在自然中的位置,以避免人与自然的冲突更加恶化,向民众和政府复原二者之间正面或者负面的相互作用。[①]

　　第三,环境史与历史地理学的研究路径不同。首先,看待人为活动不同。朱士光认为历史自然地理学是将人为活动作为一个重要的原因与营力,与自然要素自身变化规律结合起来,探明人类历史时期自然环境之变化历程及其复合型的演变规律。而环境史则是以人类历史时期环境变化做对照物,着重探讨经由人为活动造成的环境变化对社会、经济发展造成的影响,二者区别是明显不同的。[②] 侯甬坚则认为历史地理学把人类活动作为驱动因子,而环境史研究把人类看成环境的一部分。其次,研究侧重有所不同。景爱认为,环境史研究的侧重点是生态环境及环境污染问题,历史地理学的重点则是历史气候、历史植物、历史地貌、历史水文等。[③] 侯甬坚则认为历史地理学与地理学相似,为了客观描述历史地理情况,必须采取区域研究的路径,一些单一自然或人文要素的有效研究,也必须从区域角度去收集材料和开展工作,所以以区域研究为主;而环境史研究追求小而精的个案选题研究,非常重视小尺度上的民众日常生活和重要环境事件的全程考察研究,所以以事件过程为主。[④]

　　第四,环境史与历史地理学的研究方法不同。对于环境史的研究方法,王利华的观点具有代表性,认为生态史学(环境史)作为一个新的史学分支,思想理论和方法有其新颖之处,“首先体现在它将现代生态学理论方法应用于历史研究,以生态学以及它的分支学科——人类生态学(生态人类学)、人口生态

[①]　韩昭庆:《历史地理学与环境史研究》,《江汉论坛》2014 年第 5 期。

[②]　朱士光:《关于中国环境史研究几个问题之管见》,《山西大学学报》(哲学社会科学版) 2006 年第 3 期。

[③]　景爱:《环境史续论》,《中国历史地理论丛》2005 年第 4 期。

[④]　侯甬坚:《历史地理学、环境史学科之异同辨析》,《天津社会科学》2011 年第 1 期。

学、社会生态学和文化生态学等,作为观察和解释历史的思想导引和分析工具。简要地说,生态史学是运用生态学理论方法来处理史料、解释历史现象和历史运动(既包括自然现象和自然运动,也包括社会现象和社会运动)的一种新史学。它的基本学术指向是采用广泛联系、彼此作用、互相反馈和协同演化的生态系统思想,陈述和剖析人类社会与生态环境互动变迁的历史经验事实,并就如何协调人类与环境之间的关系发表自己的观点和看法。"① 而历史地理学的研究方法则更多的是基于地理学,运用地理学的理论和方法进行研究。刘缙、康蕾则对二者所运用的具体研究工具进行了说明,认为历史地理学采用了数理分析与测绘技术、地图与历史文献研究、区域空间分析、人文地理学方法和理论、因果关系分析、地理学观察等方法,而环境史则运用了历史文献的应用与分析、生态系统分析法、人类学、经济学和社会学的相关方法等。②

　　不可否认的是,环境史和历史地理学虽有区别,但是在研究中存在着互相借鉴的地方,就如英国地理学者迈克尔·威廉斯(Michael Williams)所说的,"从人与自然这个视野进行研究的历史地理学家,能够从这场争论和环境史家重新整合人类与自然关系的实证例子中学到许多东西。同样,环境史家也能够在人类学之外寻找灵感的线索,并考虑从丰富而多样的历史地理学传统中能够学到什么。当然,强调差异,在作品上贴上学术标签是不重要的,重要的是强调共性以及每个学科对人与自然怎样互动这一中心问题的贡献。两个学科之间的张力可能是新作品的催化剂;两个学科都希望找到社会数据和自然数据之间的可理解的联系,并通过通俗的解释而使这些联系合乎情理。"③ 因此,学科要有边界,但不可过于强调边界,而阻碍对问题本身的探讨。

---

① 王利华:《中国生态史学的思想框架和研究理路》,《南开学报》(哲学社会科学版)2006 年第 2 期。

② 刘缙、康蕾:《历史地理学与环境史学关系刍议》,《西部学刊》2015 年第 2 期。

③ [英]迈克尔·威廉斯:《环境史与历史地理的关系》,马宝建、雷洪德译,《中国历史地理论丛》2003 年第 4 期。

第二章　环境史的兴起与发展

　　人类与环境相互作用的历史标志为"人猿揖别",而这正是环境史研究的主要内容和对象。环境史研究于20世纪六七十年代率先于美国兴起,之后在世界各地逐步兴起并快速发展。

第一节　环境史的兴起

　　关于环境史学的兴起及发展状况,国外伊恩·D. 怀特(Lan D.Whyte)、艾尔弗雷德·W. 克罗斯比(Alfred W.Crosby)、哈尔·罗斯曼(Hal Rothman)、马特·斯图尔特等学者有过详细的论述。[①] 国内史学界侯文蕙、高国荣、包茂红、梅雪芹等学者对西方环境史和环境史学的引进、介绍与研究付出了诸多努力,如:侯文蕙的《美国环境史观的演变》《征服的挽歌——美国环境意识的变迁》等,高国荣的《美国环境史学研究》《环境史在美国的发展轨迹》《全球环境史在美国的兴起及其意义》等,包茂红的《环境史:历史、理论和方法》《环境史学的起源和发展》等,梅雪芹的《环境史学与环境问题》《环境史研究叙论》等。[②] 其中,包茂红的《环境史学的起源和发展》一书着重介绍了环境史的兴起及其在世界多个国家和地区的发展。

---

　　① 高国荣:《美国环境史学研究》,北京:中国社会科学出版社,2014年,第21页。
　　② 侯文蕙:《美国环境史观的演变》,《美国研究》1987年第3期。侯文蕙:《征服的挽歌——美国环境意识的变迁》,北京:东方出版社,1995年。高国荣:《美国环境史学研究》,北京:中国社会科学出版社,2014年。高国荣:《环境史在美国的发展轨迹》,《社会科学战线》2008年第6期。高国荣:《全球环境史在美国的兴起及其意义》,《世界历史》2013年第4期。包茂宏:《环境史:历史、理论和方法》,《史学理论研究》2000年第4期。包茂红:《环境史学的起源和发展》,北京:北京大学出版社,2012年。梅雪芹:《环境史学与环境问题》,北京:人民出版社,2004年。梅雪芹:《环境史研究叙论》,北京:中国环境科学出版社,2011年。

　　第二次世界大战至 1970 年是环境史的奠基和酝酿期,当时的相关研究被称为"资源保护运动史",而后来这一领域被称为"环境史"。① 环境史于 20 世纪 60 年代才在美国出现,其标志是塞缪尔·海斯(Samuel Hays)的《资源保护与效率的福音:进步主义资源保护运动,1890—1920》(*Conservation and the Gospel of Efficiency:The Progressive Conservation Movement*,1890—1920) (1959 年) 和纳什的《荒野和美国思想》(*Wilderness and the American Mind*) (1967 年) 的出版。② 而环境史研究在美国发展成为一个正式的学科,是以 20 世纪 70 年代中期美国环境史学会和《环境评论》(*Environmental Review*)杂志的创建为标志。③

　　为什么环境史在 20 世纪 60 年代能够在美国兴起,包茂红认为,环境史的诞生是美国环境保护运动的客观要求和许多学科知识不断积累相结合的产物。美国经历了两个阶段的环境保护运动:第一阶段从欧洲人登上北美大陆到 20 世纪 20 年代;第二阶段从经济大萧条和尘暴开始。尘暴和旱灾迫使美国人用生态学的理论与方法重新反思人与自然的关系并开始改变传统的价值观。生态学的美国化过程中,弗里德里克·克莱门茨(F.E.Clements)于 1916 年出版的《植物演替:对植被发展的探讨》是一个里程碑。奥尔多·利奥泊德(Aldo Leopold)从生态学出发构建了内部结构是生物区系金字塔的土地共同体。④1962 年,蕾切尔·卡逊(Rachel Carson)出版了《寂静的春天》(*Silent Spring*),以大量的事实和科学知识向人们揭示了滥用杀虫剂、除草剂等化学药剂对生物物种和人体健康的危害,扰乱了生态系统的平衡,环境受到污染。卡逊在生态学、毒理学、流行病学、化学、遗传学等调研基础上,通过列举擢发难数的实证揭示了灭虫剂、除草剂等化学药剂的危害性以及向世人发出环境保护迫在眉睫的警告。《寂静的春天》不仅蕴含着环境正义生态思想、可持续性生态思想、生态伦理思想、非人类中心主义等生态思想,而且突出强调生态整体主义思想。动植物与自然的土壤、水、空气等都处于生态系统网络中,相互作用、相互依存、紧密相连,牵一发而动全身。人类诡衔窃辔地使用灭虫剂、除草剂等化学药剂,这些带有毒性的化学药品在自然界的循环中不断地转移,从漫不经心地被任意挥洒在土壤层上之后蒸发到大气层,从随风飘洒到地表水或渗透到地下水再进入水圈又被动植物吸收最终进入生物圈。化学药剂几乎弥散在人类生活的整个环境

---

① 高国荣:《环境史在美国的发展轨迹》,《社会科学战线》2008 年第 6 期。
② 包茂宏:《环境史:历史、理论和方法》,《史学理论研究》2000 年第 4 期。
③ 高国荣:《环境史在美国的发展轨迹》,《社会科学战线》2008 年第 6 期。
④ 包茂宏:《环境史:历史、理论和方法》,《史学理论研究》2000 年第 4 期。

之中,悄无声息地危害着整个生态系统,而最终必将产生生态灾难,危及人类生存,卡逊的"明天寓言"必将成为现实,人类也将进入悄无声息的春天。在《寂静的春天》出版之前,对环境的关注和生态的研究并没有出现在科学探讨及世人的意识之中,以至于查阅20世纪60年代书籍、报刊及档案等文献资料,几乎无法寻觅"环境保护"这一词语。《寂静的春天》问世之后,它所描述的化学药剂被无所忌惮地滥用,一方面使生态环境遭受了前所未有的蹂躏,另一方面对动植物乃至人类的生命造成了巨大的威胁,使人开始注意生态环境。该书不仅被世人奉为"世界环境文学经典之作""生态伦理学著作""绿色经典著作",而且被视为改变人类环境历史进程,扭转人类生态思想方向且划时代的一座里程碑和环境生态学的起点。《寂静的春天》的出版,犹如一道闪电划过黑暗的夜空,惊醒了美国广大民众和拥有良知的科学家、政府官员。1963年,美国总统约翰·肯尼迪(John Kennedy)成立总统科学咨询委员会调查书中的结论,最终书中的结论得到政府认可。同年,美国野生动物联盟将首次设立的保护主义年终奖授予卡逊。美国哥伦比亚广播公司不顾投资方的威胁,为她制作了长达一个小时的节目进行广播宣传。1980年,美国总统授予卡逊象征公民最高荣的"总统自由勋章"。1992年,美国杰出人物组织推选《寂静的春天》为近50年来最具影响力的著作。卡逊的著作激起了美国全民环境意识的觉醒和环境主义运动。生态学的普及客观上要求研究环境史,环保运动的发展也要求历史学家提供历史依据和理论。此外,许多学科的发展为环境史的出现提供了必要条件。环境考古学给环境史学家探讨史前史和没有文字资料的历史提供了方便。地理学从环境决定论向可能论的转变和20世纪40年代历史地理学的出现对科学的环境史的形成具有借鉴和启发意义。生态人类学在多个方面促进了环境史的发展,特别是把文化引入了人与环境关系史的研究。新社会史为环境史中以"草根"方法研究地区史和生物区域主义的出现奠定了基础。历史学研究出现了强调环境因素的新现象。法国年鉴学派促使历史学家更加关注长时段的研究,尤其是人类与环境的关系。美国边疆史学派吸引着年轻的历史学家以现代生态学、环境学对边疆问题和美国文明的成长进行新的解释。① 这些是环境史在美国诞生的内在基因。

要理解和把握环境史,就有必要梳理环境史在美国的学术发展脉络。高国荣在《环境史在美国的发展轨迹》一文中,从环境史学科的形成及环境史研究

① 包茂宏:《环境史:历史、理论和方法》,《史学理论研究》2000年第4期。

的主要成果出发,勾勒和分析了环境史研究在美国的状况。

在 20 世纪 70 年代以前,美国就出版了有关环境资源的著作,如:海斯的《资源保护与效率的福音:进步主义资源保护运动,1890—1920》和纳什的《荒野与美国精神》,前者关注的是资源保护,侧重环境政治史;后者关注的是自然保护,侧重环境思想史,之后二者成为美国环境史研究的两种基本类型和范式。20 世纪 70 年代之后,美国环境史的学科建设明显加快。1972 年,纳什首次在《美国环境史:一个新的教学领域》中提出了“环境史”这一术语,并且在加利福尼亚大学圣芭芭拉分校讲授环境史。除此之外,约翰・奥佩(John Opie)在迪凯纳大学、沃斯特在耶鲁大学、约瑟夫・佩图拉(Joseph Petulla)在加利福尼亚大学伯克利分校等都开设了“环境史”课程。1976 年,美国环境史学会成立并且创刊《环境评论》和内部交流刊物《环境史通讯》。1982 年,美国环境史学会首次会议在加利福尼亚州大学欧文分校召开。20 世纪 80 年代中后期,学会主要以加强学科建设,培养年轻队伍以及扩大对外联系与交流为主。沃斯特主编且被多个高校当作环境史教材使用的著作《地球的终结:关于现代环境史的观点》(The Ends of the Earth:Perspectives on Mordern Environmental History)于 1988 年出版,之后又有多部环境史参考书问世,如 1980 年以来美国 10 多家出版社推出了“环境史”丛书,如:沃斯特主编的剑桥大学“环境与历史”丛书、得克萨斯农工大学出版社出版的“环境史”丛书、克罗农主编的华盛顿大学“魏尔霍伊泽环境丛书”等。美国环境史学会所创刊物《环境评论》先于 1990 年更名为《环境史评论》,后于 1996 年与《森林史》合并改名为《环境史》,现已成为美国最有影响的史学刊物之一。目前,堪萨斯大学、威斯康星大学、加利福尼亚大学、斯坦福大学、卡内基 – 梅隆大学等多所美国高校都可以授予环境史方向的博士学位。[①]

关于美国环境史研究所涉及的议题,包茂红认为,美国环境史研究的进展和环境保护运动是紧密联系的,因此其议题主要包括:环境保护史、生态学和生态思想史、环境感知、不同民族所特有的生活和生产方式对环境造成的影响、化学污染及水资源保护、国家公园六个方面。[②]高国荣认为,美国环境史研究不同阶段有不同的主题,他将 20 世纪 90 年代作为分界线分为两个阶段进行探讨。20 世纪 90 年代之前美国环境史早期研究主题为印第安人与环境、森林史、水利史、荒野史及人物传记等。从研究内容上看,20 世纪 90 年代之前美国环境史研

---

① 高国荣:《美国环境史学研究》,北京:中国社会科学出版社,2014 年。

② 包茂宏:《环境史:历史、理论和方法》,《史学理论研究》2000 年第 4 期。

究的主要问题大多属于自然保护和资源保护的范畴,荒野依然是美国环境史研究的主题,成为美国环境史研究的鲜明特色。此时段环境史研究具有显著的环境保护主义的道德和政治倾向。时间上,主要是研究哥伦比亚到达美洲以后的历史;空间上,美国环境史优先研究西部,其次研究东北部,最后研究南部。20世纪 90 年代之后,随着美国主流环保运动、环境正义运动及激进环保运动等运动的新发展,及学科体系的完善,美国环境史研究逐渐转向环境政治史、环境思想史、环境变迁史及环境社会史的研究。除此之外,城市环境史和全球环境史的研究正在兴起、发展中。[①] 美国环境史研究的发展与进步,离不开几代学者的努力,也成就了一批有造诣的学者,正是学者们的不断开拓,为环境史从一种方法向学科迈进打下坚实基础。

第二节　环境史的发展

一、欧洲环境史

国内对英国、德国、法国等欧洲国家的环境史发展进行研究的学者众多,而且硕果累累,如:包茂红的《英国的环境史研究》《德国的环境变迁与环境史研究——访德国环境史学家亚克西姆·纳得考教授》《热纳维耶芙·马萨－吉波教授谈法国环境史研究》[②]、肖晓丹的《法国的城市环境史研究、缘起、发展及现状》[③]、钟孜的《"环境转型"研究:法国环境史研究的新趋向》[④] 等,其中高国荣的《环境史在欧洲的缘起、发展及特点》[⑤] 一文大致对欧洲环境史研究的兴起、发展脉络及特点做了详细的梳理和介绍,并且具有独到的见解。

欧洲环境史研究虽然起步于 20 世纪 80 年代初,但发展迅速,成绩瞩目。历史地理学、法国年鉴学派、汤因比的有关著作等为环境史在欧洲的兴起提供

① 高国荣:《美国环境史学研究》,北京:中国社会科学出版社,2014 年。

② 包茂宏:《英国的环境史研究》,《中国历史地理论丛》2005 年第 2 期。包茂宏:《德国的环境变迁与环境史研究——访德国环境史学家亚克西姆·纳得考教授》,《史学月刊》2004 年第 10 期。包茂宏:《热纳维耶芙·马萨－吉波教授谈法国环境史研究》,《中国历史地理论丛》2004 年第 2 期。

③ 肖晓丹:《法国的城市环境史研究:缘起、发展及现状》,《史学理论研究》2016 年第 2 期。

④ 钟孜:《"环境转型"研究:法国环境史研究的新趋向》,《世界历史》2019 年第 3 期。

⑤ 高国荣:《环境史在欧洲的缘起、发展及其特点》,《史学理论研究》2011 年第 3 期。

了理论基础。①但欧洲各个国家又有各自特色的理论基础,如:英国的环境史理论是有多种特色学科共同努力所构建的。历史地理学、历史生态学、物质文化史等学科领域为英国的环境史研究奠定了知识基础:历史地理学为英国环境史的出现带来了部分的学术基础和启示;历史生态学或景观史研究对英国环境史的出现准备了更为接近的方法论基础;英国对殖民地物质文化史的研究丰富了环境史的物质、技术和文化。②与美国类似的是,生态危机如空气污染、海洋污染等和环保运动促使了欧洲环境史研究的兴起,同样促使不同领域的欧洲学者转向环境史研究,如德国环境史研究的开拓者之一亚克西姆·纳得考(Joachim Radkau)就认为环境史是以环境运动的派生物的形式在20世纪70年代末期的德国兴起的。③

在欧洲的大多数国家,环境史是在历史地理学的基础上发展而来的。2004年,英国、芬兰、匈牙利、捷克、斯洛伐克等国家的多位学者在《环境与历史》杂志共同发表了一篇主要介绍欧洲11个国家环境史研究发展的情况的文章,认为历史地理学在这些国家环境史兴起的源头中占有一定的地位,二者之间存在密切的学术渊源关系。④但在欧洲其他国家一定程度上传统的历史地理学又阻碍着环境史研究的发展,比如法国深厚的地理学传统在历史学家和地理学家之间筑起了一道无形的藩篱,阻碍了环境史在短时间内脱离地理学成为历史学的分支学科。⑤

大多数环境史学者认为年鉴学派是环境史的源头之一。美国学者唐纳德·沃斯特认为法国年鉴学派"使环境成为历史研究的重要部分";芬兰学者蒂莫·米尔恩托斯(Timo Myllyntaus)也认为"通过研究社会结构与自然背景的相互关系,年鉴学派预先提出环境史研究的议程"⑥。但是,一些法国学者认为法国年鉴学派并不是其环境史研究的源头,相反,"由于年鉴史家还没有充分认识到人和环境是一个统一体,因而并没有把环境以及人和环境的互动、特别是人对环境的影响作为历史研究的核心,这在一定程度上制约了法国环境史研究的

① 高国荣:《环境史在欧洲的缘起、发展及其特点》,《史学理论研究》2011年第3期。
② 包茂宏:《英国的环境史研究》,《中国历史地理论丛》2005年第2期。
③ 包茂宏:《德国的环境变迁与环境史研究——访德国环境史学家亚克西姆·纳得考教授》,《史学月刊》2004年第10期。
④ 高国荣:《环境史在欧洲的缘起、发展及其特点》,《史学理论研究》2011年第3期。
⑤ 肖晓丹:《法国的城市环境史研究:缘起、发展及现状》,《史学理论研究》2016年第2期。
⑥ 高国荣:《环境史在欧洲的缘起、发展及其特点》,《史学理论研究》2011年第3期。

展开"①。同样,热纳维耶芙·马萨－吉波(Genevieve Massard-Guilbaud)对法国年鉴派和环境史研究的对象进行思考,认为年鉴派研究的是"境地"而非环境史中的"环境",并非法国环境史研究的先驱②。不谋而合,他也关注到"境地"和"环境"一词的区别,他认为"法国人总使用'境地'而不是'环境'一词,在关注'境地'问题时,法国历史学往往将关于'地'的研究和关于'人'的研究割裂开来,因此,不能算做'严格意义上的环境史'"③。

环境史在欧洲兴起之后,得到了长足发展。欧洲环境史研究有自己专门的杂志和机构。1995 年《环境与历史》杂志创办,1999 年欧洲环境史学会成立,2001 年欧洲环境史学会第一次国际学术研讨会顺利召开,这些都标志着欧洲的环境史研究发展到了一个新的阶段。④ 欧洲环境史研究中心自 20 世纪 90 年代陆续落户欧洲多个高校和研究机构。1992 年英国圣安德鲁斯大学建立了欧洲第一个研究中心,2000 年更名为环境历史与政策中心,成为欧洲环境史研究的重镇。德国哥廷根大学成立了跨学科环境史研究中心。奥地利大学和克拉根福大学维也纳校区成立了"环境史研究中心"。此外,环境史课程也在欧洲多所高校开设。1969 年,环境史作为英国大学历史系的正式课程由亨利·伯恩斯坦(Henry Bernstein)教授在圣玛丽大学首次开设,此后各种环境史研究项目和课程如雨后春笋般地在世界各地开展起来。⑤

欧洲环境史研究特色鲜明。欧洲环境史研究者多具有自然学科背景,他们的研究有跨学科特色。同时,受欧洲大多数国家具有殖民大国发展历程的影响,欧洲环境史学者的研究在时空范围上更加宽广宏阔,更富有全球史的视野,更加强调比较研究,如:"环境转型"研究是当前法国环境史学界最为前沿的研究领域之一,在考察主题上,主要围绕"环境转型"参与者的角色、"转型"中所表现的法国文化特性和"转型"的跨国或全球性起源等问题展开。⑥ 此外,虽然欧洲环境史学者也从事农业生态史研究,但自始就重视城市环境问题。欧洲环境史研究又具有多元化和不均衡的特点。20 世纪 80 年代以来,环境史研究首先在英国、德

---

① 崇明:《法国环境史三题:评〈环境史资料〉》,《学术研究》2009 年第 6 期。

② 热纳维耶芙·马萨－吉波:《从"境地研究"到环境史》,高毅、高暖译,《中国历史地理论丛》2004 年第 2 期。

③ 高国荣:《环境史在欧洲的缘起、发展及其特点》,《史学理论研究》2011 年第 3 期。

④ 高国荣:《环境史在欧洲的缘起、发展及其特点》,《史学理论研究》2011 年第 3 期。

⑤ 包茂宏:《英国的环境史研究》,《中国历史地理论丛》2005 年第 2 期。

⑥ 钟孜:《"环境转型"研究:法国环境史研究的新趋向》,《世界历史》2019 年第 3 期。

国和芬兰等国出现,整体上西欧和北欧比较发达,而东欧和南欧还比较落后。[①]

二、澳大利亚环境史

澳大利亚环境史研究内容丰富而且独具特色,在世界环境史中占有不同寻常的分量。[②] 包茂红的《澳大利亚环境史研究》和毛达的《澳大利亚与新西兰环境史研究》都对此进行概述,尤其包茂红撰文详细地探讨了澳大利亚环境史研究的兴起、成就及特点。根据澳大利亚著名的环境史和可持续性研究专家斯蒂芬·多弗斯(Stephen Dovers)的说法,标志着澳大利亚环境史研究兴起的代表作是 D.W. 梅尼格(D.W.Meinig)在 1962 年出版的《在美好地球的边缘:1869—1884 年南澳大利亚小麦边疆》(*On the Margins of the Good Earth*:*The South Australian Wheat Frontier* 1869–1884)。第一部从全国范围研究澳大利亚环境史的著作是杰弗里·博尔顿(Geoffrey Bolton)的《破坏和破坏者:澳大利亚人创造的环境(1788—1980)》(*Spoils and spoiler*:*Australians Make Their Environment* 1788–1980)。第一部成为畅销书的环境史著作是埃里克·罗斯(Eric Rolls)的《百万英亩荒野》(*A Million Wild Acres*)。第一次明确向全世界读者亮出环境史概念的是史蒂芬·多弗斯编辑的论文集《澳大利亚环境史:论文和案例》(*Australian Environmental History*:*Essays and Cases*)。[③]

澳大利亚环境史研究的兴起与发展主要得益于英国和澳大利亚本土的历史地理学的发展、环境和社会问题,以及地球环境问题的整体性和频繁的国际学术交流。[④] 包茂红认为这些因素在不同阶段推动下,澳大利亚的环境史研究的发展以史蒂芬·多弗斯主编的《澳大利亚环境史:论文和案例》一书的出版为界呈现两个阶段。第一个阶段是 1962 年至 1994 年,此阶段主要是受到环境主义运动的推动,从历史地理学中分离出来。第二阶段是 1994 年至今,澳大利亚环境史研究快速发展,不仅理论探讨的文章不断增多,而且组织程度有了大幅度提高。[⑤] 不同的是,毛达认为澳大利亚环境史研究大致经历了三个阶段:第一个阶段是 20 世纪 80 年代以前,即环境史研究的萌发期。第二个阶段是 20 世纪

① 高国荣:《环境史在欧洲的缘起、发展及其特点》,《史学理论研究》2011 年第 3 期。

② 毛达:《澳大利亚与新西兰环境史研究述论》,《郑州大学学报》(哲学社会科学版)2010 年第 3 期。

③ 包茂红:《澳大利亚环境史研究》,《史学理论研究》2009 年第 2 期。

④ 包茂红:《澳大利亚环境史研究》,《史学理论研究》2009 年第 2 期。

⑤ 包茂红:《澳大利亚环境史研究》,《史学理论研究》2009 年第 2 期。

80 年代,即环境史专业研究的形成时期。第三个阶段是 1990 年至今,即环境史研究的蓬勃发展时期。①

澳大利亚环境史研究主要集中于森林史、火的历史、资源管理和环境运动史、比较环境史等领域,在范围上尚需向城市环境史、海洋环境史、沙漠环境史、技术和工程环境史等领域大力开拓;在议题和视角上还需要增强自主性,需要从澳大利亚看世界的角度对全球环境史提出自己的阐释。此外,澳大利亚环境史研究又独具特点。澳大利亚环境史学者并非主要来自历史学家,而多是从事环境研究的专家及环境管理的各类公职人员。澳大利并没有环境史研究的专门刊物,其研究成果主要分散刊在《澳大利亚地理学家》《澳大利亚历史考古学》《澳大利亚政治与历史杂志》等学术期刊。② 发展与困境并存,澳大利亚环境史未来之路仍可期待。近几年中国学者对澳大利亚环境史的研究推动了澳大利亚环境史学的进一步发展。

三、非洲环境史

非洲环境史研究的兴起与发展在包茂红的《非洲史研究的新视野——环境史》《环境史:历史、理论和方法》《南非环境史研究概述》,以及李鹏涛的《近二十年来非洲环境史研究的新动向》等著述中都进行过详细的介绍。

环境史研究兴起于 20 世纪 60 年代的美国,而当时非洲史学科已渐露雏形。这两个研究领域从一开始就相互影响,并且环境史研究逐渐发展成为非洲史研究的重要领域之一。③ 非洲史的研究起步相对较晚且难度大,但 20 世纪的非洲史的研究硕果累累,尤其是民族解放运动之后更是突飞猛进,非洲环境史研究是继传统史学、殖民主义史学和民族主义史学之后的另一重要流派。④ 非洲环境史研究涉及的时间最早是第四纪东非环境史,然后是非洲生态环境变迁与人类的进化和古典文明的中断。这些研究意在通过研究人与环境的关系发现非洲人是如何生产和生活的,进而揭示非洲人的历史首创精神,使非洲人真正成为非洲历史的主人。⑤

---

① 毛达:《澳大利亚与新西兰环境史研究述论》,《郑州大学学报》(哲学社会科学版)2010 年第 3 期。

② 包茂红:《澳大利亚环境史研究》,《史学理论研究》2009 年第 2 期。

③ 李鹏涛:《近二十年来非洲环境史研究的新动向》,《史学理论研究》2018 年第 4 期。

④ 包茂红:《非洲史研究的新视野——环境史》,《史学理论研究》2002 年第 1 期。

⑤ 包茂红:《环境史:历史、理论和方法》,《史学理论研究》2000 年第 4 期。

　　非洲环境史起源于 20 世纪 70 年代,据包茂红考证,美国非洲史学家菲利普·柯廷(Philip D.Curtin)于 1968 年发表的《流行病学与奴隶贸易》(Epidemiology and the Slave Trade)是第一篇由历史学家所作的关于非洲环境史的论文。而开创非洲环境史新领域并且为进一步研究奠基的专著是海尔格·克耶柯舒斯(Helge Kjekshus)于 1977 年出版的《东非史中的生态控制和经济发展:以 1850—1950 年的坦噶尼喀为个案》(Ecology Control and Economic Development in East African History: The Case of Tanganyika, 1850—1950)。非洲环境史一经出现,便如火如荼。《非洲历史杂志》(Journal of African History)、《非洲事务》(African Affairs)、《环境与历史》(Environment and History)等期刊刊登关于环境史的文章,《南部非洲研究》(Journal of Southern African Studies)、《非洲政治经济评论》(Review of African Political Economy)等多次出专集讨论非洲环境史和环境问题。大量专著、论文涌现,主要代表作有《土地守望者:坦桑尼亚历史中的生态和文化》(Custodians of the Land: Ecology and Culture in the History of Tanzania)、《沙漠边疆:1600—1850 年西萨赫勒地区的生态和经济变迁》(Desert Frontier: Ecological and Economic Change Along the Western Sahel, 1600–1850)、《绿土地、棕土地、黑土地:1800—1990 年的非洲环境史》(Green Land, Brown Land, Black Land: An Environmental History of Africa, 1800–1990)等。此外,非洲环境史研究范围不断扩大,观点和方法不断多元化。非洲环境史"除了研究非洲史上的干旱、流行病、生态环境与经济发展外,还深入到环境变迁与政治、文化、意识形态和社会结构等领域,开拓了过去不被重视的一些研究课题(涉及非洲人的生存战略、居住模式、传统医学、生态宗教、环境感知、环境种族主义和殖民主义、生态女性主义、消费与休闲娱乐等许多方面)。"[1] 近 20 年来,非洲环境史则主要关注农牧业经济的生态环境问题、野生动物保护、林业资源利用与保护、水资源利用、牲畜疾病的环境维度、非洲本土知识和西方科学在非洲环境变迁进程中的作用等方面。相关研究侧重环境史与社会史的结合,注重分析殖民主义对非洲生态环境的深刻影响,研究取向契合当前非洲所面临的紧迫的发展问题。[2]

　　非洲环境史能在 20 世纪 70 年代兴起并形成蔚为大观态势,是非洲史研究的内在逻辑、现实需要、学科交叉和学术传播相互作用的必然结果。首先,环境

---

① 包茂红:《非洲史研究的新视野——环境史》,《史学理论研究》2002 年第 1 期。

② 李鹏涛:《近二十年来非洲环境史研究的新动向》,《史学理论研究》2018 年第 4 期。

史的出现是非洲史研究向深入发展的客观要求。其次,环境史的发展是客观现实对非洲史研究提出紧迫任务的回应。获得国家主权后,非洲国家过度、片面追求经济的高速增长,受制于国际市场不合理的经济结构,以及西方国家向非洲倾倒废弃物和掠夺动植物资源等,森林大量被砍伐,生物种类急剧减少,水土流失,土地沙漠化等生态环境恶化。生态环境的破坏又给非洲带来更大的消极影响,使之陷入环境退化、贫困化、经济危机和社会政治不稳定的"发展陷阱",非洲有被边缘化和沦为"第四世界"的危险。再次,非洲环境史的兴起发展还是相关学科发展和国际学术交流的产物。克耶柯舒斯在回忆其创作的过程时特别强调,《流行病学与奴隶贸易》这本非洲环境史专著中的资料理解深受人口学、经济学和生态学领域三位杰出科学家的思想指导以及影响,并且这三位学者的著作还是非洲史学家摄取思想和灵感的标准参考书。因此,环境史的兴起是以其他学科的发展为基础的。另外,国际学术交流也给非洲环境史研究注入了新动力。法国年鉴学派的"整体史"主张深深影响了非洲史研究。美国环境史以其特有的强劲渗透力影响了非洲环境史研究,其部分概念、理论和方法被广泛借鉴吸收。①

非洲环境史研究有其独特的特点、方法,但同样存在问题。非洲环境史研究的初期特点包括:其一,非洲环境史研究一产生就与社会史和马克思主义史学紧密结合,关注与种族和阶级有关的环境正义问题;其二,强调殖民主义对非洲生态环境的破坏和改造及非洲社会的反应;其三,由于非洲大陆的不同地区在自然环境状况及发展经历等方面存在较大差异,因此非洲环境史研究从一开始就以微观研究和案例研究为主。② 由于非洲的环境与世界其他地区存有较大差异,非洲环境史研究主要是运用跨学科研究、个案研究、实地调查和口述史学等方法,但也存在理论整合不够、地区研究不平衡、急需拓宽史料来源、革新对史料的认识等问题。③

四、亚洲环境史

亚洲环境史的研究目前主要集中在对中国、日本、印度及东南亚等地区的研究。

---

① 包茂宏:《非洲史研究的新视野——环境史》,《史学理论研究》2002 年第 1 期。
② 李鹏涛:《近二十年来非洲环境史研究的新动向》,《史学理论研究》2018 年第 4 期。
③ 包茂宏:《非洲史研究的新视野——环境史》,《史学理论研究》2002 年第 1 期。

日本环境史研究的现状在包茂红的《环境史学的起源和发展》第九章"日本环境史研究"和《日本的环境史研究》、陈祥的《日本环境史学的研究和发展》、王海燕的《日本前近现代史视野下的环境史研究》等著述中都有过介绍。

日本环境史学的兴起与发展不同于欧美等国家的环境史学的发展之路。日本学界首次正式出现"环境史"一词是在 1982 年[1]，而在日本传统的历史学研究范围内，将环境作为研究对象的成果大多是中世史和近世史。[2] 日本环境史研究主要是在反公害的现实需要和比较文明论研究的推动下发展起来的，其研究领域主要集中在公害史、农业环境史和文明环境史等方面。[3] 近年来，日本环境史研究成果大多集中在庄园史、村落史、生活史、都市史、文化财产保护等领域。作为一个跨学科研究领域，日本环境史研究的特点突出，呈现出对历史唯物主义的矛盾态度、强烈的新民族主义性和实用主义性。[4]

日本环境史研究的组织结构与欧美、印度等不同。日本环境史作为一个跨学科研究的领域，研究的学者大多并非来自历史学界。其主要原因有：一是传统的历史学家不关注人与环境的关系史；二是日本独特的以问题或地域为基础的学科分野，使学者只要对人与环境的关系史感兴趣，就可以进行研究。在日本，环境史更多是一个跨学科的研究领域。日本环境史研究多集中在四个机构：综合地球环境研究所、日本国立历史民俗博物馆、国立民族学博物馆、国际日本文化研究中心。[5] 目前，日本并没有专门刊载环境史研究的杂志，环境史研究的学术论文成果零散地发布在《公害研究》《环境与公害》《史学杂志》《历史学研究》《人间与环境》及《环境情报科学》等非专门环境史刊物上。近年来，日本环境史研究也得到进一步发展。环境史著作、论文集及关于环境史的工具书等陆续出版，一些日本环境史研究的成果被翻译成多种语言推介到国外，并且日本环境史学者积极召开或者参与国际环境史学术会议，如 2007 年，神户研究所和牛津大学共同主办了主题为"日本与欧洲的环境史"国际学术研讨会，并于 2010 年在神户又召开了第二次。日本环境史研究虽然在国际上并不突出，但也硕果累累，主要有三个方面：公害史，研究产业化对人类健康和居住环境造

---

① 王海燕：《日本前近代史视野下的环境史研究》，《史学理论研究》2014 年第 3 期。
② 陈祥：《日本环境史学的研究与发展》，《学术研究》2013 年第 4 期。
③ 包茂红：《日本的环境史研究》，《全球史评论》2011 年第 1 期。
④ 包茂红：《日本的环境史研究》，《全球史评论》2011 年第 1 期。
⑤ 包茂红：《日本的环境史研究》，《全球史评论》2011 年第 1 期。

成危害的历史;农业环境史,研究日本农业生产(包括林业和稻作渔捞)与环境的关系史;文明环境史,通过研究人类文明与环境的关系史,给日本文明在世界文明中寻找恰当的位置,这是日本环境史研究中最具全球视野和理论意义的部分。日本环境史研究正逐步走向世界。[①]

东南亚环境史研究既是东南亚历史研究的一个重要分支学科,也是东南亚研究中的一个新兴跨学科研究领域。[②] 目前,东南亚环境史研究正处于初创阶段,不仅滞后于欧美,也滞后于中国、日本、印度等亚洲国家。荷兰著名的东南亚环境史研究领军史学家彼得·布姆加德(Peter Boomgaard)出版了对东南亚环境史进行整体思考和全面论述的著作《东南亚环境史》(*Southeast Asia:An Environmental History*),此书的问世标志着东南亚环境史研究正式步入世界环境史研究领域。另外,约翰·布切尔(John Bucher)在 2004 年出版的《边疆的关闭》(*The Closure of the Frontier*)也初步涉及了东南亚的海洋环境史的研究。对东南亚环境史研究的史学史,包茂红在《东南亚环境史研究述评》一文中进行过初步梳理。

东南亚环境史研究并非起源于本土,而是于 20 世纪 80 年代首先在欧洲兴起,90 年代逐步兴盛,无论研究人员还是研究机构及出版论著数量都有大幅度增加。但是,东南亚环境史研究兴起不仅晚于欧美等国家和地区,而且其兴起和大多数成果的研究多归因于域外学者的努力和推动,并非是本土学者。包茂红认为,推动东南亚环境史研究兴起的首要因素来自环境日益恶化的压力和不断提高的环境意识,但是环境危机所引发的环境主义在东南亚地区并没有成为主流,相反,执意追求经济的快速发展仍然是时代的潮流,致使东南亚民族主义史学家不会将注意力集中在历史上人与环境的关系问题。其次,欧洲尤其是先前的宗主国的东南亚研究中素有强烈的历史学传统。学者在东南亚环境的研究中,大都会利用之前殖民时代所搜集、整理和记录的档案资料对东南亚长时段的环境变迁问题进行研究,这在一定程度上为环境史在东南亚研究中的出现奠定了知识基础。最后,历史研究一向有重古轻今的倾向。东南亚多数民族并没有书面文字,加之东南亚气候炎热湿润,许多历史资料难以留存下来,本土学者由于缺乏历史材料的支撑,难以进行研究。同样,彼得·布姆加德认为东南亚历史学家似乎对环境史没有浓厚的兴趣,但是森林掠夺和管理的历史似

---

① 包茂红:《日本的环境史研究》,《全球史评论》2011 年第 1 期。

② 包茂红:《东南亚环境史研究述评》,《东南亚研究》2008 年第 4 期。

乎抓住了许多对东南亚环境史感兴趣的历史学家的心。因此,以上种种原因,最终导致东南亚环境史研究不但起步晚,而且多数并非东南亚学者所进行的研究。[①]

东南亚环境史研究并没有创立自己的环境史理论,而是借用了来自美国和欧洲的环境史概念以及基本分析框架。但是,东南亚环境史研究又具有不同的维度,而且其研究的内容及主题也在不断地深化和拓展。在文化环境史方面修改了许多以往的观点;在物质环境史方面,环境与生产技术和生产方式的关系得到了比较充分的研究等。但是东南亚环境史研究在时空和领域上分布并不平衡:在地域上,主要侧重对印度尼西亚和马来西亚的研究,其他地区较少受到关注;在时间上,由于资料的原因,东南亚环境史研究的重点在19世纪后期和20世纪;在研究领域上,主要集中在农业和森林剥削领域,对城市(和工业)发展、海洋环境史和矿业环境史未有太多的关注。[②]

尽管东南亚环境史研究的兴起比欧美、非洲等晚,并且其研究主要集中在域外学者,但是"环境史研究的推进不但在物质、政治和文化环境史等方面取得了许多成果,而且正在用自己的新思维对东南亚研究产生重要影响"[③]。

印度环境史研究是在回应环境主义运动的现实需要和历史研究探索展示庶民的细小声音的进程中诞生的。[④] 关于目前印度环境史研究的兴起、发展、焦点、特点及所存在的问题,包茂红在《印度的环境史研究》一文中进行了系统的梳理和论述。

印度环境史研究的兴起,主要来自环境主义运动的现实需要和历史研究的转向。1973年印度的"抱树运动"和之后的"拯救纳马达河运动",充分体现了印度现代化发展与本地民众利用环境传统之间的矛盾。这要求印度历史研究需要着重研究以往被人们忽视的下层群众的历史和人们赖以生存的环境,特别是人与环境的互动。与此同时,印度历史研究兴起了把"关注点从精英转向底层的'庶民研究',农业史(更广泛地说是经济史)研究开始关注维持生计的资源环境及其利用模式的问题"。因此,在这两方面的共同作用下,以拉姆昌德拉·古哈(Ramachandra Guha)的《喧嚣的森林:喜马拉雅地区西部的生态变迁和农民抵抗》(*The Unquiet Woods: Ecological Change and Peasant Resistance in*

---

① 包茂红:《东南亚环境史研究述评》,《东南亚研究》2008年第4期。
② 包茂红:《东南亚环境史研究述评》,《东南亚研究》2008年第4期。
③ 包茂红:《东南亚环境史研究述评》,《东南亚研究》2008年第4期。
④ 包茂红:《印度的环境史研究》,《史学理论研究》2010年第3期。

the Westen Himalaya）为代表的一系列研究成果标志着印度环境史研究于 20 世纪 80 年代后期兴起。包茂红认为这部著作作为兴起标志有两方面的原因："一是古哈首次明确提出了撰写印度环境史的想法并推出专著。二是从此以后印度环境史研究不再是学者们各自凭兴趣研究，而是成了大家比较集中关注的主题。"[①] 印度环境史研究经历了兴起和成长两个阶段。兴起阶段，以森林史和土地利用史两方面研究为主。进入成长阶段的主要标志是 1992 年出版的《这片开裂的土地：印度生态史》（*This Fissured Land：An Ecological History of India*）。这一阶段，庶民学派和经济史研究转向发挥着关键影响，印度环境史研究不仅内容和范围扩大、学术性得到快速提升，而且组织性也不断加强。[②]

印度环境史研究具有三个重要特征：一是提出了一套环境史研究的理论框架；二是殖民主义在印度环境史上的作用；三是殖民时代科学与发展的关系问题。此外，印度环境史研究还具有生态民族主义、开放的比较研究，以及整体研究和具体研究相辅相成等特点。印度环境史研究虽然经过三十多年的努力取得了丰硕的成就，但是存在重视殖民时代，忽视对独立后、尤其是工业污染、城市污染历史的研究，重视社会冲突和知识传播，轻视对印度自然的商品化与世界市场和资本主义世界体系的联系的研究方面的问题。[③]

印度环境史研究是伴随着印度独立而出现的，在经济、民主、环境方面暴露的问题催生了印度环境史的产生和发展。[④] 印度环境史研究虽然起步晚，但是其研究成果对印度历史研究的进程，甚至是国际环境史发展，在一定程度上都产生了重要影响。

第三节　本土与外来：中国环境史研究与学科形成

伊懋可指出："作为一个有自我意识的研究领域，它（环境史）的学术思想渊源也许可以追溯至 17 和 18 世纪的西欧，尤其是自然主义者、医官和行政官员，

---

① 包茂红：《印度的环境史研究》，《史学理论研究》2010 年第 3 期。

② 包茂红：《印度的环境史研究》，《史学理论研究》2010 年第 3 期。

③ 包茂红：《印度的环境史研究》，《史学理论研究》2010 年第 3 期。

④ 滕海键：《生态学视阈下的环境史研究——评〈这片破碎的土地：一部印度生态史〉》，《世界历史》2012 年第 6 期。

他们关心全然不熟悉的热带环境,以及西欧人对这些环境之破坏。"[1] 而中国的环境史学术渊源无疑更为悠久,即以第一部真正系统的史书《春秋》算起,至今也有两千多年,更不用说难以计数的神话传说和各种野史文献。行龙认为有文字记载以来,中国有关环境变迁及人与自然关系就成为史书记载内容,中国环境史的学术渊源比西欧要早得多。[2] 但作为一门真正意义上的历史学分支学科,环境史无疑是舶来品。

2004 年,包茂红提出:"环境史作为一个分支学科或跨学科的研究领域是1960 年代在美国兴起的,大致上 1990 年代传入中国。在此之前,中国已有非常丰富的历史地理学研究成果,其中也包括许多环境史的研究内容。"[3] 朱士光认同中国历史地理学研究成果中包括环境史研究内容,但认为中国环境史研究是20 世纪 90 年代由美国传入的论断值得商榷。他指出中国历史地理学有着源远流长、成果丰硕的沿革地理学与古典地理学的长期发展与积累,并于 20 世纪30 年代在沿革地理和古典历史地理等传统学科基础上形成了新的历史地理学。在历史地理学的研究中,历史上的自然环境也纳入其中,关注历史时期气候、物候、地貌、土壤、植被、动物、河流与湖泊变迁等内容。可以说,历史地理学兴起和发展的同时,即孕育并催生了中国环境史研究。[4] 那么应该如何认识域外环境史的引入,以及此前中国史学界不同领域所涉及的与环境史相关的具体研究对当前中国环境史学科建构的意义呢?

包茂红指出,直到 2000 年"环境史"这一术语才出现在中国学术圈;2000年,包茂红撰文系统介绍了其他国家环境史研究的历史、理论与方法,对环境史的定义给予解释,并希望能建立中国的环境史学派。此后,许多学者才将各自的著作称为环境史,或者自觉地将自己的论文归属到环境史类别之中。包茂红分析了 20 世纪 90 年代后期环境史研究在中国兴起的三大原因:(1) 中国环境

---

① 刘翠溶、伊懋可主编:《积渐所至:中国环境史论文集(上)》,台北:"中央研究院"经济研究所,1995 年,第 1 页。

② 行龙:《明清以来晋水流域的环境与灾害——以"峪水为灾"为中心的田野考察与研究》,李文海、夏明方主编:《天有凶年:清代灾荒与中国社会》,北京:生活·读书·新知三联书店,2007年,第 41~42 页。

③ 包茂宏:《解释中国历史的新思维:环境史——评述伊懋可教授的新著〈象之退隐:中国环境史〉》,《中国历史地理论丛》2004 年第 3 期。

④ 朱士光:《关于中国环境史研究几个问题之管见》,《山西大学学报》(哲学社会科学版)2006 年第 3 期。

不断恶化的现实,迫切要求学术研究提供必要且最新的治理知识;(2) 中国历史地理学的发展为中国环境史的兴起在某些方面奠定了知识基础;(3) 改革开放政策为中国学者提供的与西方同行交流的机会及域外环境史作品的译介。他指出中国的环境史研究是中外知识融合的产物。对于包茂红关于中国环境史的兴起和阶段性发展论述,梅雪芹总结为:(1) 环境史这一术语和学科,是 20 世纪90 年代从国外传入的,在此之前,中国历史地理学研究也做出了没有环境史名称的环境史研究成果;(2) 有环境史名称的中国环境史研究出现于 20 世纪 90 年代末,是在现实状况刺激和中外学术交流与知识融合的背景下,中国的世界史学者和中国史学者尤其是历史地理学者共同追求的结果;(3) 从学科属性来说,环境史并不能等同于历史地理学,对传统的中国史学来说,环境史是一个新鲜事物。[①]

关于中国环境史发展的外力与原生动力,一些学者也有不同看法。朱士光指出,改革开放以来中国环境史的兴盛,虽然受到国外,包括英美等国环境史学者们学术思想与研究方法的影响,但毋庸置疑,其渊源在于中国自身蕴涵的丰厚的史学及 20 世纪 30 年代兴起并发展成熟的历史地理学的激发。[②]其实在此之前,钞晓鸿也就中国环境史的本土性有过论述:“生态环境史研究也是中国学术在继承的基础上进行革新、交流、学科整合的产物。应该承认,在中国的历史地理学、气候学等领域,数十年来几代人已进行了一系列的相关研究,这些成果构成了中国生态环境史研究在本土的学术基础。”[③]王利华强调,中国环境史的兴起与发展确实与欧美环境史的刺激分不开,但中国环境史在很短时间里快速兴起,无论问题意识还是理论方法,都具有不可否认的“本土性”,并且可以从20 世纪中国史学自身发展的脉络中找到其学术渊源和轨迹。王利华界定的“本土性”主要是指中国环境史研究的问题意识和研究方法并非导源于近 30 年来在国外兴起的环境史学,而是基于本国学者在相关领域的前期研究。[④]这里的相关领域,主要包括历史地理、农业史等研究。

---

① 梅雪芹:《中国环境史的兴起和学术渊源问题》,《南开学报》(哲学社会科学版)2009 年第2 期。

② 朱士光:《关于中国环境史研究几个问题之管见》,《山西大学学报》(哲学社会科学版)2006 年第 3 期。

③ 钞晓鸿:《生态环境与明清社会经济》,合肥:黄山书社,2004 年,第 6 页。

④ 王利华:《中国生态史学的思想框架和研究理路》,《南开学报》(哲学社会科学版)2006 年第 2 期。

　　关于中国环境史的本土性与外来性的争论,其实是模糊了研究本体与研究学科之间的差异。梅雪芹认为,实事求是地说,使环境史作为历史学的新学科并为此做出杰出贡献的,首先是西方学者,尤其是美国的一批史学家。环境史这一概念,确实是 20 世纪 90 年代传入中国,对中国环境史的兴起和发展具有十分重要的意义。作为新的概念和新的历史学分支学科,环境史推动着历史学者去思考如何将此前不同学科分头进行的零散研究进行整合。但应该看到,中国自身的相关研究为中国环境史学科奠定的基石作用。此外,因为中国历史文献中有关人口、农业、水利、渔业、森林、牧场及其他方面丰富的信息,才使得中国环境史研究具备了得天独厚的条件。[①]

　　关于中国环境史的起源与发展问题,周琼认为需要区分"学术研究起源"与"学科起源"的问题,指出这两个概念存在极大的差异。一般而言,学科起源要晚于学术研究起源,先有学术研究成果的沉淀,才会逐渐产生学科并推动学科的发展,也就是说学科是学术研究积累、进行到一定阶段的产物,是学术研究在理论、内涵、范畴及研究方法成熟、理性思考的基础上孕育形成的。

　　从环境史的研究对象来说,人类诞生以来的人与自然互动关系的历史都可以作为环境史的研究对象。作为正式的环境史研究素材,中国自古就有记录环境要素的大量文献,这些文献记载自三代肇始,春秋战国时期正式成形并发展,文献的内容更详细、类型更丰富,这与人们对自然的关注、对人与自然关系更多的思考有关,是中国早期环境思想史的重要组成部分。先秦是中国环境思想史孕育发展的重要阶段。秦汉以后儒道思想家进一步补充、深化及发挥,很多思想被统治者吸收,转化成生态管理及保护的具体措施,推动着中国古代生态保护、环境思想的发展。唐宋以降,随着儒道思想文化的发展及变迁,环境思想及其保护措施、管理制度、法制等得到了不同程度的发展及完善,客观上推动着环境历史的发展及内容的丰富。中国历史上各时期、各地区生态环境发展变迁的史实及其生态思想、环境制度及措施等,都在不同时期各种类型的典籍中留下了丰富记载。检索历代史籍,谁都不能漠视那一篇篇充满生态哲理、闪烁着生态智慧的篇章,及其对中国环境史研究、对当代环境治理及保护所具有的重要资鉴价值。

　　具体地研究环境变迁,并将环境史作为研究对象来对待,就要稍微晚一些了。从诞生角度而言,环境史是现实环境问题促发下带有生态忧患意识的学者

---

　　① 梅雪芹:《中国环境史的兴起和学术渊源问题》,《南开学报》(哲学社会科学版)2009 年第2 期。

推进的。早在 20 世纪七八十年代,中国历史学、植物学学者就开始关注环境史及其对历史进程的重大影响,并在 20 世纪 80 年代相继推出了系列属于环境史研究范畴的植被及动物等变迁的论著。尽管这些成果在当时并非以环境史的标签来识别和确定,但其内容确实是严格意义上的环境史研究。换言之,若按目前学科的分野来重新划分学术体系及成果的话,很多被冠以地理、历史地理、自然地理、资源环境等名目,关于森林草原、动植物变迁、荒漠化变迁等问题的研究成果,都可归属到环境史学科之下。虽然当时还没有环境史的专业及学科名称,研究者却在不自觉中完成了早期环境史研究的工作。20 世纪 90 年代,自然科学视角的环境史研究成果不断问世,不乏有创见的人文研究成果,以我国台湾地区进行的跨区域、国际化特点显著的研究最具代表性,大陆的环境史研究主要集中在森林、草原、沙漠等生态变迁方面。但中国环境史学术研究层面的起源,不能以学者的广泛性参与及成果的大量涌现作为标志,而应立足于中国学者虽然没有明确使用环境史名称,但进行了实质性研究为判定标准。"中国史家素有'学究天人'的传统,早在西方环境史登陆之前,考古学家、历史地理学家和农牧林业史家早已着手研究相关问题,只是没有打出这个专门的旗号。因此它在中国自有其学术渊源和发展脉络。"[①]

进入 21 世纪,中国环境史的作者群及论著更多,呈现出研究视角、方法、群体及学科阵营多样化的特点,强调并广泛应用"跨学科(或多学科、交叉学科)研究方法",研究成果也以环境史为标识和核心,呈现出多样化发展的趋势。21 世纪前十年,中国环境史在动植物变迁、气候变迁及其影响、人类生存及经济活动对环境冲击及影响等方面,出版刊行了大批成果,学术研究无论是从质到量都有了较大积累,已具备了学科建立的坚实基础。同时,在中国日益严重的环境问题、环境危机的促动及呼唤下,学科建立初步具备了学术积累及现实需求之基础,环境史学科呼之欲出。

2006 年是中国环境史学科起源的时间。中国环境史研究的引领者刘翠溶以中国环境史为名发表论文,推动并促进了学科的诞生。在 2008 年 7 月 22—24 日南开大学中国生态环境史研究中心成立大会上,针对环境史是否能成为学科、归属于什么学科等问题,学者展开争论,对环境史学科名称及其应从属于自然地理、历史地理、生态学或环境学发表了不同意见,对其是否能作为历史学独立的分支学科存在还不太有信心。争论却促使学科轮廓逐渐明晰,基本认可中

---

① 王利华:《生态——社会史研究圆桌会议述评》,《史学理论研究》2008 年第 4 期。

国环境史是历史学下属的独立分支学科,在环境文献史料极其丰富的中国,完全有能力建立一门独立且独具中国特点的环境史学科。此后,中国环境史这一名称以更明确的方式,出现在研究论著中,区域性环境史论著层出不穷,学科名称进一步规范化,学术地位随之确立。2010年后,明确以环境史为题的各类学术研讨会不断举办。2011年,第一届东亚环境史国际学术会议举办。此后,东亚环境史国际学术会议隔年举办一次成为惯例,迄今已举办多届。2017年第四届东亚环境史国际学术会议在南开大学举办,标志着中国环境史学科地位的国际化认可度的提高。国内各高校及研究机构的环境史国际会议、研讨(修)、培训等活动的举办,呈现如火如荼的趋势。环境史不再是新鲜名词,学界的认可度越来越高,学科地位已经奠定、确立。

数量丰厚、以历史学为基本研究路径及方法的研究成果也充实了中国环境史作为传统史学下独立、新型分支学科的定位,得到了海内外史学界的认同,在更广泛的层面上成为一个公认的历史学分支学科的名称。至此,环境史学科的存在及合法性已不再是问题,它以学科增长点、优势新学科等名义,在各高校的学科设置及建设栏目、在各研究机构发展规划中合法存在。该名称被不同学科及研究者使用,成为史学研究最炙手可热的领域,吸引着越来越多的学科群体、不同年龄段的学者加入。

关于中国环境史研究兴起的原因与背景,既有现实需求的紧迫性,也有学术发展的需求性。

第一,现实需求是动因。现实问题需要相应的学术研究为支撑,环境史作为传统历史学领域的分支学科,其兴起是史学日趋贴近现实需求的结果。20世纪八九十年代以来,中国社会迅速实现现代化,生态环境、人文环境急剧变化,环境问题、生态问题日趋严重,灾害及水、土壤和大气污染(尤其是雾霾)、荒漠化、食品安全等备受关注,对日常生活及社会继续发展构成了严重威胁,生存危机迫在眉睫。探究历史上环境变迁的历程、动因及结果、规律、特点,发掘近世应对环境问题的措施、成败经验及教训等,以资鉴现实、服务社会,成为历史学者责无旁贷的社会责任及历史使命。

第二,历史学科自身发展需要的促进。近年来,传统学科不断整合、发展和交融,新学科不断涌现,学科间的分野虽然日益淡化、模糊,彼此交融却界限分明的态势日益凸显。历史学科与其他学科的交叉日益广泛深入。在一些历史问题尤其争议较大的悬疑问题研究上,传统史学遇到了难以突破的瓶颈,迫切需要新的研究视角及方法,深入探究历史上很多重要却悬而未决的问题,并得出客观、科学的结论。环境史以其对自然环境在人类历史上的重要作用、人对自然环境造成不同影响的新颖视角,弥补了传统史学的缺憾,成为历史学科在自我补充及完善、深化及拓展过程中无可取代且发挥重要功用的分支学科。

第三,学术研究国际化的促发。在国际学术交流日益广泛、史学研究不断扩展深入的背景下,西方环境史对人与自然关系问题的思考、对环境史理论与方法的探讨、对现代化的环境后果的探讨等方面新的研究视角及结论,对中国学者学术研究的思维模式及研究范式产生了一定影响,促进并激发了中国学者重拾人与自然关系思考的思想传统,重视那些自然对人类社会发挥影响却被长期冠以封建迷信等帽子的命题,在新的学术研究视野及范式下,对自然与人的关系史、自然思想史及制度史、环境变迁史及保护史等,进行广泛深入、细致入微的探讨与研究。从这个层面看,被明确冠以中国环境史名目的学科研究的兴起,无疑受到美、英、德等西方环境史研究的影响及促动,国内世界史学者对国外较有影响的环境史论著的译介和评价成果,对中国了解国际环境史发展及研究动态有很大的意义,进一步促发了国内学者探究环境史的兴趣和决心。①

---

① 周琼:《中国环境史学科名称及起源再探讨——兼论全球环境整体观视野中的边疆环境史研究》,《思想战线》2017 年第 2 期。

第三章　环境变迁的动因与影响

何为环境变迁？环境变迁（environmental transition）是指环境的状态、结构、质量等在一个较长的历史时期所发生的变化，森林、植被的增减，河流、湖泊的生消，气候的改变，物种分布变动等都属于环境变迁。环境变迁从量变到质变的过程，需要在一定的历史时间内才能显现出来。环境变迁既可以由自然界自身运动变化引起，也可以由人类的社会经济活动引起。近世以来人类开发利用自然的规模及能力日益增大和加强，对环境变迁的影响也愈来愈大。[①]本章拟在前人关于历史时期环境变迁研究成果的基础上，对历史时期环境变迁的原因、结果进行分析和总结。

第一节　影响环境变迁的原因

自从地球诞生以来，地球的环境就处在不断演变之中。环境变迁是多种因素共同作用的结果，主要分为自然原因和人为原因。

地球的形成与演化，地壳运动，风化、侵蚀和沉积等外力作用，以及气候变化等，是影响环境变迁主要的自然因素。地球形成至今已经有约45亿年的历史，在这漫长的地质年代里，地球上不断发生着强烈或缓慢的构造运动、岩浆活动、海陆变迁等各种地质作用，这些活动使地球环境发生了剧烈的变化，造就了地表千变万化的地貌形态，也主宰着海陆的变迁。在影响环境变迁的诸多自然要素中，气候是最为活跃的一种。当气候发生变化时，其他许多要素都会随之发生相应的改变，从而引起区域环境的演变。环境史探讨的是人与自然关系的历史，因此，本章在论述环境变迁的自然原因时，将只针对与人类活动密切相关的气候变化进行探讨，其他则不做论述。

---

① 李建华主编：《环境科学与工程技术辞典（修订版）》上，北京：中国环境出版社，2005年，第286页。

　　人口的增加、生产技术的进步、制度与政策、文化和宗教等,是影响环境变迁的主要人为因素。人类产生于自然环境中,是环境的重要组成部分。随着科学技术和生产力的发展,人类干预自然的能力不断增强,人类活动逐渐成为影响自然环境变迁的最活跃的因素。在迄今为止的人类历史发展过程中,人类同环境的关系经历了一个由简单到复杂的演递过程,环境造就和哺育了人类,人类的活动也在越来越大程度上改变并影响着环境。每一次人类活动质的飞跃,都从不同方面改变着人与环境的依存关系,使环境发生变化。

　　总的来说,自然原因引发的环境变迁,一般具有周期性,除突发变异外,其变迁通常较为缓慢,周期较长;而人为原因导致的环境变迁,其变化速度随着人类活动干预自然的能力增强而逐渐加快。

一、气候变化

　　在地球诞生45亿年来的演变过程中,自然界不断发生着深刻的变异,地球上的气候也不断发生变化,从未停止。气候的基本特征是由太阳辐射和各种形式的太阳活动、大气环流(大气运动的基本状态)、下垫面(地球表面)性质和人类活动的影响等因子长期相互作用形成的。由于太阳辐射在地球表面分布的差异、下垫面性质不同,在到达地表的太阳辐射作用下所产生的物理过程也不同。气候不仅具有温度大致按纬度分布的特征,还具有明显的地域性特征。

　　引起气候变化的原因,概括起来可分为自然的气候波动和人类活动影响两大类。影响气候波动的自然因素多种多样,有的是地球系统本身的某些因素,如火山喷发、海—陆—气相互作用、地壳运动、地球转动等,有的是地球以外的因素,如太阳辐射、银河系尘埃等。不同因素引起气候变化的时间尺度、空间范围和强度有所不同。根据研究及地质考证的结果,不仅几十年或几百年的气候有明显的差异,而且几万年乃至上亿年的气候状态也存在变化。地球气候变化史可分为三个阶段:地质时期、历史时期和近代以来的气候变化。

　　第一阶段地质时期的气候变化,是指距今22亿年至1万年的气候变化。地质时期的气候变化的幅度很大,它不但形成了各种时间尺度的冰期和间冰期的相互交错,同时相应地存在着生态系统、自然环境的巨大变迁。气候变冷时冰雪大量在极地、高纬度地区和高山地区积累,形成大陆冰盖或山地冰川,而且不断扩张,气候转暖时冰川又大量消融退缩。在这个过程中,它又影响着全球水文大循环,促使海面升降变化,使海岸带发生"沧海桑田"之巨变。研究表明,第四纪冰川的形成或消融就是气候变化的直接结果。[1]

第二阶段历史时期的气候变化,是指大约 1 万年以来,特别是人类有文字记载以来的气候变化。我国殷商时期甲骨文中的卜辞就有了天气的记录,春秋时期已有了用圭表测日影以确定季节的方法,秦汉时期有二十四节气、七十二候的完整记载,前后延续了 3 000 余年,资料内容丰富,因此,我国历史时期的气候变迁的研究也取得了丰硕的成果。

历史地理学和历史气象学的研究成果表明,近万年的中国气候波动情况主要如下:(1) 全新世大暖期,即距今 8 000 年到 5 000 年左右的温暖期,为冰后期的气候最适期,这一时期中国大陆与世界其他地区一样,都处在一个十分温暖的时期;(2) 西周寒冷期。从公元前 1100 年左右(约西周时期)出现了我国5 000 年来第一个寒冷期。这个寒冷期长达 200 余年;(3) 公元前 770 年到公元前 1 世纪下半叶(春秋开始到西汉末年)的温暖期,这个时期持续了 700 余年,气候温暖;(4) 东汉到南北朝的寒冷期,这是一个近 600 年的寒冷期;(5) 公元600 年至 1000 年左右的唐北宋温暖期;(6) 公元 1000 年至 1200 年左右的南宋寒冷期;(7) 公元 1200 年至 1300 年的元代温暖期,即南宋后期至元代,是一个十分短暂的温暖期;(8) 公元 1400 年到 1900 年的明清宇宙期,又称为方志期或明清小冰期,为低温多灾的时期。[2]

就历史时期中国气候变化的总体情况而言,据竺可桢的研究,从近 2 000 年的气候变化来看,前 1 000 年相对更温暖湿润,而后 1 000 年相对寒冷干燥;气候变化在我国中高纬度地区变化幅度相对比中低纬度地区更大,这就说明历史时期中国气候变化在黄河流域体现得更明显,而在岭南地区变化幅度相对小一些。总的看来,5 000 年来,温暖时期越来越短,温暖程度越来越弱,而寒冷期越来越长。[3]

第三阶段近代以来的气候变化,主要指依靠气象观测记录呈现的气候周期变化。由于有大量的气温观测记录,区域和全球的气温序列不必再使用代用资料。观测资料和处理方法不同,所得结论也不尽相同。但总的趋势是从 19 世纪末到 20 世纪 40 年代,全球气温出现明显的波动上升现象,20 世纪 40 年代达到顶点,此后全球气候有变冷现象,进入 20 世纪 60 年代以后,高纬度地区气候变冷趋势更加显著,进入 20 世纪 70 年代以后,全球气候又开始趋暖,到 1980

---

[1]　黄春长:《环境变迁》,北京:科学出版社,1998 年,第 21 页。

[2]　蓝勇:《中国历史地理》,北京:高等教育出版社,2010 年,第 33~34 页。

[3]　竺可桢:《中国近五千年来气候变迁的初步研究》,《考古学报》1972 年第 1 期。

年以后,全球气温增暖形势更为突出。[①]

在影响环境变迁的诸多要素中,气候是最活跃的一种。气候的变化直接影响着水圈、冰雪圈、岩石圈和生物圈的变化,如冰川雪盖、冻土的进退,水资源的丰枯,海陆变迁,海平面的升降,沙漠、黄土、河湖水系的形成,土壤、植被、森林、动物的发育和变迁等。同时,气候的变化还影响着人类活动的各个领域,如农业、工业、交通、运输、渔业等经济发展以及社会发展的诸方面。气候变化的影响几乎涉及整个环境和生态系统、社会经济系统。

气候变化会影响降雨量的变化。竺可桢研究表明,5 000 年来我国气候温暖和寒冷交替变化与干湿旱涝状况的变化基本上是一致的。另外,在干旱、半干旱地区,气候的变化也会影响荒漠化的程度。气候恶化时期,荒漠扩张,风沙作用盛行,内流水系或湖泊干涸,水资源短缺。而当气候变得湿润时,荒漠就会收缩,草原植被恢复,水系和湖盆又恢复生机。气候变化和自然灾害之间也存在密切的关系。如明清时期是一个低温多灾的时期,有关灾害的记载非常丰富,这与当时气候的寒冷也有关。

近百年来,大量气候观测记录显示,全球气候总的趋势是明显变暖,地球表面的年平均温度上升了约 0.6℃,北半球气温升高的趋势为 1 000 年来所罕见。气候变暖势必作用于环境,给人类的生存和发展带来巨大的挑战。例如,气候变暖导致冰川融化,海平面上升;气候变暖带来过多的降雨、大范围的干旱和持续的高温等;气候变化影响人类健康,使对气候变化敏感的传染性疾病如疟疾的传播范围可能增加;气候变化使极端气候事件发生的概率上升,如干旱、水灾、暴风雨等灾害。

总之,气候变化是影响环境变迁的重要自然要素。气候的变化与环境变迁密切相关。气候变迁引起的自然环境的变化,或直接或间接,或激烈或缓慢地作用于人类,对人类生产和生活产生了深远的影响。

二、生产技术的改进

技术的进步是人类适应自然环境的结果,每一次技术的改进,都推动了人类社会的发展,但也对环境造成了深刻的影响。

原始时期,人类的生存在很大程度上依赖于周边的自然环境,很少能根据自己的意愿改造环境。火的应用在人类文明发展史上有极其重要的意义,它促

---

① 闫庆武编著:《地理学基础教程》,徐州:中国矿业大学出版社,2017 年,第 100 页。

进了人类社会的发展,使人类开始区别于其他动物。大约在 100 万年前,人类开始使用天然火。火是原始人狩猎的重要手段之一,人们用火驱赶、围歼野兽,提高了生存和狩猎的能力。火的出现潜移默化地影响了人类的饮食。随着火的出现,食物的烹饪手法得到改善,生食逐渐减少,而熟食的出现在一定程度上提高了人类的生活质量,延长了人类的平均寿命,从而使人类在漫长的改造自然、利用自然的同时,有了更强大的力量,加快了人类走向文明的步伐。可以说,火的出现和使用加快了人类改造环境的进程。

在原始采集和捕猎过程中,人类逐渐认识到原始的棍棒、石块在捕猎和采集时的作用,这些旧石器时期工具的使用延长了人类的手臂,使人类的食物来源增多。这时人类不仅可采集到更高处的果实,而且通过部落联盟,可以捕获体积较大的和行动较快的动物。随着工具的使用和采猎能力的不断增长,人类的食物供应有了进一步保障,这就促进了人口数量的进一步增长,距今 1 万年前后,地球上人口数量已由 100 万年前的 12.5 万人增加至 500 万人。

起源于距今 1 万年前的农业,开创了人类与环境关系的新纪元。在农业诞生的最初时间里,农业经营方式主要是游耕,这时期人类不断地开垦新的土地并遗弃旧的土地,形成迁徙不定的游耕农业。随着可供迁移土地的不断减少,黄河流域的人们率先摆脱了居无定所的生活方式,开启了定居生活的传统农业时代。伴随着农业生产技术的改进,金属工具的出现,特别是铁器的发明和普及、作物的引进和推广,以及农田水利和施肥技术的成熟,农业生产效率大大提高了。为了满足日益增长的需要,人们不断向周边开拓更多的土地,环境变迁的范围变大,进程也逐渐加快。

技术的改进虽然加快了环境变迁的进程,导致生态危机循环出现,但一次次生态危机的最终解决,大都得益于人类改造和适应自然生态环境的技术进步。正是这些技术进步,一次又一次地把人类社会推向新的更高的发展阶段,从而完成人类社会由量变到质变过程。如农业的起源本身就是在环境的压力下,人类为了生存而主动利用环境的一种新的生活方式。当时传统的生活方式——采猎经济已难以满足不断增长的食物需求,人类逐渐开始了野生动植物的驯化、饲养及种植,这就是农业的产生过程。曹世雄等指出,人类每一次历史性的技术突破总能够在原来的环境基础上找到新的、丰富的自然资源以及资源的开发途径,从而促进人类社会经济的快速增长,最终引起社会进步和变革。人类社会总是这样螺旋式或波浪式地向前发展。人类与环境的关系也是这样,在原有技术条件下所开发和利用的资源会逐渐枯竭,会不断地增加环境的压力,最终在一定的技术条件下,人类自身发展超越了自然环境的承受能力而引发危机,这就迫使人类不得不寻找新的发展途径以缓解对环境的压力,最终在更高层次上形成新的社会经济。[①]

　　进入工业革命,随着科学技术的发展、生产工具的革新,人类利用自然资源的能力大大增强,规模不断增大,对自然环境的开发利用程度也不断加大。特别是煤、石油、天然气等不可再生资源的广泛应用,促进了动力机械的进一步发展,人类干预自然的能力无论在空间还是在时效上都得到强化和延伸,人定胜天论和人类中心论成为这一时期的主要思想。这种过于强调人的能力,忽视自然及其规律的经济发展模式,使环境发生了亘古未有的剧烈变化,也引发了人们对环境问题的反思。工业化对人类社会的发展起到了巨大的推动作用,使人类的生活质量大幅度提高,但人对自然环境的改变和对资源的索取必须是有限度的,若外界压力超过一定限度,就有可能从根本上改变未来的走向,遭受自然的报复。[②]

三、人口的增加

　　古人们很早就在某种程度上认识到要合理开发和利用自然资源,既然如此,为什么人类活动导致的环境变迁还是如此明显? 问题主要在于,人类活动导致的环境变迁是由当时的社会现实决定的。人口的持续增加造成了环境的巨大压力,人口增长需要更多的食物,消耗更多的资源。人口压力使得人们不断增加粮食需求,而解决这一问题的唯一途径就是相应地增加农田面积,从而引起了环境的变迁。

　　据文献记载和研究,西汉(2 年)、东汉(157 年)、唐代(755 年)时期我国的最高人口数分别为 5 950 万人、5 650 万人和 5 998 万人,可见,宋代之前人口最高峰未超过 1 亿人,虽略有高低起伏,但始终在 6 000 万人左右徘徊,且持续时间长达千年。而从北宋徽宗在位开始,我国人口数开始逾亿(1109 年 11 300 万人)。此后尽管元代(1330 年 8 500 万人)和明初(1393 年 7 270 万人)的人口数有所减少,但与此前几个时期人口数的起伏相比,元代和明初的人口波动都是在高位进行的;明初之后,人口增长迅猛,终明之世,都在 1.5 亿人以上(1642 年 16 159 万人)。[③]

　　① 曹世雄、陈莉、郭喜莲:《试论人类与环境相互关系的历史演递过程及原因分析》,《农业考古》2001 年第 1 期。

　　② 夏海芳:《浅论人类发展与自然环境的关系》,《能源与环境》2013 年第 5 期。

　　③ 陈业新:《中国历史时期的环境变迁及其原因初探》,《江汉论坛》2012 年第 10 期。

　　清代是我国人口爆炸性增长的时期,这与清政府鼓励人口增长的政策有关。自康熙五十一年(1712 年),清政府宣布"圣世滋丁,永不加赋",大大鼓励了人口的增长。以前按人头征收赋役,人丁众多意味着赋役加重。康熙宣布添人不加税后,人口不断增加。雍正年间,清政府又在赋税征收上进行了一次大的改革,即推行摊丁入亩,将历代相沿的丁银并入田赋征收,标志着中国实行两千多年人头税(丁税)的废除。这进一步刺激了中国人口的快速增长。乾隆以后,人口数未低于 3 亿人,乾隆四十一年(1776 年)为 31 150 万人。道光二十四年(1844 年),人口数量突破 4 亿人大关,达 41 944 万人。[①]从此,人口数量虽然有起伏,至清末仍有 4 亿多人。

　　巨大的人口压力使人们入山垦殖开荒,破坏森林植被,造成我国数百年来也难以复原的大灾害,可以毫不夸张地说,清中叶以来,我国的生态环境遭到前所未有的破坏,其中最主要的原因就是人口的增加。

　　如果把我国历史上各个时期环境状况与人口发展联系起来,可以明显地看到一种粗略的相关关系,即一般说来,凡是人口增长较多较快的时期,多是森林植被破坏和水土流失严重的时期,随之而来的便是某些河流频繁决溢的时期。研究表明,历史上这种人口数量与环境质量的负相关性,虽然存在时间上和地域上的差异,甚至可能有某些例外,以中华民族活动时间最久的黄河流域而言,却是相当明显的。黄河流域环境质量的变化,在某些时间、某些地方可能有某些偶然因素,但人口数量是一个经常起作用而又具有全局性、长远性的基础因素,在这个意义上说,人口数量是一个主导因素。[②]

四、制度与政策

　　纵观中国古代的发展,在制定经济发展政策和各项制度时,各个朝代大多出于国家需要开展区域开发活动,这些活动有的带动了部分区域的经济、社会持续发展和繁荣,但在很大程度上也是以牺牲环境为代价的。

　　第一,国家首要考虑疆界稳定与安全。历朝历代大多有在边疆移民屯垦的历史,如汉代在河套地区实行的拓殖政策,目的就是如此,但也导致一系列的生态问题,诸如该区域荒漠化问题的出现。汉武帝征服匈奴后,为了稳固在河套地区的统治,他采取的措施就是把占领的匈奴土地从草地变为农田,由汉人去

---

① 曹树基:《中国人口史》第 5 卷(清时期),上海:复旦大学出版社,2001 年,第 831~837 页。
② 程振华、袁清林:《我国历史上的环境变迁及其原因分析(四)》,《环境保护》1985 年第 7 期。

那里耕种定居。因此,他下令将多达百万的汉人从人口密集的华北平原迁移到甘肃的河西走廊,并由此拓展到西北的塔里木盆地。汉武帝的拓殖和环境改造计划详尽到了每一个细节。首先建成军事瞭望塔;随后在水源和可耕地附近选址修建驻防市镇,由军民将这些处女地开垦成农田;然后建造房屋,配备家具和农具,将迁移来的汉人安置在此并开始耕作。河西走廊地区的屯田开发,与中央实力强弱变化关系密切。当中央控制力量削弱,大片原先开发的农田就被撂荒,但撂荒的农田却不能简单地自行恢复为草原,因为草原的演化需要上千年的时间。当铁犁翻开土壤,作物的水源不是通过自然降雨而是从每年融雪形成的河流处引渠而来时,一个新的完全依赖人维持的"人工环境"就形成了。没有人维护水源,曾经是草原的地方就会变成沙漠。

移民不仅仅是国家行为,也有来自民间的自发迁徙,这种人口的流动与人口在空间分布不均有关,人口从密集区向相对稀疏区域流动。当然,政府在人口迁徙中有推动作用,对移民垦殖有政策上的鼓励,诸如对新开辟土地减免税收等。在优惠政策的鼓励下出现了大量流民种植粮食作物,增加了粮食供应,促进了经济的发展,但也造成了一系列不可逆的破坏性活动,生态环境遭到了严重破坏。

第二,国家往往优先保障粮食安全。如新中国成立后,在"以粮为纲"政策的指导下,人们大量毁林开荒,虽然这一政策对当时解决人口吃饭问题有积极的作用,但是随着时间的延长,弊端便会显露。由于全国很多地方对"以粮为纲"方针的贯彻变成了不顾当地的实际情况,一味地以粮食生产为主,完全放弃了因地制宜发展农、林、牧、副、渔的客观规律,导致生态环境迅速恶化。邹华斌指出,在林区,粮食生产与林业争地的结果是导致森林被乱砍滥伐,森林资源遭受极大的破坏。在农牧交错地带,在"以粮为纲"政策的压力下,很多地方不顾当地实际,采取过分开垦草地的方式来生产粮食,其结果就是土地沙漠化的情况日趋严重。其他地区也是如此,以掠夺式的方法去开发土地,增加粮食生产,从而严重地破坏了原有植被,也使土地不断退化、土壤不断沙化。[①]

从原始社会进入阶级社会以来,人类始终是属于一定社会形态和制度制约下的具体人群。由于各个历史时期的社会制度和施政措施之间有其继承性或发生了社会变革,不同时期的人类行为背后,有各种制度和政策因素在发挥作用(尤其是赋税制度和政策)。如果不能深入人类行为背后的相关制度和政策

[①]　邹华斌:《毛泽东与"以粮为纲"方针的提出及其作用》,《党史研究与教学》2010 年第 6 期。

里,去细致考察社会内部各种政策的运行机制,及如何形成可作用于人的利益驱动及其调节手段,也就难以完整而且准确地揭示人类行为如何作用于环境的问题,难以实现进而探究人类行为对环境施加影响的具体途径和可能达到的程度的研究目的。[1] 因此,研究中国环境的变迁史,不能忽略各个时期的政治制度与政策。

五、物种引进与物种入侵

物种的稳定是维系生态系统稳定关系的重要因素。一个区域的物种在自然条件下是较为固定的,但是,无论在漫长的人类历史中,还是在现实生活中,因为种种原因,已经发生或正在发生着各种不同类型的生物迁移行动。这些行动,有的是人为的、含有良好意愿的,达到了良好的效果;有的是非人为的、被动的、无意或是恶意的,并造成了恶劣的生态后果,对环境变迁产生了极为重要的影响。外来物种的引进及入侵是环境变化历史中的重要组成部分。

物种引进,是指在自然、半自然生态系统或环境中,有意或无意地将产于外地的生物引到本地的过程。物种引进的方式主要是有意引进、无意引进和自然扩散三种。其中有意引进和无意引进是在人类的主导作用下产生的,受人类行为的影响显著,而自然扩散则是在自然环境中物种的自然传播,相比前两者,它在物种引进和入侵案例中所占的比例是微不足道的。

物种入侵是物种引进的一部分,通过物种引进进入其他区域的外来物种如果在当地的自然或人造生态系统中形成了极强的自我再生能力,冲击及破坏了当地的生物链,给当地的生态系统或地理结构造成了明显的损害或影响,就变成了外来入侵物种,其入侵过程称为物种入侵。我国 2012 年 1 月实施的《外来物种环境风险评估技术导则》(HJ 624—2011)将外来入侵物种定义为:在当地的自然或半自然生态系统中形成了自我再生能力、可能或已经对生态环境、生产或生活造成明显损害或不利影响的外来物种。[2] 所以,外来入侵物种是外来物种的一部分,是根据外来物种产生的影响而定义的。

我国一直有引进外来物种的传统,现有农作物中有 50 余种来自国外。宋

---

① 侯甬坚:《环境营造:中国历史上人类活动对全球变化的贡献》,《中国历史地理论丛》2004 年第 4 期。

② 中华人民共和国生态环境部网站。

代以前我国引进的农作物大多原产于亚洲西部,部分原产于地中海、非洲或印度,它们大多是通过陆上"丝绸之路"传入的。这些早期传入的作物多为果树和蔬菜,鲜有粮食作物。随着经济中心的南移,海上"丝绸之路"迅速发展,不断有新的农作物引进,其中美洲作物的引进和推广占据了相当大的比重。美洲作物的引种与推广,改变了国人的生活与饮食习惯,也影响了区域的环境开发力度与效果,但总体而言,仍在人类可控范围内,未形成生物灾害。

一些物种一进入我国很快就产生了恶性的环境问题,但这些作物在起初也属于有意引进,人们希望通过该作物的种植与推广而改善区域环境,如植物中的凤眼莲。凤眼莲属雨久花科、凤眼莲属,俗名水葫芦,为漂浮生恶性杂草,主要分布于热带、亚热带及部分温带地区的大小河流、湖泊,它主要以克隆生长的方式迅速在水体中繁衍、滋生。凤眼莲在我国的散布起始于1901年,作为观赏植物从东南亚引入我国台湾,20世纪30年代,凤眼莲由台湾引入大陆,其后,在我国南方各省作为动物饲料被推广种植,经过几十年的发展扩散,到20世纪末,凤眼莲已经广泛分布于华北、华东、华中和华南的17个省市,其中云南、广东、福建、台湾、浙江的水葫芦泛滥,问题尤为严重。[1]

《外来物种环境风险评估技术导则》将物种无意引进定义为"在贸易、运输和旅游等活动中,伴随物资和人员的流动非故意地引进外来物种的过程"[2]。无意引进在历史上是比较悠久的,如葡萄、核桃、石榴等经济作物就是在东汉年间通过丝绸之路以贸易的方式传入我国的,不过限于地区的封闭性和交通不便,古代的无意引进是相对较少的,而在交通工具日益发达和经济全球化的今天,物种的无意引进更为频繁,伴随着出国旅游、进出口等人类活动,物种的无意引进现象也较为常见。

物种入侵会破坏生态环境。绝大多数的外来物种成功入侵后,会大量繁殖,不断生长,人为手段很难控制,会造成严重的污染,对生态系统造成不可逆转的破坏。例如20世纪60—80年代,我国为保护滩涂,从英美等国引进大米草,经人工种植和自然繁殖,在北起辽宁锦西(今葫芦岛)、南到广东电白(今茂名电白)80余个县市的滩涂上广泛种植。近年来,大米草在一些地区疯狂扩散,难以控制,破坏了近海生物环境,造成沿海的多种养殖生物死亡,航道堵塞;影响海水交换,导致水质下降并诱发赤潮,并且与沿海滩涂植物竞争生长空间,致使大片

---

① 高雷、李博:《入侵植物凤眼莲研究现状及存在的问题》,《植物生态学报》2004年第6期。
② 中华人民共和国生态环境部网站。

红树林消亡。[①]

　　物种入侵会影响生物多样性。外来物种入侵本地,会通过竞争有限的空气、光照、营养、水分等资源威胁本地生物的生长和分布,影响和改变本地固有植物的物种组成、生态系统以及气候条件,导致本地物种种类减少和丰富度的降低。外来生物入侵甚至会影响到每一个生态系统和生物区系,使成百上千的本地物种陷入灭绝境地,加速了生物多样性的丧失和物种的灭绝。[②] 例如,滇池流域的四大家鱼、太湖银鱼的引入,虽然四大家鱼和太湖银鱼能够很好地适应滇池环境,并且有一定的产量,产生经济效益,但是会与滇池土著鱼种竞争有限的资源,影响滇池土著鱼种如滇池金线鲃等的生长,甚至导致部分土著鱼种的灭绝。

　　物种入侵会威胁人类健康。一些入侵物种可能本身或作为一些其他有害物种的宿主对人类的健康产生严重的威胁。例如,福寿螺是广州管圆线虫的重要中间宿主,该寄生虫的生活史约有 1/3 在福寿螺体内渡过,由于福寿螺能耐受恶劣的生存环境、对干旱和寒冷均有一定的适应性,故寄生在其体内的广州管圆线虫的生存能力和感染性对外界环境并不敏感,客观上有利于这种寄生虫的生存和传播,因而,福寿螺的繁殖能力与分布区域直接影响广州管圆线虫病的流行范围与传播强度。广州管圆线虫会传播人类嗜酸粒细胞性脑膜炎,严重威胁人类的健康。[③]

　　物种入侵会危害经济发展。物种入侵会对农林牧等产业造成严重损害,导致经济效益的损失。近年来,松材线虫、湿地松粉蚧、松突圆蚧、美国白蛾等森林入侵害虫严重危害的面积逐年增加,豚草、紫茎泽兰、飞机草、薇甘菊、空心莲子草、水葫芦、大米草等肆意蔓延,已形成难以控制的局面。据估算,我国每年因生物灾害给农业带来的损失占粮食产量的 10%—15%,棉花产量的 15%—20%,水果蔬菜的 20%—30%。[④] 对入侵物种的治理花费巨大,例如:滇池流域治理水葫芦,昆明市于 2011 年开始引入水葫芦来净化滇池水体,但是水葫芦的快速生长会覆盖水面,影响水生生物生长,所以要不断地打捞水葫芦,增加了治理

　　① 湖南省农业厅主编:《农业资源与环境保护》,长沙:湖南人民出版社,2005 年,第 44 页。

　　② 万方浩、郭建英、王德辉:《中国外来入侵生物的危害与管理对策》,《生物多样性》2002 年第 1 期。

　　③ 李小慧、胡隐昌、宋红梅等:《中国福寿螺的入侵现状及防治方法研究进展》,《中国农学通报》2009 年第 14 期。

　　④ 魏惠荣、王吉霞主编:《环境学概论》,兰州:甘肃文化出版社,2013 年,第 114 页。

成本。

物种入侵虽然属于生态学的研究内容,但是物种入侵的历史也是环境变迁的历史。将物种入侵纳入环境史研究的范畴可以将生态学与环境史联系在一起,建立起学科间的友好关系。研究人类行为主导下的物种入侵是中国环境史研究不可缺少的内容之一。

六、文化和宗教

文化和宗教影响了人类活动对环境的改造历程。可以说,中国古代很早就已经形成了生态观念雏形。在与自然相处的农业实践中,人类很早就意识到了其活动会使环境发生变化,进而威胁到人的生存与发展,因此,人类很早就已经形成了保护环境的生态思想,如禁止过度捕杀动物、过度开采山泽等。

我国古代一些先进的思想家和杰出的政治家就曾提出过一些保护自然环境的可持续发展的思想,以引起人们的警觉,如:《管子·轻重甲》中有"为人君而不能谨守其山林菹泽草莱,不可以立为天下王"[1];《荀子·王制篇》中有"斩伐养长不失其时,故山林不童而百姓有余材也"[2];《吕氏春秋·义赏》中有"竭泽而渔,岂不获得?而明年无鱼。焚薮而田,岂不获得?而明年无兽"[3]的记载。

在儒家经典中,有很多人类对生态系统中的其他生物感恩的内容,这反映出在我国古代主流价值观中,会对同处于生态环境中的其他生物怀有感恩心态,尤其是对人类有益者。例如,《礼记·郊特牲》中有关于"八蜡"的记载,"八蜡"是在冬天的最后一个月举行盛大的祭祀活动,祭祀的对象,是八种与农业有关的神灵,包括老虎猫、虫王、坊、水庸等。老虎猫,因为它能够捕捉田鼠;虫王,因为它能控制各种害虫;坊,也就是堤坝;水庸,也就是沟渠。这种祭祀,当然有感恩的内容。虽然这种酬报、祈求结合在一起的祭祀,有明显的功利性,但人们出于这样的感恩之情,生态保护就容易成为自觉的行为,在一定程度上减少了人类对这些动物的捕杀。[4]

尽管缺乏直接的历史文献记录,但从现今我国少数民族的信仰、民俗,以及一些古歌、传说中,我们仍可以得知许多少数民族传统社会、经济和文化与生态

① 黎翔凤撰,梁运华整理:《管子校注》卷二十三《轻重甲第八十》,北京:中华书局,2004年,第1426页。
② 梁启雄:《荀子简释·第九篇·王制》,北京:中华书局,1983年,第110页。
③ 许维遹:《吕氏春秋集释》卷十四《孝行览第二·义赏》,北京:中华书局,2009年,第329页。
④ 赵杏根:《中国古代生态思想史》,南京:东南大学出版社,2014年,第59~60页。

环境的关系。一些原始宗教崇拜涉及动物、植物、山川等。在这些民族文化和环境观念下，人们开展的经济活动一般会注重与自然的协调，合理的土地利用方式对诸如森林植被等生态系统破坏较少，具有保护当地生态环境的价值。很多少数民族的原始宗教信仰中保留着大量的保护生态环境的思想观念和行为习惯。以傣族为例，傣族原始宗教中的"神山、神林、水"崇拜对傣族水田农业生产和生活有着深刻的影响，同时对生态环境保护也有着重要的作用。傣族原始宗教中，包括与自身的生存、发展息息相关的对寨神和部落祖先的崇拜，对水的敬畏与渴望，对与稻作生产有关的神鬼的祭祀。在长期的生产生活实践中，这些思想观念经过冲突和调整，已形成了一系列的内生机制，并以顽强的生命力维系至今，发挥着重要作用，影响着当地的生产和生活。

　　人类的每一次进步都会从不同侧面改变人与自然的关系，但是一个新的经营制度和方式的诞生，会给人类社会发展注入强大动力，从而进一步促进了人类社会的发展，提高了地球环境的容量；社会变革和进步会经历逐渐由量变到质变的阶段性过程，但在这一进程中，人类多是首先维护旧的生存方式而不愿贸然改变，最终导致旧的经营制度的极端化发展，从而使人类与自然生态环境背离得更远，生态危机不断加剧。

　　我国环境在历史时期变迁的原因是复杂而多样的，但不外乎自然原因和人为原因两个方面。两种因素相比较，该以何为主？一般而言，自然原因引发的环境变迁，周期较长，且奠定了环境变迁的基调；从事件时间角度看，人类活动的作用表现得十分明显，而且随着人类干预自然能力的不断提升，这种人为原因的作用也越来越重要。为满足人的生存所需，人们通过日益改进的技术，不停地向自然索取，垦辟耕地，向自然施加压力，导致植被毁坏，这也是人类社会发展的本能需求。但这种需求对生态的影响，并不一定都是和谐的，有可能以灾害的形式呈现，诸如水土流失、河道决溢等，各类自然灾害频发。

　　与此同时，我们应该正确把握人类社会对生态环境变迁的作用及其影响程度。生态环境演变是多种因素共同作用的结果，有自身的演变规律，自从有了人类以来，人为原因只是诱发环境演变的众多诱因之一，既不是唯一原因也未必是主因，在不同时期、不同地域，人为原因的作用或大或小、或主或从，因此不能不加区分地将人类作为一切生态环境恶化的罪魁祸首。在人类的发展历史上，生态环境也不是在任何时候、任何地区都趋于恶化。不能因为一些地区人为导致的环境恶化而无视人类合理干预、适度开发对维护生态平衡的积极意义。同时不能无限夸大生态环境对人类社会的制约，把人类描绘成无为的、任凭自然摆布的奴隶，人类所取得的科技成果无不是改造、利用大自然的结晶，人类从来就不是也无须成为无所作为、任凭大自然摆布的奴隶。[1]虽然人类活动对环境变迁的作用不断提升,但人类无法超越生态环境的演变规律而肆意妄为,否则必将遭到大自然的无情报复。改造自然是为了利用自然,因此我们应该因地制宜,顺应环境自身的演变规律改造自然,使其更好地为人类服务。

第二节　环境变迁的影响

一、沙漠变迁

进入历史时期以来,我国沙漠变化的总趋势是面积逐渐扩展。原来不是沙漠的一些地方成为沙漠,原来是沙漠的一些地方,沙漠向外蔓延。荒漠化形成的原因并不完全相同,既有气候变化的原因,也有人类活动的作用。在我国干旱、半干旱地区,诱发沙漠化的主要动力是过度开垦、过度放牧和过度樵采,还有人为改变水系、流动沙丘推进、工矿、交通建设等方面的因素。

毛乌素沙漠就是一个因垦殖而发生沙漠化的例子。毛乌素位于内蒙古鄂尔多斯东南及陕西神木至定边以北的长城沿线。在历史上,毛乌素是一个相对湿润的地区,曾经是匈奴人活动的地方,水草丰美,是重要的农牧业区。秦汉时期,大量移民进入这一区域垦殖,匈奴人及其他少数民族也进行农垦,对森林草原和地表带来了破坏。唐代以后,毛乌素地区的沙漠化进程加快,统万城也为流沙所掩埋。北宋为防西夏入侵,在毛乌素修筑城堡,屯垦耕种。明代为抵抗蒙古人而修筑边墙,对沿线的生态环境产生了较大影响。清代和民国政府在毛乌素进行过大量垦殖。20世纪初,滥垦滥牧有增无减,帝国主义传教士又大量掠占土地,驱使教民垦种,终使毛乌素的沙漠化愈演愈烈。

东北科尔沁沙地曾号称"八百里瀚海",历史时期这里自然条件十分优越,水草连天,鸥鹭如云。据《辽史》记载,当时科尔沁草原"地沃宜耕植,水草便畜牧"[2]。在辽金以前,人类活动对科尔沁地区生态环境的影响较小。17世纪清太宗时,科尔沁草原依然水草丰美。到19世纪后期,财政困难的清廷为了增加财政收入,推行垦殖政策,大搞毁林开荒,滥垦乱伐严重。滥垦活动一直延续到20世纪。过度垦殖缩小了畜牧草场的面积,引起草场植被的退化。这种连锁反应和恶性循环使水草丰美的科尔沁草原变成固定、半固定和流动沙丘相互交错穿

① 佳宏伟:《近十年来生态环境变迁史研究综述》,《史学月刊》2004年第6期。
② 脱脱等:《辽史》卷三十七《地理志一》,北京:中华书局,1974年,第440页。

插的沙漠化土地,和历史早期相比,已然面目全非。

塔克拉玛干沙漠位于塔里木盆地,是我国面积最大且最干燥的沙漠。在历史上,沙漠的面积并没有这么大。历史上一度繁华的精绝、提英、丹丹乌里克等古城,曾经是陆上"丝绸之路"的重要驿站,后消失在沙漠之中,成为供人凭吊的历史遗迹。塔克拉玛干沙漠形成于地质时代,但历史时期以来干旱化在不断加剧。塔里木东端、罗布泊地区的楼兰古城,在历史上也曾有过人烟繁盛的时期,当时水利资源丰富,胡杨林茂盛,农业十分发达。罗布泊的面积曾有2万平方公里,平均水深6—7米,原为我国第二大内陆湖。但从4世纪起,鄯善居民开发水利,使孔雀河、塔里木河的河流改道,加上气候变化引起的径流量减少,罗布泊沿岸的许多地方变成沙漠。20世纪中期以后继续进行了许多农业水利建设,虽然取得了巨大的成绩,但终于使两河断流,罗布泊干涸,湖区进一步沙漠化。

总的看来,我国的沙漠一部分形成于地质时代,一部分形成于历史时期。荒漠地区的沙漠多形成于地质时期,在历史时期由于自然气候与人类的影响有所扩大;草原地区的沙漠则主要是近2 000年人类活动的结果。从历史发展来看,越到现代,人类活动对沙漠化的形成作用越明显。此外,我国北方沙漠化的原因在西北、华北和东北地区存在地域差别。西北干旱地区自然气候变迁的因子更大,人类活动的影响相对较小些,自然的可逆转性相对较小,故干旱区沙漠化发展呈线状发展模式。华北和东北半干旱草原地区的沙漠化主要是人类不合理垦殖、樵采、放牧和工程引起的,人类主观的扭转力更大,自然环境本来的自我恢复"弹性"因素也较大,沙漠化过程往往呈波折状曲折模式发展。[1]

二、动植物变迁

1. 动物的变迁

动植物变迁主要体现在分布、数量及种类的变迁。历史时期以来,我国许多动物在分布范围、分布数量上总体呈现缩小与下降的趋势,一些物种甚至灭绝,如犀牛、新疆虎、普氏野马、白臀叶猴等。伊懋可以大象的研究为例,描述了在我国大象如何从东北地区逐步迁徙到西南的过程:4 000年前,大象出没于今天北京(在东北部)的地区,以及我国的其他大部分地区。今天,在我国境内,野象仅存于西南部与缅甸接壤的几个孤立的保护区。

---

[1]　蓝勇:《中国历史地理》,北京:高等教育出版社,2010年,第140页。

伊懋可指出,在商代和古蜀国(系四川一部分,存在时间与商代后期处于同一时段)考古遗址中发现了象骨,四川三星堆象牙发现物中有一幅象牙图。当时铸造青铜象和甲骨记载中,商代在龟的腹甲或牛的肩胛骨上记载了对神谕质询的回答,提及大象被用于祭祀先人,所有这些情况清楚地说明,在古代,我国的东北部、西北部和西部区域有为数众多的大象。然而,公元前1000年以后,在东北部和东部边界的淮河北岸,大象几乎无法越冬。到公元1000年,大象只能在南部活动。在1500年以后,大象日渐集中于西南部。造成这一变化的部分原因可能在于气候变冷,大象不能很好地抵御寒冷。但是,在稍微暖和的时期,大象种群恢复得也不多,并且多半根本没有恢复,那么,一定有其他的因素在起作用。最明显的解释,即大象在与人类持久争战之后败下阵来。可以说,大象在时间和空间上退却的模式,反过来是人类定居的扩散与强化的反映。

具体来说,人类与大象的"搏斗"在三条战线上展开:第一条战线是清理土地用于农耕,毁坏了大象的森林栖息地。第二条战线是农民为保护庄稼免遭大象的踩踏和侵吞,与大象搏斗,他们认为,为确保田地的安全,需要除掉或捕捉这些大象。第三条战线或者是为了象牙和象鼻而猎取大象,象鼻是美食家的珍馐佳肴,或者是为了战争、运输或仪式所需,而设陷阱捕捉大象并加以训练。不过在所有的情况中,栖息地被毁是要害所在。大象繁殖缓慢,通常孕育一头幼崽需要1.8年时间。因此,在遭受人类屠杀数量减少后,大象的数量短期内很难恢复。更关键的是,没有了树木的遮蔽,大象就无法生存下去,树木被毁也就意味着它们的远离。[①]

当然,除大象外,我国历史上还有许多动物经历了和大象相似的遭遇。王利华指出,我国历史上不只发生了"人象之战",还有"人虎之争"和人与鹿类、野马、野牛、熊猫、金丝猴、孔雀、鳄鱼等的斗争,这些野生动物都是人类的"手下败将",它们的栖息地逐渐由广阔的地区退缩到狭小的空间,不少物种甚至从这片土地上完全消失。[②] 例如,亚洲象和犀牛都是喜暖动物,历史时期分布的北界变化很大;大熊猫是我国特有的古老物种,曾经分布很广,随着历史的演进,其分布地域也一直在缩小;其他如鳄鱼、麋鹿、野马、野骆驼等珍稀动物,在古代分布

① [英]伊懋可:《大象的退却:一部中国环境史》,梅雪芹、毛利霞、王玉山译,南京:江苏人民出版社,2014年,第13页。

② [英]伊懋可:《大象的退却:一部中国环境史》,梅雪芹、毛利霞、王玉山译,南京:江苏人民出版社,2014年,序言第17页。

的地域均较今日更广,如今其生存的地域不仅大为缩小,且有濒临灭绝的危险。

2. 植物的变迁

我国地域辽阔,从东部沿海至西北内陆,随着降水的递减,形成森林、草原和荒漠的空间分布格局。历史时期植物变迁最明显的表现为森林覆盖率的下降。

根据我国的气候条件,历史时期我国森林分布范围是相当广大的。关于历史时期的森林覆盖率,有关研究进行了统计。大概情况是:秦汉时期 46%—41%、魏晋南北朝时期 41%—37%、隋唐时期 37%—33%、五代辽宋金夏时期 33%—27%、元代 27%—26%、明代 26%—21%、清前期 21%—17%、清后期 17%—15%、民国时期 15%—12.5%。[1] 上述统计结果虽然未必十分准确,但大体上可以用来作为说明问题的依据。

就东北地区而言,古代大兴安岭为寒温带森林所覆盖,18 世纪和 19 世纪时仍林薮深密,沼泽众多。小兴安岭、长白山和三江平原地区,天然植被以松、桦等温带森林为主,历代虽有开发,但规模较小,破坏较轻。19 世纪末至 20 世纪初,东北地区的森林因沙俄和日本帝国主义的掠夺而遭到严重破坏。

华北地区在距今 7500—2500 年时,针阔叶林相当茂盛,即使到了宋元时期,当地仍有广袤的森林,《辽史·纪事本末》载辽圣宗统和十五年(北宋至道三年,997 年),耶律隆绪"猎于平地松林","平地松林"指河北龙门卫(在今河北赤城西南龙关)西南十里的大松山,山上多古松。"释智朴《盘山志》云,盘山之松以百万计。奇绝者多生石罅中,大者数十围,龙鳞班驳。口北多松柏,蔽云干霄,为千里松林,即平地松林也。在临潢府地,今克什克腾旗西北。"[2] 明代以后,由于朝廷大兴土木,大松山周边良木被采伐殆尽。

黄土高原是历史上森林变迁最剧烈、对中原环境影响最大的一个地区。研究表明,在历史时期初期,黄土高原遍布森林,森林之间间杂着草原,属于森林草原地带。所有的山地和山下的原野大都密布着森林,渭河中上游的森林直至隋唐时还保持着一定的规模。而现在的黄土高原已是面目全非,到处沟壑纵横,童山濯濯。

此外,南方地区的森林变迁亦非常大。浙江东部宁绍地区的南部四明山地和会稽山地,古代曾有茂密的亚热带森林。会稽山地直到南北朝初期森林仍很

① 樊宝敏、李智勇:《中国森林生态史引论》,北京:科学出版社,2008 年,第 37 页。

② 李有棠:《辽史纪事本末·卷二十·承天太后摄政》,崔文印、孟默闻点校,北京:中华书局,2015 年,第 405 页。

繁盛,四明山地区至宋代仍有很多参天古木。但由于垦殖等原因,这些地区分别从南北朝和宋代起,森林遭到严重破坏。后来随着对自然条件要求极低的玉米和红薯等杂粮作物的引入,又使最后残存的森林被砍光。到清代末期,这一地区已无森林。[①]

从以上几个地区森林变迁的状况看,不外乎由多林变少林,或者由有林到无林,这也是我国森林变迁的大体状况。植物的变迁,大致上首先是从人类活动最频繁的黄河中下游开始,黄土高原植被破坏最早,特别是在农牧交错地带,其次为下游黄淮平原,然后波及长江下游,转而中游地区,至于岭南、云贵川、东北地区,大致在明清至民国时期变化最为迅速。这种变迁过程基本上是我国先民在地区开发轨迹上的反映。

三、水文环境变迁

水文环境变迁,包括湖泊和河流的演变。历史时期我国水文环境变迁较明显的就是湖泊湮废。北魏郦道元的《水经注》载有海、泽、薮、湖、淀、陂、池等各种名称的湖泊500余个,与南北朝时期相比,现在我国的湖泊已发生了很大的变化,有许多湖泊湮废,也有不少湖泊缩小变浅,亦有少许湖泊诞生或扩大。这些变化虽与自然因素有关,但与人为因素亦有极大的关系。

许多湖泊主要是由于围垦而湮废。芍陂是我国古代淮河流域的一个大型人工湖泊,在当地的农业生产中发挥过重要的作用。唐宋时期,不断有豪强大户毁湖为田。明代毁湖为田的速度更快,湖面迅速减小,终至全部湮废。芍陂湮废也与泥沙淤积等有关,但主要原因还是围垦。鉴湖形成于东汉时期,是人工围堤蓄水所成。大约从唐代起,人们对鉴湖开始零星地围垦。北宋时期,围垦日益严重,有的干脆盗湖为田。到北宋末、南宋初,围垦进入高潮,竟垦出2 000余顷耕地,历时800余年的鉴湖终于彻底湮废。鉴湖的湮废原因与会稽山天然植被破坏引起水土流失、使湖底全面淤高有一定的关系,但围垦仍是主要原因。

淤积是湖泊湮废的一个重要原因,典型例子是黄河下游一系列湖泊的消失。据史书记载,黄河下游曾有很多湖泊,现在大多已经消失,如昭余祁、大陆泽、荷泽、圃田泽等。这些湖泊的湮废虽然各有原因,但共同的最重要原因是黄河干支流频繁决徙造成的淤塞。以圃田泽为例,它是古代的大湖之一,其面

积估计有 200 平方千米以上。因为它与黄河沟通,故深受黄河泥沙之害。至北魏时,圃田泽已不是整个湖盆全部蓄水,而是被分割成"上下二十四浦",成了许多小湖。到宋代以后,所谓二十四浦也被一一淤成平陆,圃田泽于是不复存在。

水文环境变迁还体现为河流变迁,其中以黄河、长江和海河的变迁最为典型。以黄河变迁的研究为例,据不完全统计,在 1949 年前的 3 000 余年间,黄河下游决口 1 500 余次,较大的改道有二三十次,其中最为重大的改道有 6 次。黄河中游流经黄土高原,黄土疏松易被大量冲入下游,造成河床淤高,决溢改道。由于黄河的频繁决溢与改道,古代中原地区无数百姓丧生,许多人流离失所,大片良田沦为沙丘,城池被淤埋,湖泊湮废,甚至河口海岸都不断地发生推移变迁。

历史时期长江中下游河道变迁的幅度虽然没有黄河的大,但自宜昌以下至长江口的河道变迁也十分频繁和复杂。邹逸麟的研究表明,长江干流古今面貌有很大不同。此外,长江中下游湖泊的演变,还直接影响长江水系的变化,从云梦泽到洞庭湖,从九江、彭蠡到鄱阳湖,从震泽到太湖,长江中下游三大平原在历史时期的变迁完全改变了自然景观。

此外,海河的水系也发生了巨大的变迁。海河水系由五大支流水系以辐聚状形态汇集天津,由单一海河汇入渤海,因此造成历史上洪涝灾害频繁发生。然而,海河水系由单一海河入海的形态是在历史时期逐渐形成与扩大的,其后又发生过很大的演变。它的形成和演变的过程,也是自然和人为因素共同作用的反映。[1]

四、自然灾害与环境变迁

自然灾害与环境变迁之间有着密切的关系,尤其是水旱灾害,与其所在地区的自然环境相关度最为密切。因此,一定时期内该地区水旱灾害次数的多少,是其生态环境状况的显著标志。我国历史时期的水旱灾害次数,学界多有统计。据邓云特的统计结果:秦汉时期 440 年,旱灾 81 次、水灾 76 次,水旱灾发生概率为 35.7%;魏晋南北朝 200 年,旱灾 60 次、水灾 56 次,水旱灾发生概率为58%;唐代 289 年,旱灾 125 次、水灾 115 次,水旱灾发生概率为 83%;宋代 487年,旱灾 183 次、水灾 193 次,水旱灾发生概率为 77%;元代 163 年,旱灾 86 次、

① 邹逸麟、张修桂主编:《中国自然历史地理》,北京:科学出版社,2013 年,第 5 页。

水灾 92 次,水旱灾发生概率为 109%;明代 276 年,旱灾 174 次、水灾 196 次,水旱灾发生概率为 134%;清代 296 年,旱灾 201 次、水灾 192 次,水旱灾发生概率为 133%;民国(1912—1937)26 年,旱灾 14 次、水灾 24 次,水旱灾发生概率为 146%。[①]

在研究历史时期中国救荒史及各朝的荒政时,可以发现灾荒很多,而且出现的频率愈到后来愈高,时空方面也日益扩大。如黄河在两汉的 400 余年间共决溢 15 次,平均 28 年 1 次,而在唐代 290 年的历史中,共决溢 24 次,平均每 12 年 1 次。[②] 黄河在历史上成灾的原因很多,主要有三点。其一是自然地貌和土壤因素。黄河流经黄土高原,携带了大量泥沙,流到华北平原后,水流减缓,泥沙自然容易堆积起来,河床被抬高升起,形成悬河。其二是气候因素。总的看来,黄河流域近 2 000 年来气候越来越干燥,全年降雨量减少,且 70% 都是集中在夏秋,多暴雨,洪峰流量大大高于年平均流量,难免会冲坏河堤。其三是人类活动的影响。历史时期黄河中游地区曾有着茂密的森林,植被覆盖良好。但是由于人类不合理的开发,森林受到摧残,水土流失因此越来越严重,黄河的水患也越来越频繁。

相对而言,历史时期长江流域的水患虽然酷烈程度和频繁程度都不及黄河,但长江流域的洪水灾害频率和强度也越来越大。唐代长江水灾平均 18 年一次,宋代平均 5—6 年一次,明清平均 4 年一次。[③] 而 1921 年至 1949 年长江平均每 2 年发生一次洪水。长江流域水灾的成因大致与黄河相似,主要是受人类活动的影响。

一些区域湖泊的洪涝灾害统计数据,也是环境变迁在区域上的反映。作为历史时期环境变迁较大、洪涝灾多发的洞庭湖区,其环境状况的研究一直是学界关注的重点之一。有关研究对这一地区历史灾害状况进行了探讨。关于洪涝灾害的统计情况为:隋唐时期 324 年,水灾 20 次,年均发生概率为 6.2%;北宋 167 年,水灾 19 次,发生概率为 11.4%;南宋 153 年,水灾 29 次,发生概率为 19%;[④] 明成化中至嘉靖初(1471—1524)54 年,14 次灾害,发生概率为 25.9%;明嘉靖至清同治末(1525—1873)349 年,灾害 103 次,发生概率为 29.5%;清同治

①　邓云特:《中国救荒史》,北京:商务印书馆,2011 年,第 16~39 页。

②　刘洋:《唐代黄河流域的屯田与河患》,《中国水土保持》2003 年第 11 期。

③　长江流域规划办公室《长江水利史略》编写组:《长江水利史略》,北京:水利电力出版社,1979 年,第 128 页。

④　徐红:《宋代洞庭湖区水灾与人口、垦荒的关系》,《船山学刊》2000 年第 3 期。

至中华人民共和国成立初(1874—1958)85年,灾害33次,发生概率为38.8%[1]。陈业新认为,上述统计时间划分的标准不一,灾次及灾害等级大小也没有得到详尽的体现,准确性因此令人难以满意。但是,将其作为一种现象趋势的分析,应该是没有问题的,总的趋势是灾害发生率越来越高。[2]

　　除水旱灾害外,疫疾的流行和传播也与环境变迁有关系。环境的变迁,可以减少一些传染病的流行与传播,但也会加速一些传染病的传播与流行。以山西长城口外地区(也称口北,泛指长城以北地区,长城关隘多以口为名,如古北口、喜峰口、张家口、杀虎口等,故名。)的鼠疫为例,历史时期该地区鼠疫自然疫源地的范围可能要比目前大得多,随着自然环境发生巨大的变迁,一些疫源地逐渐消失。研究表明,自明清以来,随着汉人的大量迁入,大片牧场垦辟为农田,农牧分界线渐次北移。这些汉人不仅在此从事军事方面的活动,而且专事农业生产,导致农业人口迅速增加。至清初,随着清廷对西北的用兵,这一区域成为重要的军屯之地,农业垦殖的强度增大。到清代后期,口外土地全面放垦,大片牧场已全面转化为农业区。牧场变成农田对原有的鼠疫自然疫源地会产生很大的影响,土地的垦殖破坏了长爪沙鼠原有的生活环境,人鼠之间的大量接触在使人类鼠疫不断发生的同时,人类对鼠类的清剿使鼠类个体大量减少,导致一些疫源地的消失。[3]

五、环境变迁对中国历史进程的影响

　　环境变迁影响着中央王朝的政治活动与对外关系。从西周时期开始,北方地区长期以来遭受来自大漠强悍少数民族的威胁和侵扰,有的少数民族甚至入主中原(如蒙古族人、满族人等)。据专家考证,每当全球气候异常,即厄尔尼诺现象或拉尼娜现象发生时,如果北方草原地区持续干旱,这些少数民族便会因牧草不足和人畜饮水困难而难以生存。由于当时人类抵御自然灾害的能力非常差,因此当北方的环境人口容量急剧下降时,北方少数民族便到中原抢掠食物和牲畜。一般来讲,北方越干旱,北方少数民族南下的频率也就越频繁。

　　从西周开始,中原就经常面临着来自北方少数民族的军事威胁。秦汉时期,已深受其害。东汉末年,由于亚欧大陆的气温急剧下降,使得长城以北从大兴安岭、呼伦贝尔草原、东北草原至蒙古高原的广大草原地带的生态条件急剧

① 毛德华:《洞庭湖区洪涝特征分析(1471—1996年)》,《湖泊科学》1998年第2期。
② 陈业新:《中国历史时期的环境变迁及其原因初探》,《江汉论坛》2012年第10期。
③ 曹树基:《鼠疫流行与华北社会的变迁(1580—1644年)》,《历史研究》1997年第1期。

恶化,许多原先草木茂盛的地区由于气候寒冷而成为不毛之地,畜牧经济遭到严重破坏,为求得生存的少数民族不断内迁中原。与魏晋南北朝相类似的是,11—14世纪的长期寒冷气候也是导致两宋与辽、金、西夏长期对峙的原因。17世纪是整个明清小冰期中最为寒冷和干旱的时期,明末北方持续干旱,严重的旱灾导致农民起义,这也使得女真族乘虚而入,并最终统一了中国。总体上说,气候温暖时期,往往是民族关系较为和睦的时期;气候寒冷的时期,北方地区生存环境恶化,少数民族经常南下,战争也较为频繁。

环境变迁与经济重心南移也有着密切关系。商周时期,我国先民主要活动在黄河中下游地区,主要因为黄河中下游地区在这一时期气候温暖,森林面积广阔,动植物资源丰富,土壤肥沃,这种优越的自然条件十分有利于农业生产。上述因素交织在一起,使黄河流域成为当时世界上著名的农业发达区域。而当时的长江流域,却瘴疠流行,人迹罕至。因此,北方黄河流域的农业生产领先于南方地区。

黄河流域在秦汉时期过度开发,生态环境恶化。随着东汉以来寒冷空气对黄河流域的侵袭,黄河流域的农业生产受到较大影响。在北方游牧民族压力之下,北方人口便大量南迁,如西晋的永嘉之乱引发的北民南迁,估计至少有80万人,占当时总人口的6%—8%。北方民族南迁为江南带来了丰富的劳动力和先进的农业生产技术,使江南地区得到了大规模的开发,特别是三吴地区。至南朝晚期,南北经济水平已差距不大,趋于平衡。

隋唐时期,我国又迎来了一个气候温暖期,这使得南北方的农业生产都得到了较快发展,但南方地区的农业生产发展仍要快于北方,这主要是因为北方生态破坏的后果日益显现。北方地区由于不合理的垦作制度,土壤肥力普遍下降,旱涝和虫灾日益严重,农业生产起伏不定。随着“安史之乱”爆发,北方地区遭到战争的严重破坏,许多州县被夷为平地,农业生产从此衰落,南方农业生产水平开始超过北方。尽管北宋的统一结束了唐末和五代的割据混战,但从11世纪开始,全国气候急剧转寒,黄河流域的自然灾害发生的频率大大超过了隋唐两代,宋金时期黄河经常泛滥于河南淮北之间,沙地和盐碱地比比皆是,天然植被破坏殆尽。随着北方自然环境的不断恶化,环境人口容量也在不断缩小,北方逐渐退出我国政治、经济、文化中心的位置。

人口大量南迁,不仅为我国南方地区带来了大量的劳动力,而且带来了先进的生产技术。南方经过开发,黏重的土壤变成了肥沃的水稻土,原来阻隔人们出行和交流的水网,也变成便捷的水上通道,反而促进了人员的往来和物资的流通,南方成为经济繁荣的地区。最终,随着北宋灭亡,宋室南渡,全国的经济重心彻底由北方黄河流域转移到南方长江流域。后经历元、明、清三代,南方的经济重心地位不断得到巩固和加强。研究表明,历史上经济重心的南迁,虽然与北方长期战乱有关,但更重要的原因在于北方地区开发较早,再加上不合理的耕作和伐木制度,生态环境破坏愈加严重,最终导致我国经济史的巨大变革。[①]

  总之,历史时期以来我国环境的变迁是十分明显而惊人的。我国是一个文明古国,数千年来,人们一直在这片土地上耕耘、繁衍。在人类活动的长期作用下,生态环境在不断地改变其"自然"状态,而向"人工"环境发展。生态环境是一个整体,生态系统中的各个要素之间互相制约又互相依存,与人类活动共同作用于生态环境。此外,环境变迁的结果利弊共存,利弊存在相互的转化及变异,因此,我们不能忽视环境变迁的积极作用。

[①] 姜正杰、吴寒雨、齐金杰:《自然环境的变迁对中国历史进程的影响》,《科协论坛》(下半月刊)2007 年第 2 期。

第四章　中国环境史史料的特点、分布与运用

　　史料是历史学研究的基础,没有史料就没有历史学。作为历史学的重要分支学科,环境史自诞生之日起,就极为重视环境史史料的研究。中国环境史史料研究,是中国环境史研究的重要组成部分。"史料是做好生态环境史研究的关键。史料之于史家,犹如食料之于厨师。"[①] 学习中国环境史,有必要对中国环境史史料的概况有个基本的了解。

第一节　中国环境史史料导论

一、史料与环境史史料

　　史料对历史学的重要性毋庸置疑,中国史研究长期以来一直极为重视史料,史料学因而成为一个独立的历史学分支学科。但到底何谓史料,则众说纷纭。一般而言,史料包括史迹遗存与文字记录(或历史文献)两类,它们各有特点,难以相互代替,但可以互相补充。史迹遗存大体上可分为三种:一是遗址(指古代人的活动遗迹,如居址、村落、作坊、游牧民族活动遗迹等),二是墓葬,三是遗物(即历史文物)。所有这些都为研究人类社会历史的一些方面提供更多的历史资料。我国历史悠久,国土广大,史迹遗存丰富但毕竟有限,因此,在有文字记载情况下,一般还必须以历史文献为主。[②] 在文献史料上,傅斯年以史料原始与否分为直接史料和间接史料:凡是未经中间人修改或省略或转写的,是直接

---

　　① 王利华:《徘徊在人与自然之间——中国生态环境史探索》,天津:天津古籍出版社,2012年,第 250 页。

　　② 白寿彝主编:《史学概论》,北京:中国友谊出版公司,2012 年,第 3 页。

史料;凡是已经中间人修改或省略或转写的,是间接史料。[①]

　　归纳言之,史料是以各种方式传递的某一时期历史信息,大多以文字记载流传。此外,史料还通过口述、实物、图像等载体来体现。根据这些史料的载体,史学研究中的史料形式一般可分成文字、图像、实物、口述四大类。基于流传的浩如烟海的中国史学典籍,文字史料一直都是史学研究的最主要史料,图像、实物和口述史料一般作为旁证。史料自产生之日起,就不可避免地带有时代性,必然会打上个人、集体、国家、民族和区域的烙印。历史是已经过去了的客观事实,史料则为今人了解历史信息提供了可能。

　　中国环境史史料是传统史料的重要组成部分。环境史主要研究自然环境中各生物及非生物要素之间发展、变迁及其相互影响的历史,研究自然界与人类社会的关系史,研究环境变迁的因果史及规律史。[②]基于环境史的定义和史料的痕迹说,环境史史料可定义为自然界生物和非生物等各种环境因子发展、变迁以及人与各环境因子之间互动过程中遗留下的各种痕迹。那么,中国环境史史料则可界定为,在中华民族生活区域内,自然界各环境因子的发展与变迁及中华民族在生存和发展过程中与自然环境互动遗留下的痕迹。

　　环境史是历史学与生态学等多种学科的重要结合,具有鲜明的跨学科性质。中国环境史研究的视角和方法与传统史学存在较大差异,传统文献史料虽然是中国环境史研究最基本的材料,但中国环境史许多问题的解决还必须借助他山之石。因此,中国环境史史料虽然属于史料的一种,但它又突破了传统史料的范围。

二、中国环境史史料特点

　　中华民族历史源远流长,流传的史学典籍浩如烟海,为中国环境史研究提供了史料基础。除了传统史料的一般特点,立足于中国环境史本身,中国环境史史料有自身的独特性。

　　中国传统环境史史料主要有哪些特有的来源? 首先,只要涉及人与自然互动关系的史料,都可以视为环境史的史料来源。历史时期,人类几乎所有的生产活动都是与自然互动的过程,从这个角度而言,游牧、农耕等农业相关史料,

---

　　① 傅斯年:《傅斯年中国古代文学史讲义》,长春:吉林出版集团股份有限公司,2016年,第39页。

　　② 周琼:《定义、对象与案例:环境史基础问题再探讨》,《云南社会科学》2015年第3期。

大多是环境史史料。其次,在人类认知与改造周边环境过程中,需要对周边环境要素有记载并解释,如记载与人类共存的动植物情况的史料、地方志中大量的物产史料等;解释人类与环境关系的史料,也是环境史的史料来源,如中国古代哲学思想中的天人观、阴阳五行学说等;最后,环境作用于人类社会的各种史料,都可以视为环境史的史料来源,如正史中的灾异志等。总体而言,环境史史料来源丰富多样,但也有自身的独特性,表现在以下方面。

第一,中国环境史史料具有分布不平衡性。各类史学典籍蕴含着环境史史料,但环境史史料在不同类型史籍中的分布是不平衡的。中国文献典籍按传统分为经、史、子、集四类,其中史部的环境史史料分布相对集中;经部和集部的诗歌、笔记、游记等对生态环境的记载比较直观,但数量相对较少,准确性也相对较低;子部记载环境思想及环境伦理观等信息相对集中。此外,中国环境史史料在不同历史阶段的分布也不平衡。如先秦、汉晋史籍中环境思想的史料多,而环境变迁的史料较少;明清以后生态破坏日益明显,史籍中关于环境变迁的史料多了起来。环境史史料分布的不平衡还体现在区域分布不平衡。这包括环境史史料的种类、内容的区域不平衡和史籍分布的不平衡。一般来说,政治、经济、文化、教育发达的地区环境史史料相对较多,边疆或民族地区环境史史料相对较少。

第二,中国环境史史料分布分散,反映的环境信息残缺。环境史史料常分布在实录、正史、地方志、游记、笔记、文集、档案等与环境史联系较密切的文献中,尤其在地理、灾异、气候、物产等类目中相对集中,但绝大部分环境史史料零星地分布在不同时代、不同类型的古籍中,且质量也参差不齐。此外,环境史史料的时代、区域、内容尤其各生态要素的内容很不系统和不完整,虽然各种史籍中或多或少散布着环境史史料,但信息极不完整,往往只有零星的一两句话或简短的几个字词。这使得环境史史料的搜集、整理、考证存在很大难度,是中国环境史研究必须面对的困难。只有发掘其他相关史料,综合各种信息进行考证分析,拼合串联相关史料的内涵,才能"将一件件支离破碎的历史碎片正确定位,拼合成一幅完整的可以理解的图景"[①],使这些分散的残缺的史料在中国环境史研究中发挥出价值。

第三,中国环境史史料的存在具有隐蔽性和模糊性。中国古代没有现代的"生态"和"环境"概念,也没有"环境"或"生态"专门的史料。史料中的环境

---

① 崔蒙、朱冬生主编:《中医药信息研究进展(一)》,北京:中医古籍出版社,2006年,第400页。

史信息和内容并不是直接反映出来,而是往往隐藏在字里行间或隐匿在文字背后。因此,在捕捉环境史信息时,不仅需要具备文献学的基础知识,还要将环境的具体要素了然于胸。只有这样,才能在隐蔽或模糊的资料中搜集和整理出中国环境史史料。

第四,中国环境史史料的多维性和单一性并存。传统史料体裁多样,无论是编年体、纪传体、纪事本末体,还是杂史类、别志类,史籍中都或多或少蕴含着环境史信息,这类史料记载可视为中国环境史史料的多维性。在各类体裁之下有天文志、地理志、五行志、艺文志和河渠志等"志"这一专门类目,蕴含的环境史信息较为丰富,可将其视为中国环境史史料的单一性。环境本身就是多维度的集合,涉及动物、植物、气候、土壤、灾害等多个元素,历代史料也涉及动物史料、植物史料、气候史料、灾荒史料等多方面,这可视为中国环境史史料内容的多维性。各维度本身又具有一定的独立性,环境单一元素的变化也是整个生态环境变迁的重要反映,各环境维度的变化在不同区域和不同时期对环境整体变化的影响也有区别。因此环境史史料中对某一环境元素记载的数量和深度也有区别,这也可视为中国环境史史料的单一性。

三、中国环境史史料类型

中国环境史史料突破了传统史料的范围,具体表现为类型丰富的文献史料、考古资料、口述史料、田野调查史料、图像史料、实物史料,以及其他多种跨学科史料。这些史料各有特点和价值。

(一) 文献史料

环境史离不开史料的支撑,传统文献史料是环境史研究最基本的史料,也是历史研究最常用的史料。中国传世文献浩如烟海,中国环境史文献史料散见和隐匿于海量的传世文献之中,这为环境史研究提供了良好的资料基础。

1. 正史文献

正史类文献是我们较为常见和接触较多的传统文献。清代乾隆年间编撰《四库全书》时,把当时已编订刊印的《史记》和《汉书》等24部纪传体史书确定为正史。1921年北洋政府总统徐世昌下令将时人柯劭忞编写的《新元史》列为正史,并于次年刊行,与之前"二十四史"合称为"二十五史"。1927年清史馆编写的"清史"基本完成,但属未定稿,1928年以"清史稿"名义开始发行。后来《清史稿》影印发行时附于"二十五史"之后,合称"二十六史"。虽然这26部正史存在不同程度的缺陷,但一直都是中国史研究的基本参考资料。

在环境史视野下,这些正史文献同样蕴含着丰富的环境史信息。其中环境史信息主要分布于史志部分。[①] 而在各类史志中，天文、地理、五行、食货、河渠、福瑞、灾异等专志与中国环境史信息密切相关。如《汉书·食货志》《晋书·天文志》《宋书·符瑞志》《隋书·地理志》《宋史·五行志》《明史·河渠志》《清史稿·灾异志》等。当然，除志部分以外，正史中本纪和列传等其他部分的记载也蕴含着环境史信息，但相对来说前者分布更为集中。

正史类文献是传统的官方文献，体系十分完善，在时间上也一脉相承，是包括环境史在内的所有史学研究最重要的文献资料来源，并且分类明确，专门化明显，也便于环境史文献的索引。但是正史类文献也有明显的弊端，比如"符瑞志"和"灾异志"等相关记载也因充斥传说和灵异部分使得很多信息不太真实可靠。另外，为了粉饰太平，有些记载对环境灾害等内容可能存在人为修饰的情况；本朝修前朝史可能因为政治原因而造成客观性缺失。因此，在使用这类文献史料时必须参照相关实录、奏折、笔记、档案等多方史料来佐证，同时分析史料背后蕴藏的信息，对某些史料进行必要的考证分析。

2. 地方志文献

地方志，亦称方志，是关于地方区域的政治、经济、军事、文化、天文、地理、气象、科技等方面内容的资料性记叙性的书籍。举凡地方沿革、政治建制、物产土俗、山川名胜、人物户口、风俗方言及艺文等，无不分门别类收辑入书。方志的种类大体可以分为以下几种：具有全国性质的称"一统志"，涉及几个省的称"总志"，一省范围的称"通志"，府郡州县称"府志""郡志""州志""县志"，县以下还有乡、镇、里、邑各志。我国地方志源远流长，最早可以追溯到汉代，隋唐以后，统治者对地方志书的编纂更为重视，至宋代全国许多府县已普遍修志。明清两代，朝廷命令各地修志，编修地方志成为一项制度。[②] 地方志成为内容丰富、体例完备的地方百科全书，乃一方之全史。

具体而言，总志是省以上区域，甚至全国范围的志书，源头可追溯至《禹贡》，比较有名的总志有唐代李泰的《括地志》、李吉甫的《元和郡县志》，宋代乐史的《太平寰宇记》、王存的《元丰九域志》、王象之的《舆地纪胜》等。元明清三代创修一统志，总志体例更加完备。通志即省志，以一省为记述范围，通志体例最早始于元代，是记录全省府、州、县的志书。章学诚称："贵乎通志者，为能合

---

① 司马迁在《史记》中设立了记载国家重大典章制度的八书，即《礼书》《乐书》《律书》《历书》《天官书》《封禅书》《河渠书》《平准书》。班固在《汉书》中改书为志，之后被历代正史延用。

② 邹身城、林正秋：《地方志和方志学》，杭州：杭州师范学院学报编辑部、浙江地方史研究室，1981年，第1~8页。

府州县志所不能合。"①府志源于唐代一些图经,进入宋代,府志编纂逐渐增多,
如范成大的《吴郡志》《桂海虞衡志》、潜说友的《临安志》、施宿的《嘉泰会稽志》
等,都是宋代质量很高的府志,深刻影响着元明清地方志的编纂。府志以下则
是州、厅、县志。州作为行政区划单位在历史时期曾在郡之上,作为真正意义上
的行政单位始于东汉后期;隋唐时废郡为州,后又改州为郡,唐代再改郡为州;
宋代州属于路下一级行政区划;元代或属府或属路;明清时期大州与府平级,小
州与县平级。厅志则是记载一厅所辖范围内诸事的志书,厅分直隶厅和散厅,
直隶厅与府、直隶州平级,散厅与县平级。县的设置时间久远,而且从行政区划
的变动层面看,县一级最为稳定,全国县的总数历史上变化不大。县志是目前
地方志中体量最大的,也是中国地方志的基干。

　　中国环境史兴起以后,地方志中所载的中国各地的物产、山川风物、河流
湖泊、气候、自然灾害等相关内容,以及所辑录的诗文、图像均为环境史的研究
提供了丰富的史料。其中的很多信息为正史等文献记载不详甚至无所记载的。
尤其是边疆民族地区长期以来缺乏文字记载,地方志在这些区域环境史研究中
的作用就更为突出。如常璩的《华阳国志》、樊绰的《蛮书》、李京的《云南志略》
等皆是西南民族环境史研究必不可少的资料。

　　地方志中记载物产、自然灾害、山川风物、河流湖泊、气候等内容的条目是
地方志所载环境史信息最丰富的部分。物产类记录了当地的花草林果、各种动
物、土产、矿产资源等各类信息。如谢肇淛的《滇略·产略》记载了云南在明代
天启时期的水果、鱼、花草、蛇、矿石和各种矿产。灾异类则专门记载地震、干旱、
洪水、蝗灾、冰雪、大风等自然灾害。地方志对自然灾害发生的时间、地点和灾
情基本都有所记录,可以弥补正史中五行志、灾异志等记载的不足。山川河流
类很大程度上反映了当地的自然环境。如《滇系·山川系》不仅记载了金沙江
和潞江的名称、发源地和流向等信息,还记录了当地多瘴气的史实。风俗类主
要记载当地的各种风情民俗,如西南地区不少地方通过鬼神祭祀来达到防灾减
灾的目的。

　　由于地方志多根据档案、谱牒、传志、笔记等资料编写,且一乡之人修一
乡之书,因而地方志内容不仅丰富而且真实性相对较高。不过,受编纂者知识

---

　　① 章学诚:《方志辨体》,仓修良编注:《文史通义新编新注》,杭州:浙江古籍出版社,2005年,
第871页。

和认识的局限,地方志中的一些环境史史实亦存在记载缺失、模糊或沿袭等情况。① 因此,在运用地方志中的环境史史料时,要结合相关文献史料对其进行拼接、串联、整合,同时还要进行相关的分析和考证。

3. 文学类文献

诗歌、散文、戏曲等文学作品因具有浓厚的文学艺术色彩,长期以来在传统史学研究中备受冷落。由于环境史研究的视角和切入点与传统史学大为不同,相对于传统史学,环境史需要更为宽泛的史料来加以支撑。这使得不少文学作品成为环境史史料的重要补充。

文学作品文学色彩突出,其中不乏夸张虚构成分,但仍然具有真实的现实基础,这使得诗歌等文学作品成为一种文献史料变得可能。其中诗词内容广泛,涉及当时的气候、动植物、水资源、地形地貌、自然灾害等生态环境信息。以陆游的《剑南诗稿》为例,其中辑存了大量关于祖国各地山水景观、草木虫鱼和气候情况的诗文,为了解当时某些区域的环境景观提供了重要依据。再如,江南采菱女诗歌中采菱女形象的变化反映了历史时期江南水环境的变迁;《鲈鱼赋》等古代松江鲈鱼诗词反映了历史时期松江地区水文环境状况。② "以诗证史"由来已久,但在将诗歌等文学作品作为史料时,须严谨地对其中的信息进行处理和判断,明确这类史料的价值定位。

4. 档案文献

档案是历史的原始记录,是极具有权威性的史料。《中华人民共和国档案法》(2020 年 6 月修订)第二条:档案"是指过去和现在的机关、团体、企业事业单位和其他组织以及个人从事经济、政治、文化、社会、生态文明、军事、外事、科技等方面活动直接形成的对国家和社会有保存价值的各种文字、图表、声象等不同形式的历史记录"③。

档案是人类社会发展到一定历史阶段的产物。早在商周时期就出现了甲骨档案、金文档案。春秋战国到秦汉时期,逐渐兴起了刻石档案和简牍档案。隋唐宋元时期,纸已成为主要的书写材料,档案数量持续上升。起居注、时政记、

---

① 李明奎:《在常见和稀见之间:中国方志中的环境史史料探析》,《中国地方志》2017 年第8 期。

② 王建革:《历史时期江南水环境变迁与文人诗风变革——以有关采菱女诗歌为中心的分析》,《民俗研究》2015 年第 5 期。王建革:《松江鲈鱼及其水文环境史研究》,《陕西师范大学学报》(哲学社会科学版)2011 年第 5 期。

③ 《中华人民共和国档案法》,北京:中国法制出版社,2020 年,第 1 页。

户籍、舆图等是这一时期重要的档案资料。明清是历史上档案工作成就最大的时期。[①]

现存明清档案约有 2 000 余万件,主要收藏在中国历史第一档案馆。中国第一历史档案馆收藏的明清两代中央和部分地方机关档案共 74 个全宗,1 000 余万件,明代档案仅有 3 000 多件,其余皆为清代档案。其中明代档案包括诏、敕、诰命、题本、奏本、题行稿、揭帖、呈文、禀文、手本、塘报、咨文等。清代档案主要有诏书、誊黄、诰、敕、朱谕、题本、奏本、上谕档、起居注、实录、录副奏折、朱批、舆图等。[②] 总的来说,这些明清档案主要分为皇帝诏令文书、臣工奏章、各衙署来往文移、各衙署公务记载及汇编存查档册四类。明清档案内容极为丰富,涉及当时政治、经济、军事、文教、刑名、外交、民族、宗教、农田水利、商业贸易、交通运输、天文气象、山川河流、地震灾荒等。[③]

"档案是原始记录,是宝贵史料,对编史修志非常重要","历代史书,均系利用大量档案材料编纂而成。今天的档案,即为未来编史修志的材料。"[④] 从环境史角度审视,档案包含着极为丰富的环境史信息,是一种十分重要的环境史史料。如中国历史第一档案馆所藏的清代档案,录副奏折、朱批奏折、宫中档、上谕档、题本、实录等文献史料中不乏天文地理、灾害、气候、河渠等环境信息的记录,尤其是保留了长期全国性的水旱档案记录,是中国环境史研究极为重要的文献史料。

除这些古代档案文献以外,近代以来形成大量地方文献档案,这些档案资料大多以部门为纲,收藏于省市县各级档案馆,体量大,信息丰富,是环境史研究的理想史料来源。如现代国家级档案馆收藏的环保、气象、水利、救灾、农业等档案资料对研究当今生态环境具有不可或缺的作用。

档案资料数量大,新中国成立后,对生态环境档案进行了大规模的专门整理,其成果颇多。例如,从 1956 年到 1958 年,水利水电科学研究院从原中央档案馆明清部(现中国第一历史档案馆)百万余件清宫奏折中整理出近 14 万张图片、2 万余件抄件的档案资料,主要包括 1736 年至 1911 年部分宫中档、朱批奏折、军机处录副,内容涉及雨情、水情、旱涝灾情、河道变迁及治理、水利工程技术和内河航运。从 1981 年开始,按各大流域如海河滦河、珠江韩江、长江、西南

---

① 杨燕起、高国抗主编:《中国历史文献学》,北京:书目文献出版社,1989 年,第 352 页。

② 杨燕起、高国抗主编:《中国历史文献学》,北京:书目文献出版社,1989 年,第 353~355 页。

③ 秦国经:《明清档案学》,北京:学苑出版社,2005 年,第 35 页。

④ 邓绍兴、陈智为编著:《新编档案管理学》,北京:档案出版社,1986 年,第 17~18 页。

国际河流(主要有红河、澜沧江、怒江)、黄河、淮河、辽河、松花江、黑龙江等流域,分别整理其中的洪涝史料,以"清代江河洪涝档案史料丛书"为名陆续出版。[①]

5. 报纸杂志文献

报纸杂志是近代以来最重要的文献史料之一,主要包括清末至民国以来的一些诸如《申报》《大公报》《东方杂志》等。这些报纸杂志刊载了大量灾害、气候、疾病等各种环境信息。报纸杂志具有非常明确的时间信息,且对单一的环境事件记载比较详细,甚至一些新闻报纸有时还对一些重大环境事件进行连载报道。由于报纸杂志划分各专栏,环境史史料相对来说没有文献古籍中的环境史史料那么分散。

现代,随着人们对生态环境认识的深化以及环境危机的日益加深,后来直接出现以环境为主题的报刊,如《中国环境报》等,极大便利了环境史文献的搜集与利用。报纸杂志记载的环境内容范围也更为广泛,不仅记载灾荒、气候等,而且刊载政府的环境政策、环境污染事件、环保实践、现代环境思想、环保技术等方面的内容。近代中国报纸杂志保留的数量大,且真实性相对可靠,对研究近代中国生态环境变迁及环境理念认知具有十分重要的史料价值。

总之,中国文献史料范围极为广泛,除正史、地方志、文学作品、明清档案、报纸杂志等外,其他诸如实录、起居注、奏折、文书、碑刻、笔记、日记、游记、农书、医书,以及与中国相关的域外文献等,皆为环境史研究所必需的文献史料。这些文献史料是中国环境史发展的根基,但环境史研究要得出更为可靠的结论,离不开地下考古出土材料的佐证。

(二) 考古资料

近代以前,史学研究长期所倚靠的资料基本都为纸上之材料。近代,王国维率先强调考古出土资料在史学研究中的作用,提出历史研究的"二重证据法"。"吾辈生于今日,幸于纸上之材料外,更得地下之新材料。由此种材料,我辈固得据以补正纸上之材料,亦得证明古书之某部分全为实录,即百家不雅训之言亦不无表示一面之事实。此二重证据法惟在今日始得为之。"[②] 自此以后,地下考古出土资料在史学研究当中的作用和地位越来越突出。作为史学的分支学科,环境史研究同样须以考古出土资料来支撑。

---

① 夏明方:《大数据与生态史:中国灾害史料整理与数据库建设》,《清史研究》2015 年第 2 期。

② 王国维:《古史新证:王国维最后的讲义》,北京:清华大学出版社,1994 年,第 2 页。

甲骨文的发现是促使王国维提出"二重证据法"的重要因素。甲骨文是商王盘庚迁殷后至殷亡时的遗物,距今已三千多年。甲骨自 1899 年被发现到现在,发现有大约 15 万片甲骨、4 500 余个单字,其中已被识别的约 2 500 字。甲骨文所记载的内容极为丰富,涉及当时天文、历法、气象、地理、方国、世系、家族、人物、职官、征伐、刑狱、农业、畜牧、田猎、交通、宗教、祭祀、疾病、生育、人文、灾祸等诸多方面,真实朴素地反映了殷商时期社会生活各方面的状况。在商代缺乏史料记载的情况下,甲骨文为探索殷商古环境无疑提供了一个极为重要的信息渠道。

考古出土资料形式十分多样,无论甲骨文、金文、简牍、帛书、盟书等文字性极强的资料,还是青铜器、漆器、瓷器等实物,甚至考古遗址等,都不同程度地反映了历史时期的生态环境状况。考古出土的实物、文献和器物本身的材质、制造及其工艺等蕴含着丰富的科技史、环境史信息。[①]

考古资料无疑为重建历史时期的生态环境提供了重要的依据,尤其为先秦时期生态环境研究提供了宝贵的第一手资料。利用考古资料和纸质资料相结合的"二重证据法",可以极大提高史学研究的可信度,甚至解决一些史学界的悬案。但是考古资料内容具有很大的不完整性,关于环境的信息也往往是只言片语,一些文字符号解读难度大甚至已无法解读,这些都影响着考古资料在环境史研究当中的运用。

(三) 口述史料

口述史料是一种以访谈为主的方式来收集和整理的资料。随着口述史学的兴起,口述史料越来越受到史学研究的重视。其实,口述史料的利用在中国由来已久,司马迁在《史记》中就多处运用了口述史料,正如他所说:"网罗天下放矢旧闻,考之行事,稽其成败兴坏之理,凡百三十篇。"[②]

通过口述访谈当事人,可以从一个新的渠道和视角来了解当事人生活区域的环境变迁状况或所经历的灾害情况等。尤其在一些缺少文字记载的边疆或少数民族地区,通过口述访谈来获取资料已经成为研究这些少数民族地区不可或缺的途径。而且少数民族聚居区流传着丰富的民间传说、故事和谚语,其中不乏气候、地理、动植物、森林保护、人地关系、灾害、疾病等环境信息。通过访

---

① 周琼:《环境史史料学刍论——以民族区域环境史研究为中心》,《西南大学学报》(社会科学版)2014 年第 6 期。

② 班固:《汉书》卷六十二《司马迁传》,北京:中华书局,1962 年,第 2735 页。

谈把与之相关的信息收集和整理,可以为研究民族区域环境史提供极为重要的资料。

口述史料的挖掘拓宽了史学研究的渠道和研究者的视野,使普通大众参与到史学研究当中,研究成果也更能体现大众观念。口述史料虽然在很大程度上拓宽了环境史研究的史料来源,但其本身也有很大的局限性。口述人的记忆力、动机、情绪、信任度等都会影响到所收集资料的可信度。因此口述资料要与其他当事人及其他相关文献资料进行核实和考证。

（四）田野调查史料

田野调查是研究者实地深入研究地区,以调查、访谈、观察等手段来获取第一手资料的研究方式。田野调查是民族学、人类学常用的基本研究方法。随着史学研究的深入,田野调查早已成为历史学者获取新资料的重要途径。实际上,通过实地调查来获取史料在我国传统史学研究当中有着悠久的历史,从《史记》到《徐霞客游记》,田野调查资料无不发挥着重要作用。

自然环境的变化不是无声无息的,它或多或少会留下一些痕迹。通过田野调查能够发现气候、地址、水文、动植物等生态环境要素在当地的现状、历史时期变迁所遗留的痕迹,以及当地居民与生态环境的互动方式等,这些都是文献资料所无法提供的。田野调查所获得的口述资料、日记,甚至调查过程中发现的碑刻和地方文书等都是极为珍贵的一手资料。

田野调查资料弥补了"二重证据法"的局限,是环境史史料的重要补充,也让历史研究者走出书斋,步入田野,亲自感受人与自然的互动关系。尤其在文字记载和考古资料都相对缺乏的地区,田野调查资料甚至是研究这些地区的主要资料。同时,田野调查资料能够对文献记载进行印证,甚至纠正文献记载的错误。田野调查资料与传统文献资料、考古资料等多种资料相结合,能够促进环境史研究的深入和科学。但是,受田野调查过程中实际采取的方式、调查者的能力、调查对象等多重因素的影响,田野调查所获取的资料不总是可靠的。运用田野调查资料时,必须进行必要的分析、考证,甚至适当的取舍。

（五）图像史料

图像是历史信息的重要载体,我国保存有各个时期不同类别、风格各异的图像。图像史料包括历代图画(含中国纸绢绘画、石刻浮雕画、壁画、岩画、木版画、木刻版画、金属版画等)、照片、影视三大类。[①]

---

① 蓝勇:《中国古代图像史料运用的实践与理论建构》,《人文杂志》2014年第7期。

　　通过图像传递信息在人类发展史上有着悠久的历史。早在远古时期,人们就通过岩画来传递信息。远古岩画多展现狩猎、动植物、原始宗教仪式、日月星辰、部落战争、图腾崇拜等多种信息,表现古人对自然资源的利用和对自然的思考,很大程度上反映了史前人类朴素的环境观。除了岩画内容,岩画本体也蕴含着环境史信息。利用现代科学技术提取岩画中的植物颜料分析,不仅能推断岩画的年代,更能揭露当时植被和气候等环境状况。

　　进入历史时期,人们更为重视图像在传情达意中的重要作用。从先秦青铜器图像,到秦汉砖画、帛画,以及后来的绘画、壁画等,虽然这些图像风格迥异,创作者的目的也各不相同,但都为当时人和后人传递了自身的信息。青铜器动植物图像反映自然物种种类、生态食物链系统、人与自然关系等环境史信息,为考察区域历史时期环境变迁提供了重要参照。各类绘画虽然艺术色彩浓厚,写实性较弱,但绘画风格的转变,尤其是从魏晋人物画到唐宋以后的山水画、花鸟画等绘画风格和对象的转变,表明人们更多地关注自然环境。画家为了创作佳作,往往亲近自然采风。山水画、花鸟画等以自然环境为主题的画作虽然不一定都是山水花鸟的客观再现,但不乏一些画家将一些山水环境等较为真实的复现,这为研究所画地区的环境变迁提供了重要依据。况且这些画作本身就体现了画家的生态审美。画作的流传不仅普及了画家的生态审美观念,而且能够在历史的长河中流传下来就很大程度地反映了人们对生态美学的认同和追求。此外,古代医书、农书、方志中集中保存着大量图像史料。如李时珍的《本草纲目》中绘制有 1 000 余幅插图;王祯的《农书》中的《农器图谱》画有插图 300 余幅;方志中普遍画有舆地图、水运图、物产图等多种图像。由于追求实用性,这些图像写实性更高,所画的内容也更为真实可靠。

　　照片、影像等这类图像史料是依托近代科学技术的发展而形成的。清末西方摄影技术传入我国,使得近代中国的自然和人文景观通过镜头得以保存。早期照片和影视处理技术有限,老景观照片和影像基本是通过镜头对局部环境的再现,极大程度上弥补了文献资料记载的不足,为我们了解近现代中国的环境状况提供了深入直观的窗口。

　　图像史料具有直观性的特点,可以再现物体外观,为环境史研究提供直观证据。[①] 不过,图像史料长期以来一直被当成一种边缘史料,在学术研究中处境尴尬。图像史料艺术加工成分、虚构成分和真实成分经常难以区分。因此,图

---

① 钞晓鸿:《中国环境史研究的前沿与展望》,《历史研究》2014 年第 6 期。

像史料必须具体分析,与文字史料相结合。

(六) 实物史料

实物史料是各历史时期人类遗留下来包括与人类活动有关的史迹遗存,主要包括聚落、宫殿、墓葬、建筑、碑刻、雕像、服饰、装饰品,以及各种劳动工具和生活用品等遗迹和遗物。此类史料不含文字,或者含有少量文字,有的还雕刻、绘有部分图像。

与文献史料相比,实物史料具有可靠、直观的特点。在史学研究当中,其作用和地位十分突出。实物史料不仅能够补充文献史料的疏漏和不足,与文献史料相互印证和相互补充,纠正文献史料的错误,对文献史料中的疑似之处或矛盾之处做出判断,而且可以揭穿伪造的文献古籍,并通过考古发现,使已经失传的文献古籍得以重现,还可以使用民族古文字书写的文献为人们所熟知和运用。[1]

实物史料是人类历史活动的直接证据,蕴含着丰富的环境史信息。很多实物的材质、制造工艺、技术等蕴含的动植物种类、分布及其气候、生存环境状况等信息,直接反映了该实物存在时代的生物种类及其群落状况、水热状况、生态系统及生态链状况,为环境史研究提供了翔实的证据。[2] 如服饰花纹尤其是少数民族服饰图案承载着大量动植物种类及其生活状态和人类共生的信息。动植物雕像不仅传达出生物物种的信息,还可通过现代技术分析雕像腐蚀的程度来推断当地的气候环境状况和环境污染程度。建筑本身空间画面感极强,且样式风格往往受当地自然环境影响,通过观测其空间布局图和设计样式,很大程度上能够推断当地的气候、水文、地形等环境状况及当时的风水环境观。

(七) 跨学科史料

环境史是一门跨学科的学科,"环境史在现有学科体系中,横跨了人文、社会科学、自然科学以及工程与医学,从研究的实际需求而言更需要跨学科,或者说跨门类是环境史研究的天然需求。"[3] 跨学科是获取资料的有效途径,在环境史跨学科特性之下,他山之石可以攻玉。树木年轮、孢粉、冰芯、雪线、冰碛、湖泊水位、古生物化石和考古发现等不再只是自然科学研究的专利,已经越来越

① 佟佳江:《实物史料与文献史料的关系——兼述实物史料在文献古籍整理中的作用》,《内蒙古民族师范学院学报》(社会科学版)1985 年第 2 期。

② 周琼:《环境史史料学刍论——以民族区域环境史研究为中心》,《西南大学学报》(社会科学版)2014 年第 6 期。

③ 钞晓鸿:《环境史研究的理论与实践》,《思想战线》2019 年第 4 期。

成为环境史等学科相关研究的重要依据和支撑。因此,吸收和借鉴其他相关学科的资料成为环境史研究必不可少的工作。

树木年轮是植物学、气象学、生态学等自然科学研究常用的资料。环境史进行相关研究时可以充分利用这类资料。如进行史前环境史研究时,树木年轮能够极大弥补文献记载缺失的遗憾。树木年轮的宽度、密度、灰度无不蕴含着丰富的环境信息。在现代科技手段的支撑下,树木年轮不仅提供了过去气温、降水、湿度等气候环境信息,而且能通过年轮来推断过去河流径流量变化、森林植被变迁、二氧化碳浓度、森林火灾、病虫害等历史环境事件。树木年轮具有空间分布广、易于采样、事件分辨率高等优点,已经成为研究过去生态环境的重要证据。

极地和高海拔地区的冰川在形成的过程中冰封着过去的空气,且蕴含着稳定的同位素和化学成分。通过提取冰芯进行实验分析,能够重建过去气候,了解大气成分的变化。冰川上生物活动干扰较少,其内部也比较稳定,因此冰芯所反映的过去的气候环境较为客观。

湖泊水位变化所遗留下的湖岸线痕迹是历史时期湖泊水位变化的重要依据,据此还能反映湖泊变迁、湖域气候、湖泊水源补给区环境变迁、人类活动等重要信息。

孢粉、古生物化石不仅反映了过去植物和动物的物种分布信息,而且反映了过去该区有关动植物的生活习性和植被变迁、气候环境等环境状况。如河南裴李岗遗址中出现了大量现今分布在长江流域及以南地区的獐、闭壳龟、鳄鱼等动物,这表明当时该区存在水域环境以及当时的气温和降水量都比现今高,甚至与现在的长江流域气候相似。

跨学科资料丰富了中国环境史史料的来源,拓展了中国环境史研究的渠道和视野,是中国环境史学科发展的巨大动力。跨学科不仅是获取资料的有效途径,同时也是一种研究方法。在环境史如何落实跨学科的问题上,钞晓鸿指出:"应发挥史学所长,在这一基础上,根据研究需要,借鉴利用其他学科特别是生态学、环境学、生物学、水利学、地质学的理念、理论、方法、材料以及成果,或是直接进行此类学科的某些研究,来解决传统历史方法不能解决或不易解决的问题,研究历史上的环境、生态,揭示人与自然的关系,在丰富、深化、推动历史研究的同时,又反过来深化甚至反思其他学科的研究。"[1] 总之,跨学科不仅仅是简

---

① 钞晓鸿:《环境史研究的理论与实践》,《思想战线》2019 年第 4 期。

单的相关学科资料的拼凑,或者多学科简单理论方法的借鉴和融合,更是一种多学科间的合作研究。跨学科研究对研究者提出了更高的要求,研究者不仅需要本学科的专业知识,也需要具备其他相关学科的基础理论方法和解读资料的能力。综合利用多种跨学科资料,是环境史研究得出更科学和客观的结论的必要条件。

四、中国环境史史料的搜集和运用

正史、方志、诗歌、档案、报刊等各类文献史料展现了我国环境史研究的广阔前景和独特魅力,考古资料、口述资料、田野资料、图像史料、实物史料等极大地丰富了环境史史料的来源,跨学科资料又为环境史研究提供了他山之石,加深了中国环境史与其他多门学科的联系。中国环境史史料即分布在多种类型且总量庞大的资料当中。这既是中国环境史研究的基础,又使环境史研究面临极大困境,因为仅传世文献就已总量异常庞杂,且古代文献并无"生态"或"环境"的直接记录,个人精力和学科知识储备有限,这些客观原因都使环境史史料的搜集和运用困难重重。

然而,环境史史料的搜集和运用是最基本的工作,是任何环境史学者都无法避开的。因此,如何在重重困难中有效搜集和运用环境史史料就成为中国环境史研究不可不面对的一个问题。关于这一点,国内已有不少学者提出了很有价值的见解。王利华强调环境史的资料搜集和信息处理既要继承传统,又要打破成规。针对环境史资料获取的困难,他提出:"人弃我用",对任何文字和非文字资料都不能抱有偏见,对零碎而有限的资料进行"拼接""整合"乃至"联想"和"延伸"式解读,与现代自然科学文献互相验证,注重字里行间的间接和隐性信息;"旧史新读"和"别立新解";采用灵活多样的方式细致处理资料,使有限材料的利用效率最大化。[①] 关于环境史史料的运用,钞晓鸿认为既需要广泛阅读查找,又需要审慎鉴别分析,然后才能根据文献是否适用研究对象而决定是否加以利用。只有查勘比对、综合分析,才能防范文献有意无意的偏差与错误。此外,若欲深刻理解、充分把握文献的内容,则还需了解作者情况、写作背景、信息来源、文献性质、版本流传等文献内容以外的信息。[②]

除此之外,我们认为还需要注意以下几点:其一,搜集环境史史料要有问题

---

① 王利华:《生态史的事实发掘和事实判断》,《历史研究》2013 年第 3 期。

② 钞晓鸿:《文献与环境史研究》,《历史研究》2010 年第 1 期。

意识,环境史涉及的环境元素庞杂,不可能所有史料问题都关注,在搜集史料过程中要始终以人与自然互动为前提,关注互动过程中的具体问题,并以解答问题为导向进行史料的搜集、整理、解读。其二,要能挖掘史料背后的生态逻辑,对史料之间的关联度要有敏感,并能在生态学、环境科学及其他环境要素的专门学科(如动物学、植物学、病理学等)知识指导下,对史料中各种环境要素之间的内在关系进行串联,找出其中的内在逻辑,以更深入解释史料背后的生态(环境)问题。其三,要对史料进行长时段梳理,探索环境史料(对具体环境问题的记载)本身的演变过程,思考环境变迁在史料记载上的时代特点,探知不同时期人对环境的干预程度及对环境感知的变化。

第二节　历代文献史料中的环境史信息

根据中国环境史的脉络及其文献史料的构成特点,中国古代环境史可划分为"上古""中古""近古"三大阶段。中国古代生态环境史,主要是农业时期的人类生态系统和人相互关系演变的历史,其中包含阶段性特征相当显著的若干历史单元,即上古、中古和近古。这三个单元的生态环境史,不论从环境演变的地域空间、人与环境相互影响的深度,还是从生态知识、环境观念或者其他方面而言,都有不同的时代特点,历代文献典籍亦都有程度不同的反映。[1]加上中国近现代环境史,就可基本完整构成先秦以来中国环境史的时代框架。中国环境史史料存在于各历史阶段的史料中,由于中国文献典籍浩如烟海,以下内容仅指明各历史阶段中的部分文献史料中所蕴含的环境史信息。

一、上古文献史料中的环境史信息

上古时限上起夏商周三代下至两汉,即人们常说的先秦和秦汉时期。

先秦时期,用汉字记载历史从无到有且逐渐增加,记载内容逐渐从简单到复杂。商代的国家机构里设置了一些精通文字、掌管文书的史官,甲骨文中的"卜人",就是史官的一种。他们当时的记载就是我国最早的文字史料。[2]

---

[1]　关于中国古代分期及各阶段时间划分一直有多种观点,一般而言划分为上古、中古、近古、近世四阶段。本书根据环境史料特点,采用王利华的观点,将清代及以前的中国古代史划分为上古、中古、近古三阶段。参见王利华《论题:上古生态环境史研究与传世文献的利用》(《历史教学问题》2007年第5期)。

[2]　陈高华、陈智超等:《中国古代史史料学(修订本)》,天津:天津古籍出版社,2006年,第1页。

先秦时期虽然有了用文字书写的史料,但是由于先秦距今时代久远、保管不善等原因,先秦传世文献十分有限。现在常见的先秦文献主要为儒家经典和诸子百家著作及汉代以下著作中有关先秦的文献,先秦环境史史料很多就散见在这些文献记载中。如《礼记·月令》构设了一套社会节奏顺应自然节律的人与自然关系模式,蕴含着尊崇自然、师法自然和顺应自然的深层次生态伦理。[①]《诗经》记载了多种动植物[②]、民情风俗、气候、自然灾害等方面的内容。《论语》通过孔子与弟子的对话,书写着敬畏天命、节约资源、仁爱万物、乐山乐水的生态智慧。《管子》中的《心术》《白心》《内业》《禁藏》《七臣七主》等篇讨论了尊重自然、合养万物的理论;《奢靡》《立政》《八观》《七臣七主》《戒》《四时》《五行》等篇认为山林川泽应以时禁伐和适度利用;《地员》等篇对土地进行了分类以及论述了山地植物的垂直分布特点。其他如《孟子》《周易》《左传》《老子》《庄子》等经典著作无不蕴含着古人的生态智慧。这些文献大多表达各种学派开发利用自然资源、保护环境的言论和思想主张。除此之外,楚辞也蕴含着不少环境史信息。如屈原的《离骚》《天问》等表现了作者对自然万物的认识和对天地日月星辰如何形成、运行的思考。

秦汉时期长达 440 余年,是我国古代专制主义中央集权国家形成和巩固发展的阶段。秦始皇焚书坑儒,文献典籍遭到严重损失。但秦朝国祚短促,进入两汉,尤其是西汉武帝以后,"罢黜百家,独尊儒术",兴办太学,发展文化事业。史学发展进入新阶段,各学者著书立说,为后人留下了相当多的史学典籍。因此,这一时期环境史史料来源更为广泛。著名史书《史记》《汉书》即产生于这一时期。《史记》中的《河渠书》记载了先秦多条水系、黄河改道、河流泛滥、水利工程等状况;《货殖列传》论述了各地物产,各种手工业,以及农、牧、渔、矿山、冶炼等行业的经营;《大宛列传》《西南夷列传》等有关西域和西南等边疆地区的环境史信息也更是难得。《汉书》中的《食货志》《五行志》《天文志》《地理志》《沟洫志》等也是环境史信息的较为集中的分布区。如《汉书》中的《地理志》除记载了西汉各郡县的设置、人口、古迹城池外,还综述了各地物产、山川形势和风情民俗;《沟洫志》不仅记载了先秦、秦汉在漳水、泾水、洛水等兴修水利以供灌溉和航运等史实,还记录了黄河数次决口的危害及时人的治河策略。

---

① 王利华:《〈月令〉中的自然节律与社会节奏》,《中国社会科学》2014 年第 2 期。

② 孙作云在《〈诗经〉研究》中统计出动植物共约 252 种:植物为 143 种,其中草类 85 种、木类 58 种;动物为 109 种,其中鸟类 35 种、兽类 26 种、虫类 33 种、鱼类 15 种(开封:河南大学出版社,2002 年,第 7 页)。

　　赋是两汉最盛行的文学体例,其内容多反映宫殿城市、帝王游猎、禽兽草木和作者旅行经历等。如班固《两都赋》、张衡《两京赋》、扬雄《蜀都赋》等描绘了长安、洛阳、益州等城市的人口、交通、物产、风俗、动植物、山水等资源。张衡《南都赋》还记载了汉代南阳地区的植被情况和野生动物的分布状况。

　　汉代,随着道教的产生及佛教的传入,宗教哲学不仅丰富了当时的环境思想,而且宗教典籍也成为两汉环境史史料的重要来源。如道教早期经典《太平经》记载:“勿杀任用者、少齿者,是天所行,神灵所仰也。起万民愚蠢,恣意杀伤,或怀妊胞中,当生反死,此为绝命,以给人口。”[①]

二、中古文献史料中的环境史信息

　　中古时限上起三国,下讫唐末五代,期间既经历了大分裂和大动荡,又经历了统一多民族国家的重建。

　　魏晋南北朝 300 余年,民族矛盾和阶级矛盾尖锐,政治上四分五裂和南北朝对立,但在历史上是一个很有成就的时期。我国古代典籍以经、史、子、集四部分类最终形成就是在这一历史时期。

　　记录这一时期的正史主要有《后汉书》《三国志》《宋书》《南齐书》《魏书》,再加上后来唐代编修的《晋书》《梁书》《陈书》《北齐书》《周书》《南史》《北史》,一共 12 部。这些正史文献是这一时期极为重要的环境史史料来源。如《晋书·天文志》不仅详细记载了各种星辰所属方位、所应吉凶和占星事件,还总结了唐代以前古人对天象的认识。《宋书·符瑞志》不仅记载了古代的诸多祥瑞现象,还记载了龙、凤、麒麟、神鸟、白鹿、白虎、嘉禾、甘露等具体祥瑞之物及黄河水清等祥瑞事件。根据其中虎、象等动物的记载,可以推断魏晋南北朝时期虎和象的分布范围,进而推断当时的生态环境状况。[②]

　　地理类的著作也为今人窥探当时的生态环境提供了不可多得的史料。比较知名的有《水经注》《荆州记》《庐山记》《湘中山水记》《临海水土物志》《南方草木状》《华阳国志》等。《水经注》记载大小河流 1 252 条,动植物 100 余种,且水灾、旱灾、风灾、蝗灾、地震等自然灾害均有记载。《南方草木状》记载了岭南地区 80 多种草、木、果、竹的种植情况和生存环境。《华阳国志》中的《巴志》《汉中志》《蜀志》和《南中志》集中记载了巴、蜀、汉中、南中各郡的历史、地理

---

①　王明:《太平经合校》卷一百一十二《不忘诫长得福诀》,北京:中华书局,1960 年,第 582 页。

②　金霞:《〈宋书·符瑞志〉历史价值初探》,《社会科学辑刊》2005 年第 2 期。

和民族等内容,是研究古代西南环境史的重要史料。此外,当时诸多佛道经典和玄学名著等教义典籍中蕴含着重要的环境思想。

隋唐结束了魏晋南北朝以来的长期分裂局面,重新建立了统一多民族的国家,是我国古代经济文化大发展大繁荣时期。五代虽经分裂割据,但持续时间较为短暂,且南方经济和文化有较大发展。这一时期的史料数量上也比之前各代大为增加。

自唐代起,国家设置史馆,由宰相监修史书成为制度。我国史学发展进入了一个新的时代。记录隋唐五代的正史文献主要有唐代编修的《隋书》以及后世编修的《旧唐书》《新唐书》《旧五代史》《新五代史》一共 5 部,为研究隋唐五代环境史提供了重要参照。如《隋书·地理志》记载了南朝至隋代的政区变化、人口升降、山川物产以及风俗演变;《新唐书·李绅传》记载:"霍山多虎,撷茶者病之,治机阱,发民迹射,不能止。绅至,尽去之,虎不为暴"[1],反映出当时的人虎关系。

为适应隋唐大一统政治局面和商旅往来的需要,地志学得到了进一步发展,涌现出了众多地志学史料。"隋大业中,普诏天下诸郡,条其风俗、物产、地图,上于尚书。故隋代有《诸郡物产土俗记》一百五十一卷,《区宇图志》一百二十九卷,《诸州图经集》一百卷。"[2] 樊绰撰《蛮书》(又称《云南志》)记载了唐代云南地区的自然地理、城镇、交通、物产、风俗,是研究唐代云南地区生态环境的重要著作。玄奘《大唐西域记》记载了今我国新疆、中亚和印度、巴基斯坦、斯里兰卡等地的自然地理、气候、风俗、物产、宗教等情况。

唐诗是唐代文学艺术繁荣的重要标志,亦是今天中国环境史史料的重要来源。唐诗内容广泛,既有自然山水、田园风光的描写,又有气候、动植物、自然灾害等多方面的记载。如韩愈《辛卯年雪》记载了元和六年(811 年)二月河南大雪情况。白居易《钱塘湖春行》描写了早春钱塘湖(即今西湖)的湖光山色,流露出诗人对自然的亲近和热爱。张志和《渔歌子》描绘了"西塞山前白鹭飞,桃花流水鳜鱼肥"的生态美景。

三、近古文献史料中的环境史信息

近古指宋代至清代。宋代是我国古代环境变迁的重要转折时期,特别是江

---

[1]　欧阳修、宋祁:《新唐书》卷一百八十一《李绅传》,北京:中华书局,1975 年,第 5349 页。

[2]　魏徵:《隋书》卷三十三《经籍志》,北京:中华书局,1973 年,第 988 页。

南地区。

宋代是我国古代经济文化发展的高峰,灿烂的宋代文化在史学上也有突出表现。宋代史籍众多,史料丰富。体裁上除前朝已有的编年体、纪传体、典志体等史书体裁外,还新出现了纪事本末体、纲目体、学案体等新的史书体裁。印刷术的普及使宋代保存流传的史料大大超过了以往任何时期。

记录宋代的正史文献虽然只有一部元代编修的《宋史》,但宋廷十分重视史书的编撰,且私人修史盛行,出现了许多记载当时史实的著作,如《宋会要》[①]《续资治通鉴长编》《建炎以来系年要录》《三朝北盟汇编》《通志》《文献通考》等,都是研究宋史的基本史料。这些史籍无疑也是研究宋代环境史的史料基础。如《宋史·河渠志》记录了黄河、汴河、洛水、蔡河、广济河、金水河、京畿沟洫、白河、漳河等诸多河流水系的治理情况。《宋史·五行志》则包含大量宋代旱灾、洪灾、蝗灾、雪灾等多种自然灾害以及犀象等珍禽异兽的记录。《通志》卷第七十五至第七十六中载有《昆虫草木略》,内容包括《草类》《蔬菜》《稻粱略》《木类》《果类》《虫鱼类》《禽类》和《兽类》等,记有植物约 340 种,动物 130余种,作者郑樵甚至提出"鸟兽草木之学"之说。

宋代笔记小说十分盛行,仅《四库全书总目》子部杂家类和小说类著录的就多达 150 余种。"笔记"之名始自宋祁的《笔记》一书。[②]这些笔记是不可忽视的宋代环境史史料。如范成大《桂海虞衡志》记录了宋代桂林一带的山水、岩洞、禽兽、鱼虫、花果、草木等内容。周去非《岭外代答》记载了宋代广西地区的气候、自然山水、动植物、疾病等自然环境情况。庄绰《鸡肋编》记载了各地的物产、风俗、气候、动植物、疾病等环境信息。沈括《梦溪笔谈》涉及内容极为广泛,不仅记载了我国古代的众多科学技术,还涉及地质、地理、气象、生物、水利、农业等多种与环境相关的内容。

宋代诗词是宋代文化繁荣极为重要的标志。宋代诗词题材多样,内容广泛,其中不少涉及当时气候、动植物、水资源、自然灾害及南北方生态环境差异等生态状况,是中国环境史研究的重要参照。[③]如欧阳修《永阳大雪》记载了庆历五年(1045 年)江淮一带罕见大雪情况。

元朝是我国历史上第一个由少数民族建立的全国性政权。元代正史文献

---

① 清嘉庆时徐松从《永乐大典》收集《宋会要》的残余材料整理成《宋会要辑稿》,《宋会要》原书早已不存,现在只能见到《宋会要辑稿》。

② 何忠礼:《中国古代史史料学》,上海:上海古籍出版社,2004 年,第 122 页。

③ 曹瑞娟:《从宋诗看宋代生态环境》,《兰台世界》2013 年第 9 期。

除《元史》外,还有民国时期柯劭忞编修的《新元史》。虽然因为各种原因,二者曾长期受到批评①,但仍不失为元代环境史的重要参考。如《元史·河渠志》记载了元代通惠河、浑河、滦水、冶河、会通河等多条河流水系及其水利工程。《元史·天文志》则对日食、月食、日晕等天文现象进行了记录。

元朝疆域辽阔,对外交往密切,因而行记文献丰富。如李志常《长春真人西游记》记载了长春真人丘处机西行觐见成吉思汗时,沿途所见的山川、道里、风俗、物产,对研究我国新疆、蒙古和中亚等地的环境史具有重要的史料价值。汪大渊《岛夷志略》记载了海外诸多国家和地区的天时、地理、气候、物产、信仰等,内容丰富,是研究元代海外多地环境史不可多得的史料。

元朝虽是游牧民族建立的政权,但仍相当重视农业生产。元世祖至元十年(1273年)大司农司主持编修了《农桑辑要》,这是我国现存最早的官修农书。《农桑辑要》内容包括典训、耕垦、播种、栽桑、养蚕、瓜果、竹木、药草等。后来皇庆二年(1313年)王祯编撰《农书》。《农书》包括《农桑通诀》《百谷谱》《农器图谱》三部分。《农桑通诀》总论农业历史、耕垦、播种、灌溉、收获、植树、畜牧等;《百谷谱》分别叙述了蔬菜、瓜果、竹木等多种农作物;《农器图谱》则主要包括300余幅各种农具图。《农桑辑要》和《农书》不仅对研究我国古代农业生产具有重要史料价值,而且对研究古人开发自然、利用自然等人与自然的互动关系同样价值非凡。

由于对外交往活跃,出现了不少有关元代的外文史料,这是元史史料的一大特色。如意大利人马可·波罗的《马可·波罗行记》记载了元代一些地方的山川地形、气候、风俗习惯、宗教信仰等。这些外文史料的记载,有的为我国史料所无,有的可以相互参证,对于包括元代环境史在内的元史研究具有重要价值。

明代距今较近,史籍保存较多,加之经济繁荣,文化兴盛,故明代官修史书更多,规模更大,流传下来的也比前代大为增加。记录明代的正史文献为清张廷玉等人编撰的《明史》。《明史》包括本纪24卷、志75卷、表13卷、列传220卷,共332卷,记载了明洪武元年(1368年)到崇祯十七年(1644年)的历史,是研究

---

① 《元史》从洪武二年(1369年)开设史局,历两次纂修,到洪武三年(1370年)七月完工,前后一年多的时间。由于耗时太短,长期被认为质量堪忧且不合修史体例。《新元史》体例比《元史》完备,"然篇首无一字之序,无半行之凡例,令人不能得其著书宗旨及其所以异于前人者在何处,篇中篇末又无一字之考异或案语,不知其改正旧史者为某部分,何故改正,所根据者何书。"(陈高华:《中国古代史史料学(修订本)》,天津:天津古籍出版社,2006年,第293页)

明史的基本史料来源之一。根据明代政治特点,《明史》增设了《阉党传》《流贼传》和《土司传》。其中《土司传》较为详细地记载了西南地区的人口、土地、经济、民族风俗、生产生活方式、道里、交通等,对研究明代西南边疆和民族生态环境意义重大。

除《明史》外,明代官修的《明实录》也是明史研究的最基本史料。《明实录》以编年体例记录了明太祖朱元璋到明熹宗朱由校在位期间的大量资料。其中,建文帝附入太宗实录,景泰帝附入英宗实录,崇祯帝及南明诸帝没有官修实录。《明实录》内容庞杂,其中天象记录达 6 000 余条,是"二十四史"以外我国古代天象记录的最大来源,其中包括日月食 336 条、月行星掩犯 2 622 条、流陨 2 248 条。[①] 此外,《明实录》对明代全国自然灾害进行了比较详细的记载。

徐光启《农政全书》是明末重要的农学著作。全书分农本、田制、农事、水利、农器、树艺、蚕桑、蚕桑广类、种植、牧养、制造、荒政十二目,蕴含着因地制宜、顺应自然和合理利用资源等丰富的生态思想。

李时珍《本草纲目》是我国古代最著名的一部药物学著作。作者在长期的药物学实践基础之上,全面总结了前人的药物学研究成果。全书共 52 卷,载有药物 1 892 种,其中载有新药 374 种,收集医方 11 096 个,书中还绘制了 1 111 幅插图。书中内容不仅涉及医学和药物学,还广泛涉及生物学、矿物学、化学、动物学、植物学、遗传与变异等诸多科学领域。

此外,明代也是方志大发展时期,全国性的总志、全省性的通志和府州县志都大为增加。一般来说,方志大体包括该地区的沿革、经济、政治、人物、著述、风俗、大事记、气候、灾异、地理等方面内容。

清代是我国最后一个封建王朝,传统上以 1840 年为时间节点将清代分为两个时段。由于时代较近等原因,现有的清代史籍无论数量还是内容都远胜于以前各朝。

《清史稿》是民国初年由北洋政府设馆编修的记载清代历史的正史。《清史稿》纪事起于明万历四十四年(1616 年)努尔哈赤称汗,终于 1911 年清朝灭亡。全书分本纪 25 卷、志 135 卷、表 53 卷、列传 316 卷。虽然《清史稿》的史料价值远比不上二十四史,但对研究清代历史仍具有重要参考价值。在环境史信息方面,《清史稿·地理志》不仅记载了相关府州县的交通、行政、赋税、风俗、河流、山脉等情况,还涉及当时测定的各府经纬度。《清史稿·灾异志》则记录了

---

① 刘次沅、马莉萍:《〈明实录〉天象记录的统计分析》,《天文学报》2018 年第 3 期。

清代多种灾害和异常现象。

清代官修的《清实录》为清史研究基本史料之一。清代共传十二帝,除宣统外,其余每帝都有实录。《清实录》是清代官修史料的汇编,全书自太祖起至德宗止,共12部,4 484卷,内容极为庞杂,包括了当时的政治、经济、文化、军事、外交,以及天象变异、气候、自然灾害等多个方面的资料。

中国第一历史档案馆所藏的1 000余万件清代档案资料,蕴含着极为珍贵的环境史信息。尤其是其中的内阁档、军机处档、宫中档收录着大量的土地开垦、田赋税收、矿产开发、水利设施、气候状况、天文地理等与清代环境史研究密切联系的内容。此外在晴雨录、雨雪分寸、旱涝灾情等官员奏报资料中保存了清代较为连续完整的气候和灾情信息。

清代是方志的全盛时期。全国现存方志8 500多种,其中清代约近6 000种,10万余卷。[①]清代方志的内容十分广泛,从子目分类而言,一般有:星野、建置、舆地、风俗、物产、赋役、户口、学校、选举、职官、人物、兵事、灾异、艺文、经籍、杂志等。每一大类下还有若干小目,如物产志分谷、蔬、瓜、果、草、药、货、鳞毛、矿石等。方志所载内容对研究某一区域的生物物种、气候环境、地形地貌、自然灾害、环境意识等方面具有重大价值。总之,清代各类方志是研究清代环境史不可忽视的史料。

四、近现代文献史料中的环境史信息

近代以来,我国社会发展形态与以往大不相同。史学发展突破了古代发展模式而更为现代化,史料的呈现方式也出现了重大转变。

随着近代报刊业和新闻业的发展,报纸和杂志逐渐成为时人获取信息的重要渠道。《申报》《大公报》《东方杂志》等报纸杂志在近代占有十分重要的地位。这些报纸杂志所登载内容涉及当时政治、经济、文化生活、社会救济、卫生环境、气候状况等多方面内容。因其时效性强、当时登载内容相对真实可靠,报纸杂志成为现在研究近代有关生态环境不可忽略的文献资料。到了现代报纸杂志数量更多,所登载的内容也更为丰富。随着人们对生态环境的不断关注和重视,也逐渐出现了专门登载生态环境相关内容的新闻报纸。《人民日报》《光明日报》《中国环境报》及各地方报刊皆对现代我国的生态环境状况进行了刊载。

近年来,随着计算机及信息技术的发展,许多古籍被录入计算机,利用现代

---

① 陈高华:《中国古代史史料学(修订本)》,天津:天津古籍出版社,2006年,第437页。

技术,环境史料数据库建设也成为可能,这使得史料的存储、保管、呈现及检索都发生了根本性的变化。此外,有关部门借助网络公开的数据信息,如各地生态环境厅或环保局公布的环境状况公报、环境综合整治措施、生态环境政策等,各地方档案馆收藏的环保、水利、救灾等各部归档的文献档案等,都成为研究研究当今中国生态环境的重要信息资源。

近代以来,我国与世界其他国家和地区的联系日益加强,大批外国人来到我国游历、经商、传教或出于其他目的往来。他们很多人留下了涉及我国的政治、经济、风俗习惯、文化生活、地理环境等各方面的记载。如今,这些外文资料也成为我们窥探近代中国生态环境的重要窗口。

第五章　考古时期的生态环境及其变迁

考古时期的生态环境由于缺乏文字记载,主要依靠考古遗址中的发掘器物,分析器型、器物种类及其材质;通过遗址中的动植物遗骸,推究当时的物种状况、物种类型,根据该物种的生活、生存及繁殖所需要的外部条件及资源条件,推论当时的气候,植被的类型、数量、分布等环境状况。

第一节　旧石器时代文化遗址及其生态环境

考古证据表明,处于更新世时期的旧石器时代是人类存在最早的时期。这一时期的人类并没有栽培植物和驯养动物,人类的活动以采集和渔猎为主,生产工具也较为落后,人类对所处的自然环境的影响是微乎其微的。中国旧石器时期的文化遗址主要有蓝田人遗址、泥河湾盆地遗址、元谋人遗址、巫山人遗址、建始人遗址、郧县人遗址、百色盆地高岭坡遗址等。

对旧石器时代早期的元谋人遗址、蓝田人遗址及北京人遗址的研究较多,研究者主要依据动植物遗骨和孢粉,分析该区域的动植物多样性、气候干湿程度等。

元谋人遗址位于云南省元谋县,距今 170 万年左右,在该区域发现的哺乳动物化石有华南豪猪、元谋狼、云南马、爪蹄兽、中国犀、山西轴鹿等 29 种,均为灭绝种,部分属上新世残余物种,多数为早更新世常见物种,云南马等生活于草原,细鹿、湖麂等生活于热带雨林,竹鼠、复齿鼠兔等生活于灌木丛,泥河湾剑齿虎等生活于森林。依据植物孢粉分析,树木以松属植物为多,还有榆树等,草本植物更多。所以,元谋人生活在森林—草原环境中,较温和湿润,较现在凉爽。[①]

蓝田人遗址是旧石器时代早期的重要遗址之一,于 1963 年、1964 年分别

---

①　计宏祥:《元谋人究竟在什么环境中生活?》,《化石》1979 年第 4 期。

在陕西省蓝田县的陈家窝和公王岭发现的。1963年,在陈家窝发现了一个比较完整的下颌骨化石[①]公王岭在蓝田县城东南17千米,是一个小土岗,前临灞河,后依秦岭。1964年在公王岭发现厚约30米的砾石层,上面覆盖着厚约30米的"红色土"。红色土的下部夹有两层埋藏土,就在这两层埋藏土之间发现了一个比较完整的人头盖骨和3枚牙齿化石,还有石器和许多动物化石。公王岭动物群最明显的特色是带有强烈的南方动物群色彩,缺少我国北方常见的动物。另一特点是动物群中只有极少数的种属是第三纪残存种属和第四纪早期典型种属的代表,而动物群中现生种所占的百分率至多不过20%。此外,公王岭动物群中缺少水边生活的动物和两栖动物,可能与当地的生态条件有关。[②]蓝田动物群中南方动物群的比重很大,其中有很多亚热带和热带动物,这表明陕西蓝田地区的气候在蓝田人生活时期,较为温暖,接近南方地区的气候,与现代的陕西气候差别较大。

北京人遗址位于北京周口店,在1921年8月由瑞典地质学家安特生(Johan Gunnar Andersson)和奥地利古生物学家师丹斯基(Otto Zdansky)发现。通过对"北京人"及周围自然环境的研究发现,北京人会制造骨角器,除狩猎外,野果、嫩叶、块根及昆虫、鸟、蛙、蛇等小动物也是日常食物来源。遗址中发现哺乳动物化石97种,鸟类化石62种。丰富的动物资源为猿人的生活提供了丰富的食物来源。北京人生活区域的水资源也较为丰富,湖泊数量众多;地质地貌与现在基本相似,北边是高高的群山,与西山相连,西边和西南都是蜿蜒起伏的山丘,在丘陵山地上分布着茂密森林群落;气候比现在温和湿润。[③]虽然有着相似的地貌,但是气候与现代完全不同,舒适的气候环境孕育了丰富的动植物资源,也有利于北京人的生存。另外,鸵鸟化石和骆驼栖息的遗迹,表明在这段时期里,北京曾出现过温暖湿润和寒冷干燥两种不同的气候状况,气候变迁是这一时期的主要影响因素。

旧石器时代中期的文化遗址中,较为著名的是位于陕西东部的大荔人遗址和山西晋南汾河流域的丁村人遗址。

大荔人遗址位于陕西省大荔县,用铀系法对人头骨化石出土层进行年代测试,结果为距今18万—23万年。在大荔人遗址发现的哺乳动物化石至少有11个种属,有河狸、古菱齿象、狼、虎马、犀牛、肿骨鹿、大角鹿、斑鹿、水牛和普氏羚

① 白寿彝、苏秉琦:《中国通史》第2卷,上海:上海人民出版社,2015年,第8页。
② 游学华:《陕西蓝田人研究综述》,《历史教学》1980年第8期。
③ 中国林学会主编:《中国森林的变迁》,北京:中国林业出版社,1997年,第34页。

羊,其中比较有代表性的是肿骨鹿、大角鹿和普氏羚羊。马化石中有近似野马的,也有近似三门马的。从整个动物情况看,其性质有明显的更新世中期向晚期过渡的特点,又具有较多的晚更新世常见的种属特点。这种情况与北京周口店第十五地点动物群很相似,因此,有学者将大荔人的地质时代定在更新世晚期的早段,在文化上它是处在旧石器时代中期的早一阶段。大荔人头骨也可反映出这一阶段的特征。从大荔人头骨层出土的河狸化石来看,当时附近应该有河流或湖泊,而且气候也要较现在温暖和潮湿一些。喜栖森林的狼和虎的存在表明,大荔人生活的区域还应该有森林。野马、野驴、披毛犀、野牛等大量食草动物的出现,则反映大荔人生活的周围有相当广阔的草原分布。[1]

丁村人遗址位于山西省襄汾县,距今 7 万—9 万年。在丁村人遗址中发现了古菱齿象、纳玛象、披毛犀、野马、野驴、斑鹿、转角羚羊、野猪、水牛、原始牛、熊、獾、狼、狐、貉、河狸、短耳兔、鲤鱼、青鱼、鲩鱼、厚壳蚌等,丁村人生活的环境中动物种类是极为丰富的。其中发现哺乳动物化石 28 种,大部分为生活在森林和山林中的种类,说明此地的森林覆盖率很高。从沙砾层中还采集到鲤、青鱼、鲩、鳞、鲇等鱼类化石,这些鱼类皆生活在经常保持一定大流量的水中。沙砾层中还有大量软体动物介壳化石,其中最引人注目的是一种大型丽蚌壳,这种动物现在只分布在气候温暖湿润的长江以南地区和汉水流域。丁村人生活的时代,气候温和,附近山上森林茂密,汾河河床高于现在,水势相当大。汾河两岸松杉蔽日,岸边平地上蒿草野菊丛生,并有鹿、大象、犀牛、野马、野驴出没。汾河中河蚌和鲇鱼、青鱼、鲤鱼等水生动物甚多。[2]

旧石器时代晚期的文化遗址中,北京周口店山顶洞人文化遗址最为重要。

北京周口店山顶洞人文化遗址距今约 1.8 万年,虽然山顶洞人与旧石器时代的北京人处于同一区域,但是,山顶洞人所处的自然环境已经与北京猿人时期的生态环境有所不同,更为接近现代北京周口店的环境。山上有茂密的森林,山下有广阔的草原。虎、洞熊、狼、似鬃猎豹、果子狸和牛、羊等生存于其间。山顶洞人以渔猎和采集为生,在遗址中发现了大量的野兔和数百个北京斑鹿的个体骨骼,说明兔、鹿是山顶洞人狩猎的主要对象;在遗址中还发现了鲩鱼、鲤科的大胸椎和尾椎化石,说明山顶洞人也捕捞水生动物。山顶洞遗址发现了多种磨光器物,如磨光鹿角、磨光鹿下颚骨,以及磨光而又钻孔的砾石、石珠和穿孔

---

① 安家媛:《北京人的发现:中国重要古人类遗址》,天津:天津古籍出版社,2008 年,第 129 页。
② 张学亮编著:《远古人类:中国最早猿人及遗址》,北京:现代出版社,2014 年,第 106~107 页。

的牙齿等,这说明他们已经比较普遍地掌握和运用磨、钻的技术。从中可以间接推断他们在不断摩擦和钻孔的基础上,同时能够人工取火。[1]人工取火使山顶洞人的熟食应该更为普遍。山顶洞人掌握了人工取火的方法、劳动方式和劳动工具,相比旧石器早中期的人类,他们更能够适应自然,确保自己生存下去。

综上,可以看到旧石器时代的环境状况与现代的区别是比较大的。漫长的旧石器时代,人类对自然环境应该是一种被动的适应,无论气候条件还是动植物状况,人类都是难以认识的,环境变迁在这时候仍然是一种较为完全的自然演变。

第二节　新石器时代文化遗址及其生态环境

无论是新石器时代还是旧石器时代,地理环境在人类的起源和早期演化过程中都发挥了重要的作用。更新世末次冰期结束后,地球进入全新世,全球气候渐趋温暖湿润。适宜的气候为我国早期农业的形成和发展提供了条件,正因如此,在距今大约10 000年前,我国由旧石器时代进入了新石器时代。特别是距今8 000年前,全球气候进入了温暖湿润的适宜期。这一时期的气候条件,为我国新石器时代农业的发展创造了机遇,新石器时代农业经济和文化发展至此进入了繁荣时期。[2]这一时期因为处于仰韶文化的活动时期,又被称为仰韶温暖期。这一时期,出现了很多灿烂的文化。北方地区有后李文化、磁山文化、仰韶文化、龙山文化等;南方地区有马家浜文化和河姆渡文化、良渚文化等。

后李文化遗址(公元前6500—前5500年)位于山东省李官村,其中较重要的遗址有山东临淄后李、章丘西河、小荆山3处。后李文化遗址均分布于泰沂山系北麓的前平原地带,有房址、灰坑和灰沟等,出土遗物以陶器为主。在孢粉分析中,样品均以草本植物花粉居优势,可占76.3%—91.1%。在草本花粉中依据数量的多少,依次为蒿、乔本科、藜科及菊科,还有少量蓼、莎草及香蒲等。木本植物花粉次之,以针叶植物松居多数,还有少量的桦、栎、榆及胡桃等阔叶植物花粉。蕨类植物孢子较少,有卷柏、水龙骨科等。可推论,此期的

---

① 万建中、李明晨:《中国饮食文化史·京津地区卷》,北京:中国轻工业出版社,2013年,第16页。

② 席永杰、徐子峰等:《红山文化与辽河文明》,呼和浩特:内蒙古人民出版社,2008年,第4页。

植被具有明显的草原特征:草本植物比较茂盛。在低洼、沼地及积水处生长着香蒲、莎草、狐尾藻等,大量水生、旱生的蒿、藜及禾本科植物分布于平原、低地及开阔平坦处,遗址附近的低山、丘陵上生长着松、桦、桤木及胡桃等针、阔叶植物。气候是温和稍干中掺杂着暖湿,属温带大陆性季风气候。一些好暖湿的阔叶植物的花粉如榆、栎、胡桃等,在遗址中部含量较多,上下部含量相对较少,反映出遗址堆积期间由下而上植被和气候曾发生明显变化,中期或中部气候相对较佳,温暖较湿。① 后李文化遗址中的小荆山遗址中发现的动物遗骸有700 余件,可以分为软体动物、鱼类动物、爬行类动物、鸟类动物和哺乳动物五大类,至少可以代表 22 个种属:圆顶珠蚌、珠蚌、扭蚌、剑状矛蚌、楔蚌、丽蚌、篮蚬、青鱼、草鱼、鳖、雉、斑鹿、鹿、羊、牛、马、野猪、家猪、狼、家犬、狐、貉。这22 种动物群反映了此地的古地理、古气候特征。② 栖息于温暖湿润的南方的蚌类大量出现在遗址中,表明当时的气候比较温暖、湿润,降水丰富,年平均气温可能要比现在高 4℃—5℃,大致与现在的南方某些省区的气候相似;鱼、鳖等生物依赖水域生活,表明遗址周围曾经是水丰草美,鱼戏兽逐的河、湖之滨,为斑鹿、牛、羊等动物的理想居所;狐、野猪、狼等一些常栖身于河流、湖泊附近的灌木丛或山林之中的生物出现在这里,表明遗址周围必定曾有这些自然的景观。③ 通过以上研究,可以看到当时后李文化所处的黄河下游地区的自然环境与如今是截然不同的,气候较为温暖湿润,降水量也较为丰富,生存环境是比较优越的。

磁山文化遗址(公元前 5405—前 5285 年)位于冀中南地区,北达燕山南麓、南到豫北安阳。动物有兽、鸟、龟鳖、鱼、蚌 5 大类约 23 种,即东北鼢鼠、蒙古兔、猕猴、狗獾、花面狸、金钱豹、犬科未定种、家犬、梅花鹿、马鹿、四不像鹿、狍、獐、赤麂、鹿科未定种、短角牛、野猪、家猪、家鸡、豆雁、鳖、草鱼、丽蚌。其中狗、猪、鸡为家畜,短角牛不能肯定是家畜,其余皆为野生动物。鹿类中的獐俗称獐子,一般生活在河岸边的芦苇丛中、湖边或山边丛林中,现今主要分布在长江流域各省。野猪、猕猴、花面狸等均说明当时有较多的水草地带,不远处有茂密的森

　　① 严富华、麦学舜:《淄博临淄后李庄遗址的环境考古学研究》,《中国第二届环境考古学术讨论会论文》,1994 年,第 122 页。

　　② 西安半坡博物馆编:《纪念半坡遗址发现六十周年暨石兴邦先生九十华诞国际学术研讨会论文集》,西安:西北大学出版社,2015 年,第 122 页。

　　③ 西安半坡博物馆编:《纪念半坡遗址发现六十周年暨石兴邦先生九十华诞国际学术研讨会论文集》,西安:西北大学出版社,2015 年,第 123 页。

林。大量的朴树籽、炭化的山胡桃的发现,也证明了这一点。猕猴的发现说明华北平原靠近山麓的区域在新石器时代森林的覆盖面积还相当大,猕猴的分布区也较现代更靠北些。花面狸则更是热带和亚热带地区的物种。个体相当大的草鱼、龟鳖类和丽蚌等水生动物遗骸的发现,表明南洛河当时水域较宽,流量大,水产丰富,气候温暖湿润。[①]

仰韶文化是黄河中游地区重要的新石器时代文化,最初于 1920 年被河南省仰韶村的农民发现,因此得名。此后几十年发现的相同特征的文化也以此为名,依据地域,主要有汾河和渭河下游诸类型、豫中诸类型、豫北和冀南诸类型、甘肃青海诸类型等。其中西安半坡文化是仰韶文化中的重要部分,是北方农耕文化的典型代表。[②] 半坡遗址南靠秦岭,6 000 多年以前此地及其边坡地带生长着茂密的原始森林,森林中出没各种各样的飞禽走兽。据土壤孢粉研究,发现生长在半坡的草类植物有蒿、藜、禾草等,树木有柳、胡桃等,还发现了只适宜在亚热带生存的铁杉的孢粉。动物骨骼有猪、狗、牛、羊、马、鸡、雕、鹿、竹鼠、狐、狸、獾、貉、兔等。竹鼠与竹林伴生,竹子在我国分布的地界是黄河中下游以南的地区。由这些动植物种类可以推知,半坡人所处的时代气候比现在要温暖湿润,茂密的森林中有野兽出没,这样的植被条件为半坡人提供了一个极好的生存环境。[③]

河姆渡遗址位于宁绍地区的中部,该遗址发现的动物遗骸十分丰富,经鉴定有 61 个属、种。无脊椎动物仅有 3 种,脊椎动物有 58 种。其中尤以哺乳类的种类最多,占 34 个属、种,除个别外,大多是归大陆热带、亚热带喜湿性的森林—草地类型的物种。这里有鲤鱼、鲫鱼、鳡鱼、青鱼等淡水鱼类;有雁群、鸭群、鹤群、獐子、四不像等生活于芦苇沼泽地带的水鸟和动物;有栖息于山地林间灌木丛中的梅花鹿、水鹿、鹿等鹿类;有半树栖半岩栖的猕猴、红面猴;有生活在密林深处的虎、熊、象、犀等巨兽。这表明河姆渡遗址的地理环境是平原沼泽、丘陵、山地相交接的地区。在植物中,水稻遗存随处可在,这些被鉴定为人工栽培稻。此外,河姆渡遗址有葫芦、橡子、菱角、酸枣等,也有许多亚热带阔叶林树种,植物孢子分析表明当时的自然环境比现在更温暖、更湿润。[④]

新石器时代的自然环境与旧石器时代相比,气候较为稳定,绝大部分处于

---

① 王星光:《生态环境变迁与夏代的兴起探索》,北京:科学出版社,2004 年,第 45 页。

② 张光直:《古代中国考古学》,印群译,沈阳:辽宁教育出版社,2002 年,第 97~102 页。

③ 雷新华:《浅析半坡聚落的生态环境及整体布局》,《史前研究》2013 年第 0 期。

④ 吴汝祚:《宁绍地区史前时期的文化》,《浙江学刊》1994 年第 2 期。

仰韶温暖期内,气候条件优越。新石器时代虽然出现了原始农业,但是原始农业对环境的改变是较为轻微的,人类的活动只能影响到有限的区域,整体的生态环境仍然受到气候条件的支配。

第三节 青铜时代的环境

青铜时代初期依然延续了新石器时代的气候,公元前2070—前1600年左右的夏代依然处于仰韶温暖期,有关夏代的文献记载是很少的,夏代的生态环境主要依靠二里头文化遗址进行推测,二里头文化的重要遗址有河南省偃师的二里头文化遗址以及山西省夏县的东下冯遗址。通过遗址内的动物遗骨、工具以及植物的孢粉分析,可以推测夏朝统治核心区域的生态环境。

二里头文化经过考古学界多年研究,成果较多,对于二里头文化的分期,大多数学者认为应该分为四期,虽然对于第四期的性质仍然有所争议,但是通过四期的比较能够对环境尤其是气候的变迁有所反映。对于二里头文化每一期的环境,王星光利用各期样本对夏代中心地区的环境状况进行了还原。

距今约3 890—3 950年的二里头文化一期样品中,木本植物以松属为主,掺有栎属、桑属、桦属等。草本植物中水生香蒲、眼子菜和湿生的禾本科占优势,有一定的蒿属、藜科。蕨类植物有里白科、卷柏科,代表针叶落叶混交林草原植被,反映出该阶段植物繁盛,气候温凉湿润。另外,从有较丰富的动物标本并有象牙标本来看,当时的二里头都城周围应有茂密的森林。发现的生产工具中,骨、角、蚌类工具数量多于石器,表明猎获的动物数量较多,鱼蚌类资源丰富,河流湖泊在二里头遗址附近随处可见。这些也验证了当时温凉湿润气候的推测。通过分析,可以看到在二里头文化一期的时候,我国的气候仍然与新石器时代所处的仰韶温暖期气候相近,并没有发生明显的转变。[①]

距今约3 800年的二里头文化二期样品中,木本植物有松属、桦属、桑属、榆属、蔷薇科和麻黄科,但仅占孢粉总数的8.6%。草本植物占绝对优势是本期的显著特点,占总数的90%,有香蒲属、眼子菜科、禾本科、百合科等,其中禾本科和蒿属占有量很大。蕨类孢子仅占1.3%,有石松科、豆形孢,表明二期已由一期的温凉湿润型及温凉较干型气候转变为稀树草原植被为主的温干型气候。

距今约3 750年的二里头文化三期样品中,按照夏商周断代工程确立的纪

---

① 王星光:《生态环境变迁与夏代的兴起探索》,印群译,北京:科学出版社,2004年,第103页。

年,已是夏代末年与商代相交的时期。该期木本植物有松属、桦属、栎属、桑属、蔷薇科、忍冬科、麻黄科等,但所占比例仅为 7.6%。草本科植物却占孢粉总数 90.2% 的优势,其中有香蒲属、眼子菜科、禾本科、百合科、藜科、十字花科和数量庞大的蒿属,蕨类只有少量的石松科和豆形孢占 2.2%。表明这一时期是稀树草原的植被,气候转凉且较干。[①]

距今约 3 650 年二里头文化四期样品中,孢粉含量较前期低。木本植物仅有松属、桦属、栎属、桑属,占孢粉总数的 8.9%。水生草本植物中的香蒲属标本仅发现 1 粒,蕨类植物孢子也仅发现 1 粒,其他草本植物还有眼子菜科、禾本科、藜科、茄科、菊科、蒿属。与二里头文化三期相比,木本植物孢粉稍有增加,但并不很多,且孢粉总数较三期少,应是稀树草原植被、气候转凉且较干燥的环境状况的延续。这和历史文献中对夏代末年气候转为干燥并有旱灾的记载是吻合的。[②]

从总体来看,在二里头文化一期、二期代表的夏代的早、中期气候还保持着仰韶温暖期的基本特征,雨量虽比前段减少,但仍然比较充沛,在夏都周围还有不少的森林,呈现疏林草原的生态景观,气候已开始有凉干的迹象。夏代晚期的气候已由早期的温暖湿润、中期的由温湿向温干过渡,转变为有较明显的凉干气候迹象的特征。

通过王星光的研究可以看到,夏代正处于仰韶温暖期晚期的气候波动期,气候在几百年间发生了很大的变化。到了商代气候又重新恢复到了相对温暖湿润的状态。

西周的气候相比商代也发生明显的改变。周代伊始,气候仍然延续了商代的温暖湿润的情况,但是很快就发生了变化。《竹书纪年》记载周孝王时,长江一个大支流汉水,有两次结冰,发生于公元前 903 和公元前 897 年。《竹书纪年》又提到结冰之后,紧接着就是大旱,这就表示公元前第 10 世纪时期的寒冷。[③]

在动物多样性方面,西周相比商代也有所改变。商代以今安阳地区为中心的广大区域,广泛活动着野象和犀牛。在商代的卜辞中还经常出现有关猎象的记载,从卜辞的内容来看,殷人对猎象已经很有经验,知道猎取大象有一定的风险,对于猎象时的天气也进行了卜问,且野象成群活动,因此可以一次猎取

---

① 王星光:《生态环境变迁与夏代的兴起探索》,北京:科学出版社,2004 年,第 104 页。

② 王星光:《生态环境变迁与夏代的兴起探索》,北京:科学出版社,2004 年,第 105 页。

③ 竺可桢:《中国近五千年来气候变迁的初步研究》,《考古学报》1972 年第 1 期。

7 只。部分学者认为在商代都城附近,存在着数量可观的象群。西周以后,动物的情况发生了变化。大象及犀牛已经从殷墟及其周围地区向南迁徙。河南省淅川下王岗遗址出土的动物骨骼也证明了西周以后气候逐渐转寒。如在下王岗龙山文化层中出土的有龟科、狗、黑熊、虎、家猪、斑鹿、水鹿、轴鹿属、狍等动物骨骼;在商代文化层中出土有鲤属、鲶科、龟科、狗獾、野猪、麂斑鹿、水鹿、轴鹿属、苏门羚等动物骨骼;西周文化层中出土有狗、狗獾、獾、豹、野猪、家猪、斑鹿、黄牛等动物骨骼。可见,从龙山文化到商代的喜温和喜湿动物,如水鹿和轴鹿等,在西周已经不见,说明气候在商周之际趋于变冷。大象的南迁与人类的猎杀有一定程度的关系,但是主要原因还是气候的变化,寒冷的气候起了主要的推动作用。[1]

　　总体来说,青铜时期的生态环境变迁主要是受气候的影响,气候的转变对人类的活动以及动物活动产生了明显的影响。青铜器虽然出现,但是在农业方面的应用较为有限,所以农业对环境的影响极为有限,并且被限制在一定的范围内。

---

[1]　刘守强:《地理环境与西周时期的自然灾害》,《农业考古》2013 年第 1 期。

第六章　春秋战国时期的
环境变迁与环境观

　　春秋战国是我国历史上大分裂、大动荡的重要历史阶段,也是我国环境变迁的一个重要阶段。但总体而言,环境状况是相对较好的。[①] 我们所熟知的《诗经》中的诗句,如:"蒹葭苍苍,白露为霜","鸿雁于飞,集于中泽","振鹭于飞,于彼西雍","猗与漆沮,潜有多鱼。有鳣有鲔,鲦鲿鰋鲤","瞻彼淇奥,绿竹如箦"等,[②] 为我们描绘了一幅幅优美的环境画像。

第一节　春秋战国时期的环境状况与特征

　　竺可桢对我国 5000 年来的气候变迁进行的研究表明,春秋战国时期是我国历史上的第二次温暖期。这一时期气候温暖湿润,作物生长季节比现在短。《左传》提到山东鲁国过冬,冰房得不到冰,在公元前 698 年、公元前 590 年和公元前 545 年时尤其如此,此外,《左传》和《诗经》常常提到竹子、梅树这样的亚热带植物。[③] 在此气候背景下,这一时期的森林植被保持良好的状态,很多学者对此进行了研究。史念海对黄河中游地区的森林植被进行研究,他将西周春秋战国时期的森林分为前后两期:"前期显示出黄河中游森林最早的规模,到了后期,平原地区的森林绝大部分受到破坏,林区明显缩小"[④],他指出,西周春秋时期以关中平原的森林最为繁多。这里的冲积平原及河流两侧的阶地有不少的大片森林,因规模和树种的不同,而有平林、中林、棫林、桃林等名称。森林在这

---

① 余文涛、袁清林、毛文永:《中国的环境保护》,北京:科学出版社,1987 年,第 106 页。

② 李学勤主编:《十三经注疏·毛诗正义》,北京:北京大学出版社,1999 年,第 422、662、1324、1322 页。

③ 竺可桢:《中国近五千年来气候变迁的初步研究》,《考古学报》1972 年第 1 期。

④ 史念海:《河山集(二集)》,北京:生活·读书·新知三联书店,1981 年,第 233 页。

一时期有生长繁育,也有破坏。[①] 总体而言,这一时期森林资源的状况在一定程度上受到人类活动的影响。凌大燮对我国古代的森林资源变迁进行研究,认为到春秋战国时期的陕西泾、渭流域,山西汾河流域以及直鲁豫广大平原,已是阡陌纵横。由于人类滋生繁衍,平原树木基本消灭,近山森林亦渐稀少,但整个太行山脉、沂蒙山和胶东丘陵还都是针阔叶树原始森林,阴山、秦岭、熊耳、伏牛、六盘、祁连诸山的原始林受人类活动影响较小,仍保留完好。[②] 朱士光指出,西周时期,整个黄土高原的天然植被由南向北分布有森林、草原和荒漠三个地带。黄土高原东南部的渭河、汾河、伊洛河下游诸平原及一些山地为森林地带,黄土高原西北部为草原。当然,森林地带中夹有若干草原,而草原地带中也间有森林茂盛的山地。平原地区的森林十分茂盛,黄土丘陵、塬地以及土石山地上的森林和草原也十分繁茂。平原地区,自西周时期开始,随着人们耕垦拓殖的扩大,特别是关中与晋西南、豫西北等地长期为王畿所在,农业生产较发达,至少到魏晋北朝时期,平原地区的森林已经被砍伐殆尽。[③] 可见,春秋战国时期是黄土高原平原区生态环境变化的关键阶段,人类农业拓展对平原区森林植被影响开始逐步显现。

在温暖气候的影响下,春秋战国时期植被种类极其繁多,从《诗经》的记载可知,当时的植物有荇菜、葛、卷耳、苤苢、蘩、蕨、薇、苹、藻、梅、棠棣、朴樕、瓠、荼、荑、榛、苓、麦、荍、桑、梅、栗、椅、桐、梓、漆、竹、桧、松、杞、芄兰、扶苏、荷、游龙、麻等几十种,包括野菜、高树、灌木等水生、陆生多个种类。丰富的森林资源,品种繁多的植被,为动物的生长繁衍提供了条件,因此当时的动物种类丰富、数量繁多。当前在甲骨文中已经识别出的、涉及动物名称的有 70 余字,代表了 30 余种动物,例如哺乳类陆地动物有象、虎、鹿、麇、兕、狼、狈、狐、兔、猴、獾等,水陆两栖或水生动物有蛇、龟、鱼、鼋、鼍等,飞禽类有雀、鸡、雉、燕、鸟、鹬等,家养和驯化的动物有牛、马、羊、豕、犬等,以及被神化的动物龙、凤等。[④] 其中不乏一些大型动物和珍稀动物,比如大象,一种喜热畏冷的大型动物,今天在我国的分布限于滇南的盈江县、沧源佤族自治县、西盟佤族自治县、景洪县、勐腊县五

---

① 史念海:《河山集(二集)》,北京:生活·读书·新知三联书店,1981 年,第 237~243 页。

② 凌大燮:《我国森林资源的变迁》,《中国农史》1983 年第 2 期。

③ 朱士光:《试论我国黄土高原历史时期森林变迁及其对生态环境的影响》,苗长虹主编:《黄河文明与可持续发展》第 7 辑,郑州:河南大学出版社,2014 年,第 91~92 页。

④ 樊宝敏:《先秦时期的森林资源与生态环境》,《学术研究》2007 年第 12 期。

县以南的部分地区。[①] 在夏商时期大象以黄流流域为分布的最北区域[②]，后逐渐南移，至春秋战国时期大象的分布则以淮河下游干流近海一带以北，秦岭为北界，以淮河下游干流近海南北地区为最北地区。[③] 当时大象的存在亦可在文献中找寻，如《诗经·鲁颂·泮水》记载："憬彼淮夷，来献其琛，元龟象齿，大赂南金。"[④] 淮夷是位于江淮之间的小国，献大龟和象牙来表诚心。除大象外，文献中还记载了很多其他动物，如鹿："野有死麕……野有死鹿"，"呦呦鹿鸣"；鼠："相鼠有皮……相鼠有齿……相鼠有体"；狐狸："有狐绥绥"；蟋蟀："蟋蟀在堂"；黄雀："交交黄鸟，止于棘"；鹈鹕："维鹈在梁"；扬子鳄："鼍鼓逢逢"等。[⑤]

　　除直接的文献记载外，另一反映动物生态状况的重要佐证便是狩猎，《诗经》中大量记载了周人的狩猎活动。其中多首诗均涉及狩猎，如赞美英姿威武猎人的《国风·周南·兔罝》："肃肃兔罝，椓之丁丁。赳赳武夫，公侯干城。肃肃兔罝，施于中逵。赳赳武夫，公侯好仇。肃肃兔罝，施于中林。赳赳武夫，公侯腹心"；猎人以猎获的鹿赠给心仪的少女，如《国风·召南·野有死麕》："野有死麕，白茅包之。有女怀春，吉士诱之。林有朴樕，野有死鹿。白茅纯束，有女如玉。舒而脱脱兮，无感我帨兮，无使尨也吠"；《国风·郑风·大叔于田》则更为直接地描绘打猎的生动场景："叔于田，乘乘马。执辔如组，两骖如舞。叔在薮，火烈具举。袒裼暴虎，献于公所。将叔勿狃，戒其伤女……"猎者不仅擅长御马和射箭，还赤膊上阵与猛虎搏斗。[⑥] 除平民的狩猎活动外，王室也有大规模的田猎活动，如《雅·小雅·吉日》描写的便是周王田猎："吉日庚午，既差我马。兽之所同，麀鹿麌麌。漆沮之从，天子之所。瞻彼中原，其祁孔有。儦儦俟俟，或群或友。悉率左右，以燕天子。"准备好田猎的马车，寻找野兽的聚集地，等周王大显身手。[⑦] 无论是普通民众日常生活中的打猎，还是王室贵族大规

---

　　① 文焕然、文榕生：《再探历史时期中国野象的变迁》，《西南师范大学学报》（自然科学版），1990 年第 2 期。

　　② 张洁：《中国境内亚洲象分布及变迁的社会因素研究》，陕西师范大学博士学位论文，2014年，第 15 页。

　　③ 文焕然：《再探历史时期的中国野象分布》，《思想战线》1990 年第 5 期。

　　④ 程俊英译注：《诗经译注》，上海：上海古籍出版社，1985 年，第 662 页。

　　⑤ 程俊英译注：《诗经译注》，上海：上海古籍出版社，1985 年，第 36~37、286、91~92、117、227、197、259、517 页。

　　⑥ 程俊英译注：《诗经译注》，上海：上海古籍出版社，1985 年，第 13、36~37、142~143 页。

　　⑦ 程俊英译注：《诗经译注》，上海：上海古籍出版社，1985 年，第 336~337 页。

模的田猎活动,都足以说明当时的动物生态状况良好,可以猎到野猪、野牛、狐狸等。

春秋战国时期生态环境总体上保持良好,但也受到一定程度的破坏。史念海指出西周春秋战国时期的森林破坏,以平原地区最为明显,他将西周春秋战国时期分为前后两期,后期为战国时期。战国时期随着农业地区的扩大,现在河南西部的伊洛河下游、太行山南的沁阳盆地和山西西南部的汾涑流域的平原地区,都已基本没有森林了。[①]樊宝敏提及黄河中下游地区一直是人类活动的中心,这里的森林遭受的破坏最严重。到战国时,有些地区甚至出现濯濯荒山。[②]牛山便是典型案例之一。《孟子》记载:"牛山之木尝美矣,以其郊于大国也,斧斤伐之,可以为美乎? 是其日夜之所息,雨露之所润,非无萌蘖之生焉,牛羊又从而牧之,是以若彼濯濯也。"[③]牛山位于国都郊外,以前树木很茂盛,但人们常去砍伐和放牧,使其一步步沦为了"濯濯"秃山。

春秋战国时期是我国历史上生态环境变迁的一个重要阶段,这一时期气候温暖湿润,有大量的喜热动植物分布,且动植物种类繁多,但随着铁犁牛耕的产生与推广,人类适应自然的能力增强,逐渐导致人为主导下的生态环境失衡,水旱等自然灾害开始增多。

第二节　春秋战国时期生态环境演变的驱动因素

公元前 1046 年,西周建立,王室统治区域迅速扩展到黄河中下游甚至更远的地区,远远超出商代晚期的疆域。在政治结构上,西周有很大变化。西周通过在东部疆域的战略地区封邦建国来确立统治,或给当地人指派新的统治者,而新的统治者是从周王室或盟友中产生的;或通过承认当地领袖的统治地位来封邦建国。这样就产生了一种双重君主制,即在周王室的庇护下,自治(实际上独立)的各地诸侯在其领地内享有至高无上的权力。[④]这种因政治结构变化影响民众生产生活而带来的环境变迁,成为解释该时期人与环境互动驱动因素的重要内容。公元前 771 年,犬戎逼迫周王室东迁,政治上,周王室对诸侯控制减弱,

①　史念海:《河山集(三集)》,北京:人民出版社,1988 年,第 136~140 页。

②　樊宝敏:《先秦时期的森林资源与生态环境》,《学术研究》2007 年第 12 期。

③　杨伯峻译注:《孟子译注》,北京:中华书局,2012 年,第 263 页。

④　[以色列]尤锐:《展望永恒帝国:战国时代的中国政治思想》,孙英刚译、王宇校,上海:上海古籍出版社,2018 年,第 22~23 页。

诸侯国之间的战争、争夺此起彼伏,历史上将这段历史称为春秋时期,最具代表性的为春秋时期先后称霸的五国:齐国、晋国、楚国、吴国、越国。公元前453年,韩、赵、魏三家分晋,进入战国时期。春秋时期是争霸,而战国时期则是兼并。诸侯国之间的争夺与战争越来越频繁。从公元前750年到公元前221年秦统一前,我国处于从列国混战体系向大一统农业国的转型期。在这500余年间,有记录的战争达1 000余次,其中大部分发生在后半段,即战国时期。[①]各诸侯国对支撑战争的物资储备需求越来越大,政治结构影响的社会关系,并左右着春秋战国数个世纪的人与环境互动的程度与烈度。

　　人类需要能量来生存,一个群体所汲取的能量超过自身生存和再生产需要越多,它能支配的力量也就越大。在使用化石燃料前,绝大部分的能量来源只有一个途径:植物吸收并转换太阳能,再被人类或动物食用并吸收,农业就是人类集中获取作物中所积累太阳能的主要方式,扩张农业就是扩大能量供给。[②]农业产量的提高促使人口显著增加,而战争的规模及其破坏程度也随之扩大,有时投入的军队人数超过10万人之众。由于各诸侯国之间的争夺与兼并,春秋战国时期,各诸侯国在拓展农业、鼓励农业生产以获得最大赋税收入上采取一系列措施,在田制、赋税等方面都进行了大量改革。

　　农业耕作首先涉及田制问题。在春秋时期,土地大部分在国君和贵族手里,平民没有土地,只是替贵族耕田,土地上的收入归田主所有。具体而言,天子将土地分封给诸侯,诸侯把土地分封给卿大夫,卿大夫把土地分封给他的子孙和家臣,士以上为有土地的贵族,庶人为无土地的农奴。当时实行的是"井田制"土地所有制形态,在《诗经》《周礼》《孟子》等古籍中都有体现。井田制的中心内容是公田的存在和土地的分配,而随着诸侯国之间的争斗越来越频繁,对提升生产力的渴求也越来越迫切,生产力的发展使私田增多,土地的买卖兼并成为可能,并最终导致井田制的破溃。为适应这一变化并在战争中占据优势地位,各诸侯国纷纷进行土地制度与赋税改革,发展农业生产,以谋求富国强兵。齐国管仲改革,实行"相地而衰征",以土地多少和土质好坏作为征收赋税的标准;春秋末年晋国六卿进行政治、经济、文化等方面的改革,废弃原有的井田制,不同程度地放宽了田亩制度,分别采用了不同税率的实行按亩征税制度。

---

　　① ［美］马立博:《中国环境史:从史前到现代》,关永强、高丽洁译,北京:中国人民大学出版社,2015年,第89页。

　　② ［美］马立博:《中国环境史:从史前到现代》,关永强、高丽洁译,北京:中国人民大学出版社,2015年,第72页。

鲁国推行"初税亩"制度,无论公田、私田一律按田亩征税,这实际上肯定了私有土地的存在。各国逐渐废除了"公田"上的"助法",改为按亩征税制度,于是田亩的租税成为君主政权的主要财源,小农经济成为君主政权的立国基础。[①]秦国商鞅变法"废井田,开阡陌",土地私有制得以确立。农人由早期的农奴变为自耕农,可以比较自由地安排生产和生活,提高了人们的劳动积极性,刺激了私有土地的开发,而铁犁牛耕又为土地的开发创造了条件,这就使得大量土地被开垦出来。耕地增多,相应的,其他类型的土地减少,尤其是林地、草地等,当然也埋下了水土流失的隐患,损害了动物的栖息地,给生态环境造成了一定的破坏。

在战争与农业垦殖中,铁的发明与运用具有革命性的意义。研究显示,春秋后期铁已经在兵器、礼器及部分农具上使用,但并不占主流,青铜仍是主要材料。但进入战国时期,铁的使用则进一步普遍化:"战国早期的铁器,数量、器类、出土地点,都有增加,……在出土的全部铁器中,战国中晚期的铁器占了绝大部分。""从其器类看,有生活工具、武器装备和生活用器等,其中以生产工具为大宗。农业生产工具有犁铧、镬、铲、锸、镰、锄、耙和掐刀(即爪镰),手工业工具有斧、斤、锛、凿、刀、削、锉、锤、锥、钻、针,武器和装备有剑、戟、矛、镞、匕首、甲胄,生活和日用器具有鼎、盘、炭盆、杯、环、杖和带钩,此外,还有用作棺钉和刑具的,等等。铁器,到战国时期已经深入到社会生产和生活的各个领域。"[②]特别是铁越来越多地在生产工具范围内使用,便利了人们砍伐树木、兴修水利、开垦荒地和深耕细作。

传统时期人与自然环境互动的最集中体现即为农业开发,随着农耕技术与农具技术的进步,人类在改造自然环境以获得更多农业产出的能力越来越强。铁农具在农业生产上的普遍使用,使得耕作技术飞跃地进步,更多荒地得以开垦,而且由于深耕技术的改进,土地的亩产量也有提升,战国时期"百亩之田"在纳税后可以养活五口至八口之家,这进一步刺激了人口的增长。

此外,青铜器的持续运用与铁器的广泛使用,需要消耗大量的铜和铁,这就使得铜矿和铁矿的开采活动越发频繁。一方面,无论是铜矿的开采,还是铁矿的开采,都需要清理地表,进行挖掘,这对自然生态本身就是一种破坏;另一方面,青铜和铁器冶炼,需要燃烧大量的木材,这就需要不断地砍伐森林以供应燃

---

① 杨宽:《战国史》,上海:上海人民出版社,2003年,第4~5页。
② 雷从云:《三十年来春秋战国铁器发现述略》,《中国历史博物馆馆刊》1980年第2期。

料,使春秋战国时期的自然生态遭到一定程度的破坏。

在农耕技术改进的同时,水利灌溉技术的进步再次提升了人类改造环境的能力。春秋时期,各诸侯国已经开始在重要河流沿岸修筑堤防,用水前提是要能治水,而堤防是人类向改造水流环境迈出的关键一步。当时在黄河流域各诸侯国都修筑了比较长的堤坝,以阻止黄河的泛滥。人类对水的利用逐步经历了从惧怕、被动防御到主动改造的转变。春秋后期及战国时期,人类开始在各地进行各种水利工程的修筑,诸如开凿运河、修筑渠坝等。如公元前 486 年,吴国在邗(今江苏扬州西北)筑城,在长江淮河间开凿运河,称邗沟,从今扬州向东北穿凿到射阳湖,再经射阳湖到末口入淮。这是运河最早开凿的一段。公元前 482 年,吴国从淮河继续开出一条运河通到宋鲁两国间,北面通沂水,西面通济水,沟通了济水和泗水,泗水下流注淮水。春秋晚期,人们就已将长江水系和黄河水系连接了起来。春秋时期运河开凿始于争霸,但也便利了交通和农业灌溉。到战国时期,各诸侯国开始专为农业灌溉而开凿运河,魏国西门豹在邺城(今河北省临漳县香菜营乡邺镇)为县令时,引"漳水灌邺"的水利工程,开了 12 条渠,使大片盐碱地成为良田,成为土壤改良的典范。公元前 360 年,魏国在黄河、圃田(大湖,位于今河南中牟县西)间开凿了一条大沟,使黄河之水流入圃田,又从圃田开凿运河。公元前 339 年,魏国又从大梁的北部开凿运河引圃田水,是鸿沟最早开凿的一端。鸿沟是战国时期陆续开凿的,是当时中原大规模水利工程,鸿沟的主干从今河南荥阳以北和济水一起分黄河水东流,经过魏都大梁折向东流,在近沈丘附近注入颍水,颍水下注淮河。除中原以外,关中、巴蜀地区也都有比较大型的水利工程修建。战国时期关中地区最著名的水利工程为郑国渠,韩国水工郑国主持修筑的水利工程,本为疲秦之策,却使秦国更为强盛。郑国渠从今陕西泾阳西北的仲山引泾水向西到瓠口作为渠口,利用地形,沿北山南麓引水,经三原、富平等县,汇聚众多纵流小河,在今大荔东南注入洛水。郑国渠全长 300 余里,灌溉农田 4 万余顷。巴蜀地区则以都江堰水利工程最为典型,秦国郡守李冰主持,在今灌县西的岷江中开凿了与虎头山相连的离堆,在离堆上修筑了分水堤,将岷江分为内外两支,并筑有水门调节两江水量。都江堰水利工程既保障了成都平原免受水患,也为农田提供灌溉水源,使成都平原成为"天府之国"[①]水利工程提升了人类利用水的能力,并提升了水的社会经济效能,也推动了地区社会经济发展,促进人口的增长,而这些都在触动环境变迁的巨

---

① 杨宽:《战国史》,上海:上海人民出版社,2003 年,第 57~65 页。

大齿轮。

　　田制、农耕技术、水利工程等诸多方面的变革与进步,在春秋战国时期,都是为满足诸国之间的争霸与兼并之战奠定物质基础,而战争在消耗物资和个体生命之余,也直接冲击与人类并存的自然环境。战争对生态环境的影响首要表现为自然资源的消耗,春秋战国时期仍处于冷兵器时代,春秋为铜兵器,战国及以后为铁兵器,铜铁兵器的冶铸需要消耗大量木材燃料,再加上战车铸造的需要,大量森林被砍伐。[①] 大规模的军队转移、作战,需要大量的物资供应、作战使用的马匹等,这些无一不是庞大的资源消耗。除必需的资源消耗外,或是补充物资,或是阻断敌方的物资供应,或是防止资源落入敌军之手等因素,常对森林等资源进行大规模的砍伐、烧毁。如"秦(十)〔七〕攻魏,五入(国)〔圉〕中,边城尽拔,文台堕,垂都焚,林木伐……"[②] 在秦国多次攻打魏国的过程中,魏国的林木被砍伐殆尽。"赵武、韩起以上军围卢,弗克。十二月戊戌,及秦周,伐雍门之萩……刘难、士弱率诸侯之师焚申池之竹木。"[③] 砍伐雍门的萩木,并放火烧毁申池的竹子和树木,无疑是对当地自然资源的毁灭性损害。战乱打破生态平衡,损害动物及人类的生存环境。战争使大量森林植被被砍伐烧毁,陆生生物失去了栖息地,无法生存。在战术上,经常会用到水攻,导致局部区域生态环境恶化。《战国策》记载"决晋水以灌晋阳,城不沈者三板耳"[④],决开晋水来淹晋阳。《左传》中有"吴子怒。冬十二月,吴子执钟吾子。遂伐徐,防山以水之"[⑤],吴国在进攻徐国时,采取的策略是在山中筑堤坝蓄水,再将水灌入徐国。

　　战争也影响着当时的畜牧业。春秋战国时期的动物资源是比较丰富的,但消耗也非常大,主要用于祭祀、殉葬、王室田猎、牛耕、交通出行等,因战事频繁,牲畜也被大量用于军事作战。随着战争方式的改变,步骑兵的野战和包围战代替了布阵作战,骑兵的作用越来越大,进一步刺激养马业的发展,形成了春秋战国时期各国相马、养马、驯马的丰富知识,这也改变着传统畜牧业的结构与生态平衡关系。

　　此外,人类生活活动同样对自然生态有着重要影响。人类的生活活动主要

① 《中国军事史》编写组:《中国军事史》第 1 卷,北京:解放军出版社,1983 年,第 15 页。
② 缪文远校注:《战国策新校注》,成都:巴蜀书社,1987 年,第 762 页。
③ 李维琦等注:《左传》,长沙:岳麓书社,2001 年,第 403 页。
④ 缪文远校注:《战国策新校注》,成都:巴蜀书社,1987 年,第 192 页。
⑤ 李维琦等注:《左传》,长沙:岳麓书社,2001 年,第 646 页。

包括衣食住行,无论是哪一方面都需要从大自然中获取资源。首先,服饰方面,主要为葛制品,后随着丝纺业的发展,葛制品逐渐成为平民所穿之物,奴隶主贵族多穿丝、裘制品。[①] 葛、丝织品的流行、普及和当时的葛麻、桑蚕种植面积的扩大及纺织技艺的提高有关,利于形成稳定的"男耕女织"的社会状态。而裘制品为动物毛皮制作,毛皮来源有两种,狩猎的野兽和家养动物,其中狩猎来的最多为狐。[②] 狐裘、羔裘等词也在文献中反复出现,在《诗经》中就有 3 篇以《羔裘》为题,分别是《郑风·羔裘》"羔裘如濡""羔裘豹饰""羔裘晏兮";《唐风·羔裘》"羔裘豹祛""羔裘豹褒";《桧风·羔裘》"羔裘逍遥""羔裘翱翔""羔裘如膏"。[③] 其次,以猎到的野物为食亦为常见,如"将翱将翔,弋凫与雁。弋言加之,与子宜之",男子要外出打猎并将猎获的野味给妻子品尝;"徒御不惊,大庖不盈""发彼小豝,殪此大兕。以御宾客,且以酌醴"以野味招待宾客。[④] 最后,在房屋建造和生活燃料等方面会消耗大量木材。木材是民众便于获取的建筑材料,因此在民间和王室宫殿建筑上广泛使用,如《诗经》记载"温其如玉,在其板屋"[⑤]。人们在日常生活中多以木材为燃料,《礼记》记载"季秋之月……是月也,草木黄落,乃伐薪为炭",在草枯叶落的季秋九月开始砍伐树木烧制成炭;"季冬之月……乃命四监收秩薪柴,以共郊庙及百祀之薪燎",在季冬十二月征收薪柴用作祭祀的燃料。[⑥] 无论是薪柴还是木炭,都要砍伐森林,长期消耗和砍伐森林必然给生态环境造成破坏。

总体而言,春秋战国时期随着人口不断增长,社会需求日益扩大,尤其是在列国争雄称霸、杀伐兼并的政治形势下,鼓励农耕、增强国力成为各诸侯国的主要国策,大规模地垦辟森林、草地,拓殖农田成为经济发展的主流,野生动植物资源耗减加速,采集捕猎经济进一步衰微。社会经济朝着"农本"方向迅速发展,会暂时性地造成一些不利影响,随着农业垦殖在原野、丘陵地带大举扩张并迅速排挤采集狩猎,尚未开垦的山麓湖泽便成为野生动植物生息繁育的剩余空间。而山林川泽还是御灾救荒的重要生态屏障,是逢灾歉收年景的"生态缓冲带"。山林川泽资源的减耗,无疑使人类失去抗御灾荒的

---

① 吴爱琴:《先秦服饰制度形成研究》,河南大学博士学位论文,2013 年,第 116 页。
② 吴爱琴:《先秦服饰制度形成研究》,河南大学博士学位论文,2013 年,第 124 页。
③ 程俊英译注:《诗经译注》,上海:上海古籍出版社,1985 年,第 146~147、208、251~252 页。
④ 程俊英译注:《诗经译注》,上海:上海古籍出版社,1985 年,第 149、333~334、336~337 页。
⑤ 程俊英译注:《诗经译注》,上海:上海古籍出版社,1985 年,第 221 页。
⑥ 王文锦译解:《礼记译解》,北京:中华书局,2001 年,第 224~225、234~235 页。

一道自然屏障。① 战国以后,我国古代环境变迁一直是农业垦殖不断挤占山林川泽。所以,春秋战国时期是我国古代经济活动与环境变迁的重要转折时期。

第三节　观念与认知:春秋战国时期的环境观

春秋晚期到战国,是人们所熟知的"百家争鸣"的伟大时代。诸子百家的涌现,使思想文化面貌为之一新。这个时代可与西方历史上的古典希腊媲美,在科学、哲学、历史、艺术、文学等各方面都出现了杰出的人才,取得了丰硕的成果,② 出现了诸多对人与自然关系认知与解释的思想与著作。

要了解春秋战国时期人们对所生活的外部环境的认知,《月令》是其中的重要材料。战国后期,阴阳家为国家管理制定了行政月历,分月记载了气候和生物、农作物生长的关系,并根据阴阳五行说来解释四季运行和万物的变化。如春季是草木萌芽和生长季节,气候温和,属于木德。因为木生火,所以春季就转变为夏季。夏季是万物生长旺盛季节,气候炎热,属于火德。因为火生土,所以夏季和秋季之间属于土德。因为土生金,接着就是秋季。秋季是万物开始凋零的季节,有肃杀之气,对生物有杀伤作用,正如金属兵器和刑具对人具有杀伤作用一样,因而秋季属于金德。因为金生水,所以秋季就转变为冬季。冬季是万物隐蔽蓄藏的季节,气候寒冷,正如水藏于地下和水性寒冰一样,因而冬季是水德。《月令》记载有比较丰富的物候观察,观察气候变化与草木生长、动物活动之间的关系,如孟春之月,"东风解冻,蛰虫始振,鱼上冰,獭祭鱼,候雁北"。按照四季气候和生物的变化,国家规定了农业和手工业生产活动的程序,不可违背时令,这在一定程度上维持了当时生态系统的内在平衡,规定:春季禁止伐木,禁止焚烧森林,不准杀害刚出生的鸟兽,不准竭泽而渔等;夏季禁止大兴土木,不准砍伐大树等;秋季准备收割、打猎等;冬季修理农具,收藏谷物等。③ 具体而言,在春季的首月(正月),即孟春"天气下降,地气上腾,天地和同,草木萌

---

① 王利华:《经济转型时期的资源危机与社会对策——对先秦山林川泽资源保护的重新评说》,《清华大学学报》(哲学社会科学版)2011 年第 3 期。

② 李学勤:《东周与秦代文明》,上海:上海人民出版社,2007 年,第 8 页。

③ 杨宽:《战国史》,上海:上海人民出版社,2003 年,第 580~581 页。

动"[①],此时祭祀山林不要使用雌性动物,禁止砍伐树木,不要拆毁鸟窝,杀害幼虫、幼鸟、幼兽、怀孕的动物等,即"命祀山林川泽,牺牲毋用牝。禁止伐木。毋覆巢,毋杀孩虫、胎、夭、飞鸟,毋麛,毋卵"[②];仲春(二月)时节,不准在河流、湖泊、池塘捕鱼,不准焚烧山林,"毋竭川泽,毋漉陂池,毋焚山林"[③];季春之月(三月),禁止人们砍伐桑柘,"是月也,命野虞毋伐桑柘"[④];孟夏之月(四月)植物都在继续生长,不能有毁坏的行为,"是月也,继长增高,毋有坏堕,毋起土功,毋发大众,毋伐大树"[⑤];仲夏之月(五月),南方阳气盛,天热,"毋用火南方"[⑥];季夏之月(六月),树木长得正茂盛,命掌管山林的虞人进山巡查树木,禁止砍伐,"树木方盛,乃命虞人入山行木,毋有斩伐"[⑦];孟秋之月(七月),"凉风至、白露降,寒蝉鸣,鹰乃祭鸟,用始行戮","是月也,农乃登谷。天子尝新,先荐寝庙。"于是"命百官始收敛,完隄防,谨壅塞,以备水潦"[⑧];仲秋之月(八月),"是月也,可以筑城郭,建都邑,穿窦窖,脩囷仓。乃命有司趣民收敛,务畜菜,多积聚。乃劝种麦,毋或失时。其有失时,行罪无疑"[⑨];季秋之月(九月),"是月也,霜始降,则百工休",草木的叶子枯黄凋落,可以砍伐树木以制木炭,"是月也,草木黄落,

①　孙希旦:《礼记集解》卷十五《月令第六之一》,沈啸寰、王星贤点校,北京:中华书局,1989年,第 417 页。

②　孙希旦:《礼记集解》卷十五《月令第六之一》,沈啸寰、王星贤点校,北京:中华书局,1989年,第 418~419 页。

③　孙希旦:《礼记集解》卷十五《月令第六之一》,沈啸寰、王星贤点校,北京:中华书局,1989年,第 427 页。

④　孙希旦:《礼记集解》卷十五《月令第六之一》,沈啸寰、王星贤点校,北京:中华书局,1989年,第 433 页。

⑤　孙希旦:《礼记集解》卷十五《月令第六之二》,沈啸寰、王星贤点校,北京:中华书局,1989年,第 444 页。

⑥　孙希旦:《礼记集解》卷十五《月令第六之二》,沈啸寰、王星贤点校,北京:中华书局,1989年,第 454 页。

⑦　孙希旦:《礼记集解》卷十五《月令第六之二》,沈啸寰、王星贤点校,北京:中华书局,1989年,第 458 页。

⑧　孙希旦:《礼记集解》卷十五《月令第六之三》,沈啸寰、王星贤点校,北京:中华书局,1989年,第 469 页。

⑨　孙希旦:《礼记集解》卷十五《月令第六之三》,沈啸寰、王星贤点校,北京:中华书局,1989年,第 474~475 页。

乃伐薪为炭"①;孟冬之月(十月),天气转寒,"水始冰,地始冻,雉入大水为蜃,虹藏不见"②,天子要祭祀先祖,让农民休息,"天子乃祈来年于天宗,大割祠于公社及门闾,腊先祖五祀,劳农以休息之"③;仲冬之月(十一月),气候变得更加寒冷,"冰益壮,地始坼,鹖旦不鸣,虎始交"④,农民要懂得收藏食物,"农有不收藏积聚者,牛马畜兽有放佚者,取之不诘"⑤;季冬之月(十二月),可以开始打鱼,"是月也,命渔师始渔。天子亲往,乃尝鱼,先荐寝庙",农民要准备下一年的耕种工作,"令告民出五种,命农计耦耕事,修耒耜,具田器。"⑥

月令是基于发现大自然生态规律而总结出来的人与自然相处之道,古人认为违背此道便会带来"灾难",如"孟春行夏令,则雨水不时,草木蚤落,国时有恐;行秋令,则其民大疫,猋风暴雨总至,藜莠蓬蒿并兴;行冬令,则水潦为败,雪霜大挚,首种不入"⑦。在正月里颁行夏季的政令,就会有风雨不时、草木早落的灾情;颁行秋季的政令,人间就会发生瘟疫、旋风暴雨;颁行冬天的政令,就要洪水泛滥成灾等。这种规训人的节令安排,其实是基于自然生态循环系统认知而形成的人类知识体系,具有朴素的生态价值。

春秋战国时期的古人对自然资源的合理开发与限度的把握有很好的认知,比如《吕氏春秋·孝行览·义赏》提及"竭泽而渔,岂不多鱼,而明年无鱼;焚薮而田(田猎),岂不多得,而明年无兽"。再如《荀子·王制》载:"斩伐养长不失其时,故山林不童,而百姓有余材也。"《逸周书·文传》言:"山林非时不升斤斧,以成草木之长;川泽非时不入网罟,以成鱼鳖之长;不麛不卵,以成鸟兽

---

① 孙希旦:《礼记集解》卷十五《月令第六之三》,沈啸寰、王星贤点校,北京:中华书局,1989年,第479、482页。

② 孙希旦:《礼记集解》卷十五《月令第六之三》,沈啸寰、王星贤点校,北京:中华书局,1989年,第486页。

③ 孙希旦:《礼记集解》卷十五《月令第六之三》,沈啸寰、王星贤点校,北京:中华书局,1989年,第490页。

④ 孙希旦:《礼记集解》卷十五《月令第六之三》,沈啸寰、王星贤点校,北京:中华书局,1989年,第493页。

⑤ 孙希旦:《礼记集解》卷十五《月令第六之三》,沈啸寰、王星贤点校,北京:中华书局,1989年,第496页。

⑥ 孙希旦:《礼记集解》卷十五《月令第六之三》,沈啸寰、王星贤点校,北京:中华书局,1989年,第501、502页。

⑦ 孙希旦:《礼记集解》卷十五《月令第六之一》,沈啸寰、王星贤点校,北京:中华书局,1989年,第420~421页。

之长。"① 并且设置了大量官吏,制定政策和规定,以管理生物资源。②《周礼》明确记载了管理山川资源的官员等级:"山虞,每大山中士四人,下士八人,府二人,史四人,胥八人,徒八十人;中山下士六人,史二人,胥六人,徒六十人;小山下士二人,史一人,徒二十人。林衡,每大林麓下士十有二人,史四人,胥十有二人,徒百有二十人;中林麓如中山之虞,小林麓如小山之虞。川衡,每大川下士十有二人,史四人,胥十有二人,徒百有二十人;中川下士六人,史二人,胥六人,徒六十人;小川下士二人,史一人,徒二十人。泽虞,每大泽、大薮中士四人,下士八人,府二人,史四人,胥八人,徒八十人。中泽、中薮如中川之衡,小泽小薮如小川之衡。"③ 虞即机构,又是官衔名称,根据分工不同,虞又有山虞、林衡、川衡、泽虞之分,还有麓人等。④ 山虞是掌管山林的官员,"掌山林之政令,物为之厉,而为之守禁"⑤,负责掌管有关山林的政令,为山中各种物产设置藩界,并为守护山林,设立禁令。林衡是掌管平地及山麓之林的官员,"掌巡林麓之禁令,而平其守,以时计林麓而赏罚之"⑥,巡视平地和山脚的树木,合理安排守林民众,按时核计并赏罚。川衡是掌管河流的官员,"掌巡川泽之禁令,而平其守,以时舍其守,犯禁者执而诛罚之"⑦,巡视川泽,合理安排守护川泽民众,若有违反禁令则捕之惩罚。泽虞是掌管湖泊、沼泽的官员,"掌国泽之禁令,为之厉禁,使其地之人守其财物,以时入之于玉府,颁其余于万民"⑧,负责王国湖泊、沼泽的有关政令,设置藩界和禁令,使当地民众守护湖泽,按时缴纳皮角珠贝等。除山虞、川衡、泽虞外,还有负责掌管王国田猎的迹人,掌管矿藏的矿人,掌征葛草和麻类的掌葛,掌征收染草和灰、炭的掌染草和掌炭等。因此,国家层面对资源的管理是比较系统的。

春秋战国时期古人在资源利用与保护上确有值得称道之处,具体表现在:其一,当时的思想家认识到经济生产是与一定资源条件相适应的,人口—资源

① 黄怀信:《逸周书校补注译》,西安:三秦出版社,2006 年,第 113 页。
② 夏武平、夏经林:《先秦时代对野生生物资源的管理及其生态学的认识》,《生态学报》1985 年第 2 期。
③ 杨天宇:《周礼译注》,上海:上海古籍出版社,2004 年,第 140~141 页。
④ 余文涛、袁清林、毛文永:《中国的环境保护》,北京:科学出版社,1987 年,第 16 页。
⑤ 杨天宇:《周礼译注》,上海:上海古籍出版社,2004 年,第 243 页。
⑥ 杨天宇:《周礼译注》,上海:上海古籍出版社,2004 年,第 244~245 页。
⑦ 杨天宇:《周礼译注》,上海:上海古籍出版社,2004 年,第 245 页。
⑧ 杨天宇:《周礼译注》,上海:上海古籍出版社,2004 年,第 246 页。

关系的变化导致生产方式的改变,经济类型、生活方式乃至国家治理与自然资源变化之间存在着密切的联系。其二,他们认识到山林川泽资源并非取之不尽、用之不竭,因此主张采捕有时、取用有度和节制消费,以使各种生物得以顺利长养,比如孟子就常常对资源利用不加节制特别是统治者奢靡、无度和广设苑囿提出批评,强调把握采捕时宜和节制采捕强度的重要性,"不违农时,谷不可胜食也。数罟不入污池,鱼鳖不可胜食也。斧斤以时入山林,树木不可胜用也。谷与鱼鳖不可胜食,树木不可胜用,是使民养生丧死无憾也。养生丧死无憾,王道之始也。"[①]其三,他们把合理利用和积极保护山林川泽资源提升到政治高度进行论述,甚至主张实行国家统一管理,并认为适度、适时地樵采和渔猎是"王制"和"王道"的要求。

为何春秋战国时期有如此完善、周密的关于人与自然资源相处关系的论述,而此后反而少了?王利华指出,春秋战国时期更为重视对资源利用的节制,根本上是社会转型时期资源危机的表现,即在周秦之际(也可视为春秋战国时期)社会和经济发生变革和转型,即随着农业垦殖规模的不断扩大,农业发展日益加快,采集捕猎经济的依存空间和资源愈来愈被占夺,因此出现了人们对山林湖泽资源匮乏的担忧,以及各种严格规训人的开发行为的管理措施。从这个意义上说,不断强化对山林川泽资源的控制和管理,是对"先进的"农耕经济挤压"落后的"采捕经济的一种抵御性反应。[②]

社会转型背景下的资源节制观或许并非完全出于生态环境保护的意识,但确实对缓解当时人与环境之间的矛盾冲突有一定作用。春秋战国时期,由于诸子百家在思想上的百花齐放,各家在看待人与自然关系上,也呈现出极强的哲学思辨性,其中以道家的思想最为典型。道家在认识人与自然万物关系时,提出"道法自然""万物并作"等思想。天地人为一个有机整体,人与万物有共同的本原与共同的法则,即道。万物以道为基础凝聚成有机的整体,人只是有机整体的一部分。人应该将自然作为自己的行为准则,即"人法地,地法天,天法道,道法自然"[③]。道化万物、万物同源,万物都是"道"的衍生物,因此万物之间虽有不同群体、个体之间的差别,但并无高低贵贱之分,不同生命形式平等共

---

① 焦循:《孟子正义·卷二·梁惠王章句上·三章》,沈文倬点校,北京:中华书局,1987年,第54页。

② 王利华:《经济转型时期的资源危机与社会对策——对先秦山林川泽资源保护的重新评说》,《清华大学学报》(哲学社会科学版)2011年第3期。

③ 王弼注:《老子道德经注校释·上篇》,楼宇烈校释,北京:中华书局,2008年,第64页。

存。庄子在对道的阐释中,也提出"天地与我并生,而万物与我为一"①,与老子"万物并作"(一切事物一齐生长、发展)的思想一脉相承。道家在实践中主张"无为","无为"不是无所作为,也非无所不为,而是要顺应自然规律,"天地所以能长且久者,以其不自生,故能长生"。天地之所以能长久存在,是因为其按照自然规律运转,因此"以辅万物之自然而不敢为"②,遵循万物的自然属性,而不是随意干涉。

　　儒家也生发出独具特色的人与自然观,儒家生态思想的重要特点即表现为"天人合一"的整体自然观,仁民爱物、和谐共存的生态伦理,保护自然、生态消费和可持续发展的生态理念。其中"天人合一"体现的是人乃自然界的一部分,人与自然应该和谐统一,在处理人与自然关系时,要追求和谐统一,只有人与自然和谐,才能达到人类生存和发展的理想境界。孔子曰:"天何言哉? 四时行焉,百物生焉,天何言哉? "③《周易》为儒家六经之首,《周易·文言》云:"夫大人者,与天地合其德,与日月合其明,与四时合其序。"提倡人要顺"天"而为,符合自然规律。④《周易》集中体现出儒家自然哲学的天道观,表现在因"时"而为。"时"可以视为四季变化,也可视为一个行为规范体系,因"时"是顺应自然,与自然交往、打交道的一种方式。儒家还认为,不仅自然会影响人,人也可以严重地、甚至根本地影响自然。⑤儒家的核心思想还体现在"仁"上。"仁者,爱人"本源上是一种人与人之间的关系,但这种"仁爱"思想还可延伸至对自然万物的态度。但儒家在对待不同对象时,仁爱也是有差别的。对人和物都应该有爱,但为了养人可以杀动物,反之则不可。儒家在对待自然万物态度上的差异,就像一块石头投入水中引起层层涟漪,由人到动物、植物,再到无机物。越是接近圆心的部分,波纹越高,爱的能量就越大;越是远离圆心的部分,波纹越小,爱的能量就越小。这里的"圆心"是每个行为主体。从积极方面说,儒家的生态观有着实用性、灵活性、全面性的特点;从消极方面看,这套生态观有着功利主义和机会主义的特点。儒家一方面肯定族类生命的优先地位,而将自然环境置于服务人类的附属地位;另一方面,儒家没有将人与自然的对立绝对化、固定化,

---

① 王先谦:《庄子集解》卷一《齐物论第二》,沈啸寰点校,北京:中华书局,1987 年,第 19 页。
② 朱谦之:《老子校释》,北京:中华书局,2000 年,第 29、262 页。
③ 杨伯峻译注:《论语译注·阳货篇第十七》,北京:中华书局,2018 年,第 267 页。
④ 罗顺元:《儒家生态思想的特点及价值》,《社会科学家》2009 年第 5 期。
⑤ 乔清举:《论儒家自然哲学的天道时序观及其生态意义——以〈易传〉为中心》,《周易研究》2011 年第 5 期。

而是将人与万物看成可以沟通并富于联系的整体。[①] 因此,儒家的这种"人类中心主义"并非只有人类改造自然的能动性意义,同样也有人与自然为联系整体、相互制约、相互影响的一面。儒家并不像道家那样,完全强调顺应自然,而是要在与自然和谐基础上运用自然。

此外,法家、墨家思想对当时人与自然关系的认知也有极大的参考价值。法家尚法,如管子提出"有动封山者,罪死而不赦。有犯令者,左足入,左足断,右足入,右足断。然则其与犯之远矣"[②],有违背封山命令的人死罪不可赦免,左脚踏入砍左脚,右脚踏入砍右脚。另外,法家反对奢靡,主张节俭,这些思想对协调人与资源之间的关系有一定作用。墨家学说的核心为"兼爱",与儒家所提倡的"仁爱"有所不同,儒家"仁爱"是有差别的,而墨家"兼爱"则抽去了宗法等级,强调无差别的爱,蕴含着对所有生命的爱、对物的爱、对大自然的爱、对整个宇宙的爱,以及人与自然环境之间的"交相利",透露出对生态平衡的关怀。[③] 除此之外,春秋战国时期战乱频发,墨家主张"非攻",反对战争。墨子指出战争所造成的资源消耗是非常巨大的,"今尝计军上,竹箭、羽旄、幄幕、甲、盾、拨,劫往而靡弊腑冷不反者,不可胜数。又与矛、戟、戈、剑、乘车,其列住碎折靡弊而不反者,不可胜数。与其牛马肥而往,瘠而反,往死亡而不反者,不可胜数。与其涂道之修远,粮食辍绝而不继,百姓死者,不可胜数也。"[④] 战争中无论是对兵器、牲畜还是粮食的消耗都非常巨大,还造成大量的人口消亡,对环境也必然带来冲击。

---

① 陈炎、赵玉:《儒家的生态观与审美观》,《孔子研究》2006年第1期。
② 黎翔凤撰,梁运华整理:《管子校注(下)》,北京:中华书局,2004年,第1360页。
③ 王晓强:《〈墨子〉环境伦理思想研究》,重庆师范大学硕士学位论文,2011年,第30~32页。
④ 吴毓江撰,孙启治点校:《墨子校注(上)》,北京:中华书局,2006年,第202页。

第七章　秦汉时期黄河流域的
人类活动与环境变迁

　　春秋时期人们对其生活环境的认知有一个逐渐模糊到越来越精细的过程，从《诗经》中我们看到了当时许多的生态镜像，战国时期的众多具有科学意义的文献记载，帮助我们更好地了解当时人们对所生存的环境的认知程度及应对态度。在《禹贡》《管子·地员篇》等文献中，我们看到了人们对土地的种类划分以及在不同种类的土地上构建起来的种植生态系统。人类对其所赖以为生的自然环境的认知经过了从相对模糊到逐步清晰的认知转变，再到逐渐尝试改变自然、利用自然的过程。秦汉时期，人们对自然环境的改造到达了一个新的高峰，这种人与自然互动的过程，更多体现在农业生产活动上。秦汉时期，关中地区成为全国的政治、经济、文化中心，人口大量增加，要维持其中心的地位，需要广泛进行农业开发，农业开发需要有一些技术手段，除在土地上进行精耕细作外，还要保证农田的水量供给，于是水利建设成为关键，人们不再仅仅满足于靠天吃饭，而是希望通过水利技术的改进与修筑工程，控制水土关系，实现更大限度地利用自然。当然，这种改变在战国时期已开始，如战国七雄中的秦国以广泛修建水利工程而走上富强之路。但相比而言，秦汉时期表现得更为显著。从长时段看，重要技术的推进对环境改变具有革命性的影响。在秦汉时期水利推进背景下的农业大开发，虽然奠定了关中地区作为国家中心的坚固地位，但也因为过度改造自然环境，关中地区出现了部分区域性的环境问题。

第一节　气候冷暖与秦汉生态环境

　　我国古代以农耕为根本，人们将温饱富足寄托于风调雨顺的理想气候条件，这种愿望在汉代通行表达为"风雨时节"，文献中经常出现"风雨时节，五谷丰孰"的记载。① 目前对历史时期的气候研究,在近代气象观测数据形成以前主要依靠物候记载等文献资料,以及树木年轮、孢粉分析等技术手段来部分还原。这里说的部分还原是指,历史时期的气候变化过程只能给出大致的波动轨迹,而具体到某年气温高低这样精度的复原是无法实现的。

竺可桢在 1972 年发表了《中国近五千年来气候变迁的初步研究》一文,系统梳理了我国近 5000 年来的气候波动轨迹。他将我国古代气候根据研究方法的阶段性差异而分为:考古时期(约前 3000—前 1100 年)、物候时期(前1100—1400 年)、方志时期(1400—1900 年)、仪器观测时期(从 1900 年开始)。秦汉时期的气候情况,在竺可桢的研究方法里,主要依赖文献记载中的物候现象进行判断,对于用这种方法来研究古气候变迁,竺可桢如是说:"物候是最古老的一种气候标志;……用古史书所载物候来做古气候研究是一个有效的方法。"通过对文献梳理及比对国外气候研究成果,竺可桢对近 5000 年中国古代气候波动情况形成一些基本结论:"(1) 在近五千年中的最初二千年,即从仰韶文化到安阳殷墟,大部分时间的年平均温度高于现在 2℃左右。一月温度比现在高 3℃—5℃。其间上下波动,目前限于材料,无法探讨。(2) 在那以后,有一系列的上下摆动,其最低温度在公元前 1000 年、公元 400 年、1200 年和 1700 年;摆动范围为 1℃—2℃。(3) 在每一个四百至八百的期间里,可以分出五十至一百年为周期的小循环,温度范围是 1℃—0.5℃。(4) 上述循环中,任何最冷的时期,似乎都是从东亚太平洋海岸开始,寒冷波动向西传布到欧洲和非洲的大西洋海岸。同时也有从北向南趋势。"② 具体而言,在战国及此前我国气候主体以温暖为主,进入秦代和前汉温暖气候继续,竺可桢举吕不韦所编《吕氏春秋·任地篇》所记载的物候资料为例,并根据清初(1660 年)张标所著的《农丹》对《吕氏春秋》中物候与当时的比对情况,认为:"冬至后五旬七日菖始生。菖者,百草之先者也。于是始耕。今北方地寒,有冬至后六七旬而苍蒲未发者矣。"③ 竺可桢指出按照张标的说法,秦时春初物候要比清初早三个星期。进入西汉时期,气候温暖持续,《史记》载当时经济作物的地理分布"蜀汉江陵千树橘""陈夏千亩漆""齐鲁千亩桑麻""渭川千亩竹",而橘、漆、竹皆为亚热带植物,当时橘、漆、桑、竹生长的区域均已在现在分布限度的北界

① 王子今:《中国生态史学的进步及其意义——以秦汉生态史研究为中心的考察》,《历史研究》2003 年第 1 期。
② 竺可桢:《中国近五千年来气候变迁的初步研究》,《考古学报》1972 年第 1 期。
③ 张标:《农丹》,缪荃孙编:《藕香零拾》,北京:中华书局,1999 年,第 32 页。

或超出北界。可见当的亚热带植物的北界比今天更靠北。此外,公元前 110 年,黄河在河南瓠子口决口,为堵决口时人在河南淇园砍伐大量竹子编成容器盛石头。可见那时的气候总体比今天温暖。进入东汉时期,气候有转寒冷的趋势,有几次冬天严寒,到晚春国都洛阳还冻死不少穷苦百姓,但东汉的冷期不长。[①]

2013 年,中国科学院地理所、中国气象局等多家单位的多名专家在 1984 年出版的《中国自然地理·气候》基础上,重新编写了《中国气候》一书。该书总结了历史气候研究的最新结果,对古气候的研究也有详细介绍,重点复原了近 2000 年来的温度、降水(即冷暖干湿)变化过程。该书指出,过去 2000 年我国的温度变化具有明显的百年际波动,不同地区均经历了数次以上的冷暖振荡。在温度系列重建过程中,利用东部地区历史文献资料丰富的特点,重建了我国东部地区(105°E 以东,25°N—40°N)过去 2000 年分辨率为 10—30 年的冬半年(10 月至次年 4 月)气温距平系列,东部温度系列可以大致反映我国古气候波动的基本轨迹。根据波动系列显示:在百年尺度上,东部地区经历了两汉暖期(0 年代—200 年代)、魏晋南北朝冷期(210 年代—560 年代)、隋—盛唐暖期(570 年代—770 年代)、中唐—五代冷期(780 年代—920 年代)、宋元暖期(930 年代—1310 年代)、明清冷期(1320 年代—1910 年代)和 20 世纪暖期(1920 年代—1990 年代)共七个阶段。[②]

从整体上看,秦汉时期的气候以温暖为主,而温暖气候为农业垦殖的推进提供了条件。从目前的文献资料来看,秦汉温暖时期也是降水比较多的时期,历史文献记载的水灾、水溢事件极多。此外,汉代时期的温暖湿润气候带来了充沛的降水,提供了丰富的水资源,从而为兴修水利提供了必要的前提条件;而降水过多引起的河流溢满,水灾不断,又迫使统治者不得不兴修水利,整治水患。[③] 因而,秦汉时期进入我国古代第一个兴修水利的高峰期。水利工程的修建不仅改造了农田水土环境,而且影响区域的人地关系,以及环境变化过程。

---

① 竺可桢:《中国近五千年来气候变迁的初步研究》,《考古学报》1972 年第 1 期。
② 丁一汇主编:《中国气候》,北京:科学出版社,2013 年,第 452~453 页。
③ 马新:《气候与汉代水利事业的发展》,《中国经济史研究》2003 年第 2 期。

第二节　改造环境行动：水利工程与
基本经济区形成

　　考古研究表明，中华文化起源是多元的，但为何中华民族的核心华夏民族最早在黄河中下游形成，而且在进入秦汉以后这种中心的地位越发巩固？从自然环境角度言，黄河中下游气候温和、雨量适中、土壤适宜农耕是前提条件；人类在开发利用环境过程中，也在改造、适宜环境，而这种新环境在当时支撑了黄河中下游成为中心所必需的能量供给。水利工程的修建即是这种改造、适宜环境并创造新的人居环境的重要方面。

　　我国古代水利发展史本质上是一部水的认知和利用史。早期人类对水的态度更多以顺应水势、因势利导为中心，大禹治水核心也是突出对水的疏导，顺应水的自然属性。但随着人类改造自然的能力不断提升，能够部分驾驭水流，于是水利工程逐步产生。

　　目前研究基本认同这一水利发展过程。春秋之前，我国的水利基本上是原始的，仅能在田间开挖小型的灌溉沟渠。战国时期，铁制农具广泛应用，人们才能够大规模地挖土凿石，水利事业获得了巨大的发展。春秋战国之际是我国水利的滥觞时期。战国后期至秦汉时期，则进入我国古代水利工程建设的第一个高峰，其中秦国水利工程最多，代表性的水利工程有成都平原的都江堰和关中平原上的郑国渠。两大水利工程的修建，使秦国拥有了雄厚的经济力量，为秦国最终实现天下一统奠定基础。西汉时期，水利事业有了更进一步的发展，比如：关中等地兴修较大的水利工程（诸如漕渠），便利了关中内部的交通运输，同时具有灌溉功能，使关中地区更为富有；修建龙首渠，灌溉今陕西蒲城、大荔一带田地；其他水利工程有六辅渠、白渠、灵轵渠、成国渠等。西汉水利在此前基础上有极大发展，表现在规模大、数量多、质量和技术较高等方面。进入东汉以后，水利事业开始出现衰退，其中最明显的表现是关中水利趋于荒废，水利中心逐渐转移到河南地区。此外，东汉时的水利事业已经开始出现向南方转移的端倪。无可置疑的是，秦汉大规模地兴修水利工程，使关中平原的地理环境发生了深刻变化，天然河流和人工渠道组成了大型的水利网[1]，从根本上改变了关中

---

[1]　杨荫楼：《秦汉隋唐间我国水利事业的发展趋势与经济区域重心的转移》，《中国农史》1989 年第 2 期。

地区的自然状况。

从水利工程的角度,基本能看出我国历史时期环境变迁的大致轨迹。本质上说,水利本身就是人与自然相互作用的产物,是探寻人与环境关系的极佳视角。我国著名学者冀朝鼎在 20 世纪 20、30 年代就从水利工程的修建、维护与衰败角度来理解中国历史演变的基本规律,提出了著名的"基本经济区"理论。他认为,可以把公元前 255 年至 1842 年的中国经济史,划分为五个时期:(1) 公元前 255—220 年,包括秦汉两代。这一时期,以泾水、渭水、汾水和黄河下游为其基本经济区;(2) 220—589 年,三国、两晋和南北朝时期,因为灌溉与防洪事业的发展,四川与长江下游逐渐得到开发,出现了一个能与前一时期的基本经济区所具有的优势相抗衡的重要农业生产区;(3) 589—907 年,隋唐时期,长江流域取得了基本经济区的地位,大运河同时得到迅速发展,将首都与基本经济区连接起来;(4) 907—1280 年,五代、宋、辽和金时期,长江流域作为我国显著的基本经济区在进一步充分地发展;(5) 1280—1911 年,元明清时期,统治者对首都与基本经济区相距太远越来越发愁,因而多次想把海河流域发展成为基本经济区。冀朝鼎指出:我国古代王朝占有基本经济区就具有了整合国家的财力与物力,"当基本经济区的优越地位一旦受到挑战,统治势力就会失去其立足之地与供应来源。于是,分裂与混乱的现象就将发生,这一现象一直要延续到一个新的政权在一个基本经济区中固定下来,并成功地利用这一基本经济区作为重建统一的武器时为止,这就是古典的中国格言'合久必分,分久必合'中包含的道理。这是一个铁的法则,这一铁的法则准确地描述了从第一个皇帝到上世纪(按:19 世纪)中国孤立状态被打破为止时中国历史上半封建时期中的一个基本运动。"[1] 基本经济区的确立与形成,水利工程是其背后重要推手。水利乃农业之命脉,但南北方因气候水土环境不同,水利工程也呈现出较大差别。冀朝鼎指出:"在西北黄土地区,主要是用渠道进行灌溉的问题;在长江与珠江流域,主要是解决在肥沃的沼泽与冲积地带上进行排水、并对复杂的排灌系统进行维修的问题;而在黄河下游与淮水流域,实质上就是一个防洪问题。"[2]

---

① 冀朝鼎:《中国历史上的基本经济区与水利事业的发展》,朱诗鳌译,北京:中国社会科学出版社,1981 年,"原序"第 3~4 页。

② 冀朝鼎:《中国历史上的基本经济区与水利事业的发展》,朱诗鳌译,北京:中国社会科学出版社,1981 年,第 15~16 页。

虽然在战国争霸时期,各诸侯国已经普遍开始了兴修水利工程,而且其中许多工程规模较大,比如:黄河流域东部,最早的规模最大的灌溉系统是天井堰(约修建于公元前 5 世纪末),覆盖沿漳河流域 20 里的区域;秦国修建的郑国渠,规模达天井堰十余倍。但相比之后秦汉时期的水利工程,其规模还是要小得多。如西汉(公元前 95 年)在渭河流域修建的水利工程白渠,长度达 200 余里。许倬云在《汉代农业》一书中指出:"大型水利工程的普遍兴修到秦汉时期才开始出现,在汉代尤其有重要的发展。汉代的这些努力导致了可耕地的扩展,木村正雄将之称为'次级农业'(secondary farming land)的形成,认为这是与古代帝国形成有关的条件。正如考古证据所表明的,汉代以前的农用水源,较多地来自田地附近的池塘和水井,而不是来自大规模的灌溉系统。"[①] 水利工程的大量修建,水利工程的规模越来越大,灌溉农田的面积也不断增加,由此汉代农田数量增长,出现日本学者木村正雄所谓的"次级农业"现象。

气候温暖、大规模的水利工程,为当时灌溉农业的发展提供了有利条件。目前对秦汉时期黄河流域主要粮食作物的种植情况仍有争议,学者基本都认为秦汉时期北方黄河流域的主食以旱作的稷、黍和麦为主。王子今指出,西汉时期稻米曾是黄河流域的主要农产。《汉书·东方朔传》所谓"关中天下陆海之地","又有秔稻、黎粟、桑林、竹箭之饶",将稻米生产列为经济收益第一宗。黄河流域的稻作经济当时受到中央朝廷的直接关注,关中地区专门设有"稻田使者"官职。[②] 对于汉代黄河流域稻米种植,许倬云指出:即便早稻是一种可供选择的作物,居住在水源比较充足地区的汉代农民,仍然可以在多种作物中作出更好的选择。由于粟与豆类作物能适应大多数的气候条件,稻农可以将之与稻进行轮作,在有些地区,例如淮河流域,甚至可以将麦与稻组合在一起轮作。事实上,甚至向北远至今陕西省和河北省,也能发现当地在汉代有稻的种植。[③] 稻作在秦汉时期的黄河流域曾为主产之一,这种格局在后来发生改变,逐步形成北方以旱地作物为主,南方以水稻种植为主的农业生产地域格局。秦汉时期的水资源条件优越和水利修建,是当时北方稻作分布的重要因素

---

① [美]许倬云:《汉代农业:早期中国农业经济的形成》,程农、张鸣译,南京:江苏人民出版社,2011 年,第 3 页。

② 王子今:《秦汉时期生态环境研究》,北京:北京大学出版社,2007 年,第 22~23 页。

③ [美]许倬云:《汉代农业——中国农业经济的起源及特性》,王勇译,桂林:广西师范大学出版社,2005 年,第 84 页。

之一。

　　总体而言,秦汉时期是我国古代第一个中央集权阶段,国家对环境的改造力度不断加大,水利工程推进了秦汉农业发展,也使得黄河流域成为全国的基本经济区,这对于国家的稳固和发展都具有极大价值。但是水利工程推进所带来的生态问题也逐渐显现,并成为此后黄河流域水患灾害形成和发生的重要源头。于希谦指出:秦汉时期,人们与自然灾害作斗争的主要方式是发展水利事业。鉴于自然灾害的严重危害,朝廷对水利事业给予高度的重视。此后,重视水利事业成为我国历代有作为的帝王的一个传统。秦汉统治者在大肆破坏森林草原的同时重视和发展水利事业,但两汉时期的有关实践说明,发展水利事业的号召是不能够替代保护生态环境的客观要求的。①

　　水利推动农业发展深入,由于农耕的需要,开垦了大量荒地,不合理使用土地情况大范围出现,砍伐森林植被力度加大,水土流失现象加重,大量泥沙进入黄河,淤高了河床,致使下游河道常常决口改道,导致地貌水文环境变化。史念海指出,黄河原来并不“黄”,到西汉初年才有了“黄河”的名称,“这应该和当时森林遭受破坏和大量开垦土地有关”。②秦汉时期黄河流域的湖泊,在数量和水域面积上都曾达到历史的高峰。王子今根据《三辅黄图·池沼》的记载,认为仅在长安附近,就有23处湖沼,长安附近地区水面的密集和广阔,与今天的地理面貌大不相同。但许多湖泊沼泽后来从北方地区消失了,其中有气候变化的影响,但人为因素引起的水土流失而导致水体淤涸应首先引起重视。③人类改造自然过程中,在收获粮食、财富等正面成果时,也在承受环境变化所带来的负面影响。

---

　　①　于希谦:《略谈秦汉时代的自然环境问题》,《云南师范大学学报》(自然科学版)1986年第3期。

　　②　史念海:《论历史时期黄土高原生态平衡的失调及其影响》,《河山集(三集)》,北京:人民出版社,1988年,第151页。

　　③　王子今:《中国生态史学的进步及其意义——以秦汉生态史研究为中心的考察》,《历史研究》2003年第1期。

第三节　秦汉时期的黄河流域的森林植被

　　环境史关注人与环境之间的互动过程,具体而言,早期历史主要关注环境如何为人类提供安居之所,以及人类如何改变环境以做回应。人类在改造环境过程中,很长一段时期内都是努力将原本森林密布的区域开辟为农田,作为定居之所。马立博在其环境史论著中,特别强调森林蜕变的环境意义:在中国历史上的绝大部分时期,森林及其动物居民的存在或消失可以看作中国人对环境影响情况的一个标志。由于中国最终建立了一个高效的农业社会,为了开垦农场和农田就必须清除森林以腾出土地。实际上,这个渐进式的森林清除过程用时相当之长,约一万年前农业发展起来并向外扩张之时即已开始。森林为何如此重要?因为森林并不仅仅意味着一片树木,它还是一个“群落”。森林是一个生态系统,它拥有种类众多的有机体,涵盖了从土壤里的微生物直到食物链顶端的哺乳动物——通常是食肉动物。它们相互依存并且彼此之间,以及在与水、土壤和太阳之间存在着频繁的互动。在生态系统中互动的动植物越多,这个生态系统也就越富于生物多样性和健康活力。[①] 从小区域的生态系统角度而言,森林可以收集雨水,土壤表面的腐叶层像海绵一样吸收雨水,并常年持续不断地供给河流。当小流域失去森林时,土壤也失去了之前具有吸收雨水功能的腐叶层,导致雨水流失非常快,引起雨季的洪水和旱季的缺水。

　　对大多数的动物而言,森林是其赖以生存的物质空间,如大象、老虎等动物,需要在森林生态系统中获取足够生存的食物,而处于食物链更低层的动植物丰富程度就直接影响着这些动物的生存与分布情况。随着人类改造环境的能力不断提升,影响森林变化的主要外力就是人类的开发活动。因此,森林的分布情况,可以作为古代人们与环境关系考量的重要参照。

　　关于黄土高原地区是否生长过原始森林曾有一定的争论。有一派观点认为黄土高原没有生长过原始森林。19世纪80年代,到我国考察的德国地理学家李希霍芬(Ferdinand von Richthofen)就认为黄土是草原风积物,厚层的黄土地带不适于林木生长,所以不会有原始森林出现。换言之,他认为这些连续不断的濯濯童山,从远古到现在一直就是这种状况。1955年,中国科学院组织了

---

　　① [美]马立博:《中国环境史:从史前到现代》,关永强、高丽洁译,北京:中国人民大学出版社,2015年,第23~24页。

黄河中游水土保持综合考察队进行实地研究,考察队认为过去广大黄土地区是有森林的,肯定在有农业生产以前,该区的原始植被是属于森林与森林草原。历史地理学家史念海从古籍文献的记载考辨出发,证实黄土高原地区是有原始森林生长的。他认为黄土高原上许多地名都与森林有关,比如武威东南有苍松县,河西走廊有黑松山、临松山、大松山、青山、柏林山等地名。《诗经》提到渭河下游有平林、中林、桃林等地方。《山海经》记载恒山、白于山、王屋山、华山、南山等地都有森林。在山西中条山主峰舜王坪西南方,发现有残留的原始森林,占地万亩以上,可见黄土上有原始森林。

目前看来,黄土高原确曾有过原始森林,土质可以生长林木,森林及森林草原是黄土高原的地带性植被。问题的关键在于森林地带有多大? 史念海认为黄土高原在历史上曾经有过大面积的森林,在森林最茂盛的时期,绝大部分的山间原野到处都是郁郁葱葱,绿荫冉冉。[1] 那为何如今的黄土高原呈现出沟壑纵横的地表景观呢? 在秦汉时期,黄土高原的森林覆被、动物分布情况如何呢?

秦汉时期,北方的森林植被呈现两种格局:山区基本破坏不大;平原农业区的大部分地方被开发为农田。朱士光认为至少到西汉初年,黄土高原地区的关中、晋西南、豫西南、豫西北等东南部的河谷平原为当时发达的农业地区,受人为活动影响较大,其余部分则因受人为耕垦活动影响较小,自然植被保存较好,水土流失与风蚀沙化现象均较轻微,因而从总体上看,黄土高原地区生态环境是颇为良好的。而且到唐代初年,情况也大致如此。[2] 可见秦汉时期黄土高原地区的森林破坏主要在平原地区,边缘的山区仍有大范围的森林植被。

就山区而言,从春秋战国到西汉初年,陕甘之间的陇山一带有广袤的森林,当时的人们盖房子从上到下完全用木板,不用砖瓦和其他材料,故称为板屋。《汉书·地理志下》载:"天水、陇西,山多林木,民以板为室屋。及安定、北地、上郡、西河,皆迫近戎狄,修习战备,高上气力,以射猎为先,故秦诗曰:在其板屋。"[3]《水经注》记渭河上游甘肃境内的楮水时,记了汉代楮水周边天水地区的民居风俗:"故邽戎国也。秦武公十年伐邽,县之,旧天水郡治。五城相接,北城中有湖水,有白龙出是湖,风雨随之,故汉武帝元鼎三年,改为天水郡。其乡居悉以板盖屋,

---

①　史念海:《黄土高原历史地理研究》,郑州:黄河水利出版社,2001 年,第 295~305 页。

②　朱士光:《汉唐长安城兴衰对黄土高原地区社会经济环境的影响》,《陕西师范大学学报》(哲学社会科学版)1998 年第 1 期。

③　班固:《汉书》卷二十八下《地理志下》,北京:中华书局,1962 年,第 1644 页。

诗所谓西戎板屋也。"① 从秦汉开始直到唐末,多以长安为首都,人口集中,所以关中地区的森林为居民提供木材。历代宫殿修建和居民建屋,都设法在附近的山地取材,其消耗可想而知。总体而言,从天水到武山一带,原本森林茂盛,宋代以后就只能见到矮小的杂木次生林了。②

以关中地区而言,在秦岭北坡及渭河以北的山地上,仍有暖湿性阔叶林与针叶林,且十分茂密;在渭河南北的黄土高原与丘陵上,生长有暖湿带阔叶林与灌木草丛,颇为繁盛;在秦岭北麓冲积扇及河流阶地上,生长有暖温带落叶阔叶与常绿阔叶混交林及竹林,也较为繁茂。《水经·渭水注》记述了在今周至县境内之芒水(今黑河)与就水(今就峪河)自秦岭流出后,皆流经"竹圃",而且竹圃面积很大,其面积上千亩。③ 当时渭河南岸的竹林分布广泛,《汉书·地理志》云:秦地"有鄠、杜竹林,南山檀柘,号称陆海"。④ 秦汉时期,长安周边最著名的皇家苑囿当属上林苑。汉代上林苑中有许多天然森林,司马相如在《上林赋》中提到"崇山巃嵸""深林巨木",在描述上林苑中的景物时说:"欀檀木兰,豫章女贞,长千仞,大连抱。"⑤ 檀树、木兰、豫章、女贞这些大树高千仞,粗大的树干需要数人合抱,可推知这些大树在建苑之前就已经存在。班固《西都赋》云:"上囿禁苑,林麓薮泽,陂池连乎蜀、汉。"⑥"上囿禁苑"即上林苑,《谷梁传》曰:"林属于山为麓"⑦,上林苑的低山上林木郁郁葱葱之景,可见一斑。

虽然从整体上看我国北方当时的农业开发对环境的影响没有超过环境承受范围,但局部的、区域性的环境破坏已经形成。从森林退化的程度和区域看,这种农业开发带来的环境变迁主要表现在平原地区。平原农业开发区的森林覆被情况已经发生根本改变。就像史念海在《历史时期黄河中游的森林》一书中说的那样:"秦汉之时,关中的树木还不断受到称道,可是规模较大的林区却是少见了。""这一时代是平原地区的森林受到严重破坏的时代。这一时代行

---

① 郦道元:《水经注校证》卷十七《渭水》,陈桥驿校证,北京:中华书局,2007 年,第 428 页。

② [美]赵冈:《中国历史上生态环境之变迁》,北京:中国环境科学出版社,1996 年,第 36 页。

③ 郦道元:《水经注校证》卷十七《渭水》,陈桥驿校证,北京:中华书局,2007 年,第 428 页。

④ 班固:《汉书》卷二十八下《地理志下》,北京:中华书局,1962 年,第 1642 页。

⑤ 司马迁:《史记》卷一一七《司马相如列传》,北京:中华书局,1959 年,第 3028 页。

⑥ 范晔:《后汉书》卷四〇上《班彪列传上》,北京:中华书局,1965 年,第 1338 页。

⑦ 孙希旦:《礼记集解》卷十三《王制第五之二》,沈啸寰、王星贤点校,北京:中华书局,1989 年,第 355 页。

将结束时,平原地区已经基本上没有林区可言了。"①

在整个黄河中游的平原地区,农业开发导致森林植被被大量砍伐,黄河下游地区到东汉前经常水患成灾。历史地理研究成果表明,黄河中游地区,"直到战国时代,天然植被并无较大变迁,草原和森林仍然完好。秦以后多次向本区移民屯垦","使本区在汉武帝时代,成为一片称为'新秦中'的发达农业区。草原和森林大片地为栽培植被所取代,使本区原来轻微的地质侵蚀变为强烈的土壤侵蚀,造成了这一时期黄河下游的频繁水患。"②支撑秦汉王朝的农业开发,导致整个黄河流域原来良好的生态系统遭到破坏,可以说秦汉时期黄河流域森林植被的破坏,不仅是黄河下游水患频繁的根本原因,而且是整个黄河流域生态环境逐渐恶化的开始。

秦汉时期,人们因发展农业生产而兴修一系列水利工程,但森林被大量砍伐又形成各种灾害。可以肯定的是,与先秦相比,秦汉时期的自然灾害发生次数骤然增加了,特别是在黄河下游地区。谭其骧指出,黄河自东汉王景治水后直到隋代,河水长期安流,其中的原因虽有王景治水之功,但根本上与中上游地区的农业耕种变化等因素有关。在东汉以前,西汉时期黄河下游决溢泛滥较为频繁。谭其骧指出《史记》《汉书》分别有"河渠书""沟洫志"的内容,就因为西汉时期黄河水患较为严重,而下游水患严重的根源在于中游地区。中游地区有不少处于农牧交界带,许多地区是游牧草原,但秦汉两代不断向北方边境移民,以对抗北部的游牧民族匈奴。比如秦始皇三十三年(前 214 年),蒙恬"西北斥匈奴","取河南地","筑四十四县","徙適戍以充之"。谭其骧推测这次移民至少也有几十万。此后至汉初,河南地又被匈奴占据,到汉武帝元朔二年(前 127 年),卫青复取河南地,恢复了秦代故土,当年即"募民徙朔方十万口",这里的"朔方"指关中盆地以北的上郡、西河、北地、朔方、五原等郡,不仅仅指朔方一郡。此后元狩三年(前 120 年),又徙"关中贫民"于"陇西、北地、西河、上郡","及充朔方以南新秦中,七十余万口"。此后还不断有移民戍边。这些移民在新的区域大多从事农耕,从未开垦过的处女地在初开垦时很是肥沃,产量也很高,当时的"河南地"又被称为"新秦中"。汉武帝以后至西汉末年,这一带的人口日益增长,田亩日益垦辟,该区域完全从畜牧射猎为主变为以农耕为

① 史念海:《河山集(二集)》,北京:生活·读书·新知三联书店,1981 年,第 247 页。

② 中国科学院《中国自然地理》编辑委员会:《中国自然地理·历史自然地理》,北京:科学出版社,1982 年,第 33 页。

主,户口数字大大增加。由于开发的无计划与盲目性,给下游地区带来无穷的祸患。[1]

　　农业经营对植被最大的影响是使人口稠密的平原地区的森林渐渐退去,取而代之的是人们种植的农作物范围越来越大,秦汉时期国家"奖励耕织""轻徭薄赋"的政策更加快了这一趋势的发展,在南方和北方的山区,或人口稀少,或开发不充分等原因,森林植被基本上还保持着自然的状态。但在黄河流域的平原农耕区,森林植被已经开始大量衰退。自然植被的覆盖程度直接决定着野生动物的生存空间。随着平原农耕区的森林逐渐消退,黄河流域的野生动物生存空间也在缩小。历史动物地理研究成果揭示,秦汉时期,大型野生动物已经从黄河流域消退了,活动范围集中到了淮河、长江以南。比如野生亚洲象在距今六、七千年前到距今两千五百年前左右的时间里,分布以殷(今河南安阳市殷墟)一带为北界,到了战国秦汉时期,野象的分布南移至秦岭、淮河以南地区。《史记·货殖列传》也称:江南出"齿革"[2],看来这一时期秦岭、淮河以南的广大地区皆是野象的分布区,而早期大象出没的黄河流域此时已无野生大象踪迹。再如野生犀牛,到秦汉时期集中分布区北界也南移到了长江流域。《淮南子·地形训》载:"长沙湘南有犀角、象牙,皆物之珍也。"[3]湘南包括今衡阳、零陵、郴州等地,皆在长江以南。可见到东汉末年,犀角的主要产地可能移到江南了。[4]秦汉时期黄河流域的野生动物不论是种类上还是数量上都要比南方少很多,野生动物的分布区域成点状分布,而南方地区当时还是成片状分布。大型野生动物南迁,有气候变化的因素,但人类干预自然、农耕活动改造自然环境也是重要原因。

第四节　移民屯垦与北方农牧交错带的环境变迁

　　我国古代在农牧交错带长期存在游牧政权与农耕政权的矛盾冲突,农牧交错带成为农耕政权阻止游牧政权内入的前沿阵地。秦汉时期,为抵御北方游牧

　　① 谭其骧:《何以黄河在东汉以后会出现一个长期安流的局面——从历史上论证黄河中游的土地合理利用是消弭下游水害的决定性因素》,《学术月刊》1962年第2期。

　　② 司马迁:《史记》卷一百二十九《货殖列传》,北京:中华书局,1982年,第3253页。

　　③ 陈运溶编纂:《湘城遗事记》卷八《方物类·犀角》,长沙:岳麓书社,2009年,第555页。

　　④ 文焕然等:《中国历史时期植物与动物变迁研究》,重庆:重庆出版社,2006年,第186~200、216~225页。

民族,朝廷在农牧交错带地区进行大量的军事移民屯垦,该区域的生态环境也较早遭到农耕开发的冲击。马立博指出:"人类利用各种方法开发了几乎所有的生态系统——沙漠、高山、丛林甚至海洋,这些看起来似乎并不适宜生存的地方,在数千年的中国环境史中都成为不断上演拉锯战的边疆地带。"他以汉人农业扩张过程来叙述我国古代环境变迁主线,突出了引导环境变迁的原因中人口迁徙的重要性。"中国环境史在很多方面其实是在叙述汉人怎样从其他族群那里获取已经被他们改造并适合他们生活方式的土地","并按照汉人的方式重新塑造这里的环境,其特征就是以家庭耕作和向中央政府纳税为基础的定居农业。"[①] 该观点不免偏颇,影响和改变环境的并不只是汉人,正如该书译者所言:"当人们进入新的社会和自然环境并与周围互动、随后双方都因此而发生改变时,对身份的认知也会随之而发生游移。汉人在进入新的地区之后,也会向当地的土著民族学习生产和生活经验,变化的不仅是土著民族,也包括汉人。"[②] 在论述我国古代环境变迁过程中,不应刻意强调人群的社会属性,而应该将人作为生物个体来看待。不可否认,在论述我国古代环境变迁因素过程中,"人"无疑是最重要的外界因素,这里的"人"经常是从特定区域之外迁移而来的。

赵冈指出,人口移动不但是生态变动的结果,也可能是生态环境变迁的原因,二者互为因果。[③] 我国古代的人口移动大致可以分为两种类型:朝廷组织的强制移民与民众的自发迁移。作为朝廷组织的强制移民,指历朝历代因政治、经济、军事等目的而对所下辖人口实行强制迁移,这种迁移大多是从地少人多的地方迁移到人少地多的地方,也即所谓的"狭乡"迁"宽乡"。此外,移民实边也算是广义上的"狭乡"迁"宽乡",只是这种迁移的目的主要在与军事目的。在实边地区进行屯垦,在我国古代历史上大量存在。移民屯边对边疆地区的环境变迁影响极大,比如西汉时期汉武帝经营河西(黄河河套以西,今甘肃酒泉、张掖、武威等地)及河套地区对当地的生态环境恶化有重要影响。

一直以来,史学家们更多关注的是边境屯戍的国防意义及正面贡献,很少注意此政策对生态环境的长远影响。汉武帝在河西一面以军队屯戍,一面移内地之民实边,设置河西四郡及三十五县,当地人口大增,一段时期经济呈现繁荣

---

① ［美］马立博:《中国环境史:从史前到现代》,关永强、高丽洁译,北京:中国人民大学出版社,2015 年,第 4 页。

② ［美］马立博:《中国环境史:从史前到现代》,关永强、高丽洁译,北京:中国人民大学出版社,2015 年,"译者前言"第 3 页。

③ ［美］赵冈:《中国历史上生态环境之变迁》,北京:中国环境科学出版社,1996 年,第 11 页。

兴盛之势。《汉书·地理志》载："初置四郡,以通西域,隔绝南羌、匈奴。其民或以关东下贫,或以报怨过当,或以诖逆亡道,家属徙焉。"[1] 公元前121年,西汉统一河西地区,设置了武威郡、酒泉郡;公元前111年,设置张掖郡、敦煌郡。徙民屯田,必然要反复翻动地表土壤,不仅破坏植被,恶化生态,而且容易造成就地起沙。河西走廊原来是个天然牧场,河西走廊地区历史上第一次大规模农业开发时期就发生在汉代,汉武帝开拓河西,设置郡县,并大规模移民屯田戍边,使河西经济获得迅速发展,并成为西北的富庶之地。

屯田区位于沙漠边缘,森林本就稀少,垦殖开发砍伐大量树木,加之灌溉设施布局不合理,导致一些河流改道、干涸,原有的绿洲逐渐消失,最终变成一片沙漠。屯田及移民实边将大片草原辟为耕地,但在垦耕之前,由于未曾培植防护林,造成严重的沙化危机。沙漠边缘的野草植被是天然阻滞风沙的屏障。野草耐旱而且丛生,密度甚高,一年四季都不消失,可以终年起到阻滞风沙的作用。草原一旦辟为耕地,为了保证合理的收获量,农作物不能过度密植,株与株之间要留大量空隙,难以发挥阻滞风沙的功效。加之农作物在秋季要收割,来春要重新播种,一年中约有一半的时间地面是完全裸露的。而这个时间正是风沙最盛之时,屯田区的农田无任何其他植被来阻滞风沙。因此,在没有建立防风林前就将草原辟为农田,容易导致沙漠内移。也就是说,沙漠地带边缘的草原是沙漠的天然绝缘体,可以约束沙漠,使其不能扩延。

秦汉时期对北方的大规模屯垦导致当地生态环境发生极大改变,一些屯垦区由于环境的恶化此后也大多废弃了。侯仁之等学者在对汉武帝设置的朔方郡遗址进行考察后指出:"随着社会秩序的破坏,汉族人口终于全部退却,广大地区之内,田野荒芜,这就造就了非常严重的后果,因为这时地表已无任何覆盖物,从而大大助长了强烈的风蚀,终于使大面积表土破坏,覆沙飞扬,逐渐导致了这一地区沙漠的形成。"[2] 此外,我国历史上在河西的屯田戍边政策都是间歇性的,而非2000年来始终坚持贯彻的政策,这种屯田戍边都是在鼎盛时推行,国力衰弱时便自动停止或退却。纵观河西走廊的开发史,大概有三次高潮,即西汉、唐代前期及清代。在屯垦的高潮时期,大量草原被辟为农田。高潮一过,百姓自屯区撤走,旧的屯垦区被大面积撂荒。其结果是地面长期裸露,甚至连

---

① 班固:《汉书》卷二十八下《地理志下》,北京:中华书局,1962年,第1644~1645页。

② 侯仁之、俞伟超、李宝田:《乌兰布和沙漠北部的汉代垦区》,《治沙研究》第7号,北京:科学出版社,1965年,第31~33页。

农作物对风沙的微弱阻滞也一并全无。于是劲风挟带大量沙粒,长驱直入,侵向内地,沙漠便年复一年地扩大。今天河西是干旱或极度干旱的荒漠区,但在秦汉时期并非如此,这一地带是有名的丝绸之路,为中外交通要道,沿途颇有富裕繁盛之城市。[①]

批判历史时期人在环境中的负面作用,并不是环境史研究的核心主旨,环境史研究要思考特定时代背景下的人与环境的互动过程,对于西汉在北方农牧交界线的屯垦开发历史也需要给予客观认识。河西走廊地理位置独特,其北面为草原、沙漠(以沙漠为主),南靠祁连山山脉,是内地通往西域的重要通道。西汉张骞出使西域后,朝廷逐渐通过军事屯垦实现对河西走廊的控制,并主导着北方边境的安定与国家稳定。河西地区的屯垦推动了西北地区的经济、社会发展,使得当时的河西呈现“谷籴常贱,少盗贼,有和气之应,贤于内郡”[②]景象,但屯田所带来的一系列副作用,如土地沙化、水土流失加重等也不可忽视。也要看到,朝廷对河西地区的控制减弱,是东汉后期北方游牧政权能长驱南下的重要原因。

---

① ［美］赵冈:《中国历史上生态环境之变迁》,北京:中国环境科学出版社,1996 年,第 12~13 页。

② 班固:《汉书》卷二十八下《地理志下》,北京:中华书局,1962 年,第 1645 页。

第八章 魏晋南北朝时期的南北方环境：
人口迁移与南方开发

人类进入农耕时代以后，在影响环境变迁的因素中占的比重就不断增大。而中国古代环境变迁的基本轨迹也可以从大规模人口移民迁徙过程中找到规律。总体而言，环境、资源和人口构成人类赖以生存的生态系统、经济系统和社会系统，在这三个系统中，人口是处于中心地位的。人口的迁徙波动，直接影响迁出地、迁入地的资源和环境状况。

三国两晋以后，我国的人口开始被动或主动向南方迁徙，这一过程以西晋末年的人口南迁为起点。马立博将公元300—1300年看成一个持续阶段，即北方森林退化和南方拓殖时期，而这个阶段的显著特点就是北方移民不断向南方迁移，这一千年的变化过程，"开始于公元4世纪游牧民族的一次入侵，这次入侵导致汉人失去了对北方故土的统治；结束于另一次发生在12—13世纪，由成吉思汗领导的、历史上最强大的游牧军队对整个中国的征服。因此，在这些世纪中，由东亚不同环境培育而成的两股强大力量——游牧民族和汉人——继续在令人不安的共生关系下展开了较量。"[1] 他用东汉末以后的1 000年以游牧民族和农耕民族之间的进退博弈来叙说中国古代历史演进，并以此为主线分析千年尺度的当时中国南北方环境变迁轨迹。而移民南迁对南方的开发与拓殖，确实是推动古代中国人地关系、人与自然关系发展的主要因素。

第一节 "永嘉之乱"与移民南迁

自秦至西汉200余年间，我国人口集中在关东地区。但在关东以外虽

---

① ［美］马立博：《中国环境史：从史前到现代》，关永强、高丽洁译，北京：中国人民大学出版社，2015年，第134页。

没有连成大片的人口稠密区,也呈现点状的人口集中状况,比如当时的成都平原,江淮之间平原,河套平原,太原河谷平原及长江以南的杭州湾南岸及宁绍平原等区域。但总体而言,当时长江以南的大多数地区人口稀少,尤其是今浙江南部、福建、两广、贵州大多处于荒芜状态,人口密度低,不少地方还是无人区。[①] 直到东汉永和五年(140 年),上述人口分布的格局也没有大的改变,但关中平原和西北地区的人口密度已大幅度下降,而长江以南尤其是长江中游南部的人口密度成倍增加。但南方的人口总数还是很少,人口密度的绝对数依然远低于北方。三国时期,由于战争等原因,北方人口锐减,即使以往人口最稠密的地区也大多人口稀少,而南方所受损失相对较小,又有北方移民的迁入,与北方人口密度的差距开始缩小。葛剑雄指出,以今天淮河、秦岭和白龙江一线划分为南北两部分,当时以此为分界,南北方的人口已经大致接近。但随着三国后期北方的相对安定和经济的恢复,北方人口又逐渐增多了。[②]

一、政权更迭、战乱与人口迁移

公元 280 年,西晋灭吴国基本统一南北方,西晋的疆域是三国时期魏、蜀、吴的总和,但随着匈奴、鲜卑、羌、氐等少数民族大量内迁,西北和北方一些政区已经名存实亡,不在晋朝的掌控之中了。即使这样一个很不完整的统一也没有维持几年,西晋元康元年(291 年),皇族内部争夺权力的"八王之乱"开始,至永康二年(301 年)演变成了大规模的厮杀混战。最后,八王中的东海王司马越在光熙元年(306 年)成为唯一的胜利者,从而结束了历时 16 年的内乱,西晋也走到了灭亡的边缘。[③] 与此同时,从东汉开始陆续迁入黄河流域的匈奴、鲜卑、羌、氐、羯、卢水胡、丁零等族,到西晋初已经有了不小的规模,经济文化水平也有了一定的提高。西晋皇族和统治集团内部的火并给这些民族的崛起提供了最好的时机,十几个政权先后在黄河流域、辽河流域和四川盆地建立起来,分别有一成汉、一夏、二赵(前赵、后赵)、三秦(前秦、后秦、西秦)、四燕(前燕、后燕、南燕、

---

① 葛剑雄:《中国移民史·第二卷·先秦至魏晋南北朝时期》,福州:福建人民出版社,1997年,第 48 页。

② 葛剑雄:《中国移民史·第二卷·先秦至魏晋南北朝时期》,福州:福建人民出版社,1997年,第 49 页。

③ 葛剑雄:《中国移民史·第二卷·先秦至魏晋南北朝时期》,福州:福建人民出版社,1997年,第 290 页。

北燕)、五凉(前凉、后凉、南凉、北凉、西凉),北方开始进入十六国时期。直到北魏统一北方,北朝建立,才结束了十六国时期。

公元 386 年,鲜卑族首领拓跋珪利用苻坚败亡之机,收集旧部复国,称魏国,史称北魏。398 年迁都平城。先后灭北燕、北凉,至太武帝拓跋焘基本统一北方。孝文帝太和十七年(493 年)迁都洛阳。永熙三年(534 年),北魏分裂为西魏、东魏,二者的界线大致在黄河、今山西西南、河南西南、湖北北部。东魏武定八年(梁大宝元年,547 年),北齐代替东魏。西魏恭帝三年(556 年),宇文觉废魏帝,改国号周,史称北周。北周建德六年(陈太建九年,北齐承光元年,577 年),灭北齐,据有北齐全部疆域。

对南方而言,自 317 年至 589 年,东晋和南朝的宋、齐、梁、陈都以建康(今南京)为首都,形成与北朝并立的东晋南朝。东晋和南朝的北界(即十六国或北朝的南界),其界限总的趋势是退缩的。除东晋末年一度恢复到长安、洛阳和今山东境内外,一般只能稳定在淮河、秦岭一线。到陈后期已退至中下游的长江了。[①] 581 年,杨坚代周,建立隋朝。开皇九年(589 年),隋灭陈,南北重新统一,结束三国两晋南北朝的分裂割据局面。

我国古代的朝代更替演变往往意味着战争频繁,而战乱经常引起人口迁徙,陈寅恪指出:两晋南北朝三百年的大变动,可以说是由人口的大流动、大迁徙问题引起的。[②] 导致西晋灭亡的"永嘉之乱"所带来的移民,对此后我国南北方环境的开发进程与力度,都具有十分重要的意义。而且在"永嘉之乱"后,还出现了多次南迁的高潮,直到 5 世纪后期的南朝宋泰始年间(465—471 年)大规模的南迁才告一段落。

西晋"永嘉之乱"是魏晋时期古代人口迁徙的重要起始。西晋晋怀帝即位时,尽管"八王之乱"已经结束,但晋朝的军事实力已在内战中损失大半,唯一的胜利者东海王司马越执掌大权,拥兵自重,与其他地方实力派明争暗斗,根本无法抵抗刘渊汉政权和其他割据势力。永嘉元年(307 年)开始,东莱人王弥起兵攻打青州、徐州,汲桑和石勒攻入邺城又进攻兖州(今山东西部),不久石勒、王弥均投奔刘渊。永嘉二年(308 年)匈奴贵族刘渊在平阳称帝,国号汉。永嘉三年(309 年)春,又进攻黎阳(今河南浚县东北),晋军大败。大战之时,全国出

---

① 葛剑雄:《中国移民史·第二卷·先秦至魏晋南北朝时期》,福州:福建人民出版社,1997年,第 290~298 页。

② 陈寅恪:《陈寅恪魏晋南北朝史讲演录》,万绳楠整理,天津:天津人民出版社,2018 年,第102 页。

现罕见的大旱。永嘉四年(310年),石勒军队在东路频频得手,攻城略地,进入黄河以南,并攻下襄阳(今湖北襄樊)。大旱后,北方幽州、并州、司州、冀州、秦州、雍州共六州爆发严重蝗灾。永嘉年间的大旱和蝗灾是空前的,战乱导致北方灾荒并起,流民遍地:"及惠帝之后,政教陵夷,至于永嘉,丧乱弥甚。雍州以东,人多饥乏,更相鬻卖,奔迸流移,不可胜数。幽、并、司、冀、秦、雍六州大蝗,草木及牛马毛皆尽。又大疾疫,兼以饥馑,百姓又为寇贼所杀,流尸满河,白骨蔽野。"[①]而这些流民则构成了当时移民南迁的重要力量。

永嘉五年(311年)六月在刘曜等进攻下西晋怀帝被俘,司马睿被北方的残余势力推为盟主,强化了对北方流民的号召力。洛阳沦陷后,"中州士女避乱江左者十六七。"[②]313年,怀帝在平阳被杀,司马邺(愍帝)即位,改元建兴。至建兴四年(316年)十一月,愍帝向刘曜投降,西晋覆灭。次年,司马睿称晋王,改元建武,同年七月又大旱。建武二年(318年)三月,司马睿(元帝)即位,改元大兴,东晋开始。

自永嘉五年(311年)始,建康已成为晋朝实际上的政治中心,江南又是远离战火的安全区,晋朝的宗室贵族、文武大臣、北方的世家豪族都以建康及周围地区为主要迁移地。这一阶段迁移的大族和官员,不仅成为司马睿建立东晋的主要支柱,而且在东晋和南朝起着举足轻重的作用。比如以王导为首的琅琊临沂(今山东费县)王氏、以谢鲲为首的陈郡阳夏(今河南太康县)谢氏等,皆举族南迁。对魏晋时期的政治研究,目前学界都认同当时是贵族门阀政治。如果从两晋之交的移民角度看,北方移民迁徙过程不仅强化了贵族的势力,而且推动东晋门阀政治的深化。

因为战乱一直持续,所以移民南迁也一直在持续,只是西晋未灭亡前,士大夫群体一直不愿长距离迁徙,而普通老百姓更只是短暂迁徙即止。自元康元年(291年)开始的"八王之乱",包括洛阳和长安,今河南、河北、陕西、山东、山西部分地区沦为战场,遭受严重破坏。一些中高级官员觉察到朝廷权力已无法恢复,中原大乱已不可避免,因而选择边缘地区的军政职位以求避祸,或者伺机割据独立。但大多数的士大夫仍把希望寄托在西晋政权,不愿离开政治的中心地位。大体上说,真正根深蒂固、族大宗强的士族,特别是旧族门户,往往不愿意

① 房玄龄:《晋书》卷二六《食货志》,北京:中华书局,1974年,第791页。
② 房玄龄:《晋书》卷六五《王导传》,北京:中华书局,1974年,第1746页。

轻易南行[1]；普通百姓也舍不得抛弃生计所在的庐舍田园，至多只是在附近临时躲避。而大规模的人口南迁，第一与西晋最终灭亡有关，这是大族南迁的主要原因；第二在战乱过程中，又发生旱灾、饥荒、瘟疫等灾害，促使普通百姓也弃家远走。据学者研究，魏晋南北朝时期的自然灾害，不仅次数频繁，而且受灾程度非常严重。如此频繁而严重的自然灾害，加上频繁而严重的人为战争，往往引起歉饱之灾与疾疫之灾，天灾与人祸并行。[2]

在移民南迁过程中形成两种移民群体：一种是以大族为核心形成的移民人群，这些人到了南方，在与土著势力对比中并不示弱，相反还成为东晋南朝最重要的政治力量；另一种则是一般家族的举族迁徙，相比于世家大族的强大，一般家族在迁入南方后与土著相比，在人数上并不占优势，因此，会在山区的聚落营造中，建造主动防御的建筑，比如客家人土楼建筑格局就有这样的背景因素。陈寅恪指出，虽然西晋末年的人口迁徙有三个方向，分别是东北、西北和南方，但只有向南方迁徙的人群中有大量的上层皇室和世家大族，向东北和西北迁徙的主要是下层民众，而且是在胡族统治需要下的人口控制性迁徙行为，因此在规模和影响上都不如南迁群体。[3]移民在南迁过程中大多以宗族为单位，或依附原籍的强宗大族、地方官员，集体行动。葛剑雄指出，这既是在迁出地长期形成的乡土情谊和宗族观念的必然延续，也是在战乱环境下长途迁徙的需要。[4]

东晋建立后，北方的移民南迁一直在持续。进入北魏时期的北朝以及宋时的南朝，这一情况仍在持续，但开始进入低谷，原因是北魏统一北方后，南北对峙的形势得到双方的承认，经过一百多年的分裂，特别是在南方政权的多次北伐失败后，北方百姓对南方政权已不抱任何幻想。而且随着北方政权汉化程度的加深，民族之间的矛盾已降至次要地位。所以，较大规模的人口南迁在南朝宋的泰始六年（470年）后已不复存在。

这场持续百余年的北方人口南迁，对改变南方人口分布格局、推动南方开发具有重要作用。南方许多地区正是在此后逐渐发展起来，特别是江南地区。需要说明的是，人口的迁徙有往复性，迁入一段时期后，若迁出地条件改善后，

---

[1]　田余庆：《秦汉魏晋史探微》，北京：中华书局，1993年，第356页。

[2]　胡阿祥：《魏晋南北朝时期的生态环境》，《南京晓庄学院学报》2001年第3期。

[3]　陈寅恪：《陈寅恪魏晋南北朝史讲演录》，万绳楠整理，天津：天津人民出版社，2018年，第102~104页。

[4]　葛剑雄：《中国移民史·第二卷·先秦至魏晋南北朝时期》，福州：福建人民出版社，1997年，第316~317页。

又会大量回迁,而永嘉以后的北方移民南迁,则基本没有回迁。

二、回不去的移民:从侨置到土断

一个地方的社会经济发展离不开稳定的人口,秦汉时期西北地区的移民成边,在后期随着中央实力的消长而波动变化,其中不少地区早先迁入的人口内撤,导致这些地区的开发不可持续,也为西北、北方一些地区的生态修复创造了条件。而对于南方,在秦汉以后的大规模移民前,北方人口迁入南方的数量有限,直到西晋后期北方人口才大量南迁,而且需要指出的是,这些南迁的人口此后在南方定居,为魏晋时期南方的开发创造了人口条件。魏晋时期的移民从侨置到土断的变化,反映了这种人口迁移的格局变化,即北方移民及其后代的本土化转变过程,这种转变对推动南方的经济、社会发展,以及生态环境的变化具有十分重要的作用。

(一)侨置郡县

侨置郡县并不只发生在东晋和南朝,但如此广泛的设置和长期的存在却是空前绝后的。所谓的侨置郡县,即北方移民进入南方后,将北方的行政区划原样搬到南方,设立郡县,相对于本土的郡县,即为侨置郡县。谭其骧曾从东晋、南朝时期的侨置郡县入手研究东晋南朝时期北方移民迁入南方的情况:"良以是时于百姓之南渡者,有因其旧贯,侨置州、郡、县之制。此种侨州、郡、县详载于沈约《宋书·州郡志》,萧子显《南齐书·州郡志》,及唐人所修之《晋书·地理志》中。吾人但须整齐而排比之,考其侨寄之所在地及年代等等,则当时迁徙之迹,不难知其大半也。"[①]

北方移民的大部分是在侨置郡县中定居的,这也是东晋和南朝政权安置北方移民的主要途径。胡阿祥认为,侨置郡县的设置有四个重要背景:其一,侨人是侨置郡县存在的基础。汉魏以来,聚族而居相当普遍,北人在南迁过程中,宗族首领很自然地成为流徙集团的领袖。而在迁移中,人们必须共同互助才能克服困难,一些没有能力自保的散户依附随行。其二,侨置郡县的政治含义是正统观念与归复失地的决心。东晋南朝以正统自居,通过侨置郡县保持着实际已经控制不到的行政区域,借以证明本身的正统性,又表示不忘故土,复国有望。其三,魏晋以来的豪强地主、门阀士族都十分重视籍贯,讲究地域观念,侨置郡县可以使南迁世家大族保持其望族地位。其四,侨置郡县设置还可以起到招诱

---

① 谭其骧:《长水粹编》,石家庄:河北教育出版社,2000年,第272页。

北方人民的作用。一方面可以吸引北方不愿受少数民族统治的百姓南迁，另一方面可以利用北人怀土情绪，动员抗击北方政权的南侵。[①]

这种情况说明当时的北人认为迁移南方只是暂时性的，一有机会还是希望回归北方，所以一直保留着北方的州郡县名称。一些民户也一直保留着"客人"身份，被称为"客家人"。《辞海》"客家"条："相传西晋末永嘉年间（公元4世纪初），黄河流域的一部分汉人因战乱南徙渡江，至唐末（9世纪末）以及南宋末（13世纪末）又大批过江南下至赣、闽以及粤东、粤北等地，被称为'客家'，以别于当地原来的居民，后遂相沿而成为这部分汉人的通称。"[②]

（二）土断

北方移民刚进入南方地区，一直以侨户、侨人自居，其聚居地也称侨州郡县，也就是说，他们是客，不是主人，是临时寄居，而不是永久居民。随着回归北方越来越无望，需要将这些侨置州县的移民编户入籍，即为土断。东晋南朝明确见于记载的土断有十次。通过省并（根据一定的标准，将一部分侨州郡县省废，一部分进行合并、裁剪或降级，以减少州郡县数量）、割实（一些侨置郡县设置后没有实际管辖区域，从其他政区中划出一部分作为其"实土"，使其成为名副其实的政区）、改属（根据就近归属原则，改属当地政区或其他侨州郡）、新立（部分地区设立新的政区）等方式，调整行政归属关系；以及通过改土著籍、改其他侨籍、保留原侨籍、接受新侨籍等方式，将移民及其后裔土断侨籍。

谭其骧指出，如果以侨州、郡、县的户口数当作南迁人口的约数，那么到南宋时为止，共约90万户，占当时刘宋政权全境户口数的1/6。西晋时移民迁出地约有140万户，以每户5口计，共700余万人，则南迁人口占总数的1/8。[③]土断后，多数侨籍人口与土著居民一样承担了赋役，北方的移民也逐步本地化。人口迁徙后并在当地长期定居下来，对当地的环境改造就是持续性、不间断的，这对推动当地开发有极大的价值，也直接影响了此后江南地区的环境走向。

---

① 葛剑雄：《中国移民史·第二卷·先秦至魏晋南北朝时期》，福州：福建人民出版社，1997年，第389~390页。

② 《辞海（第六版）》，上海：上海辞书出版社，2009年，第2163页。

③ 谭其骧：《晋永嘉丧乱后之民族迁徙》，《长水集（上册）》，北京：人民出版社，2011年，第225页。

第二节 北方农牧分界的变化与环境休复

一般认为,西晋灭亡和十六国政权割据局面的出现,是多种矛盾交织作用的结果。西晋统治集团内部的权力之争演变成残酷和血腥的屠杀,"八王之乱"使黄河流域沦为战场;与此同时,北方和西北的少数民族源源不断地内迁,已经进入黄河流域的少数民族也继续向中原推进。随着晋朝统治集团内部的厮杀愈演愈烈,匈奴、氐、羌、羯、鲜卑等族内迁的规模越来越大,并先后建立了自己的政权(当然,其中包括拓跋鲜卑氏族建立的代国),西晋王朝灭亡。[①] 这些无疑是符合历史的真实情况。

为什么恰巧在此时,原来生活在北方的游牧民族纷纷南下,进入中原的腹地,而这一进程又是如何发展变化的? 他们是怎样适应新的生存环境,最后又由北魏统一黄河流域的?

一、游牧民族内侵的气候背景

魏晋南北朝时期气候的基本特征是寒冷。气候的变迁,尤其是寒冷和干旱的侵袭,对北方少数民族游牧经济的影响是很大的。游牧民族虽然有着众多的畜群,却很不稳定,受自然条件影响极大,所以当寒冷期和干燥期来临之际,游牧民族往往大规模向南方温润的地区迁徙,寻求更能适合游牧经济发展的生存空间。因此,中原地区的农业王朝便不可避免地面临着来自北方游牧民族的巨大挑战。

据气候史专家考证,气温自公元初就开始下降,至 4 世纪和 5 世纪达到最低点,气温约下降了 2.5℃至 3℃,平均气温较现在低 1.5℃左右。有的学者甚至认为那时候的年平均气温比现在要偏低 2℃至 3℃。[②] 魏晋南北朝时期,气候转寒是全球性的变化。北方游牧民族南迁是全球性的事件,而并非我国所独有。许靖华从全球古气候变化的角度考察了太阳、气候、饥荒与民族大迁移的关系,指出:古气候研究表明,近 4 000 年以来有 4 个全球气候变冷时期,即在公元前 2000 年、公元前 800 年、公元 400 年及公元 1600 年左右的几个世纪。这种准周期性与太阳活动的周期性变化有关,全球温度变化影响了地区降水形式:在气

---

① 张敏:《自然环境变迁与十六国政权割据局面的出现》,《史学月刊》2003 年第 5 期。

② 张家诚主编:《中国气候总论》,北京:气象出版社,1991 年,第 316 页。

候变冷期,欧洲北部变得更潮湿,而中低纬度地区变得更干旱,这两种变化形式都不利于农业生产。历史记载表明,历史上民族大迁移往往是由于庄稼歉收和大面积饥荒,而不是逃离战争。2世纪和3世纪的日耳曼部落的大迁移就是一个例子。[①] 这表明,魏晋南北朝寒冷干燥期的出现并不仅仅发生在我国,当时全球都经历着这种变化,甚至对社会历史发展产生的影响都是相似的。

严寒和暴风雪灾害对游牧民族的打击是毁灭性的。漠北草原北部,冬季形成高气压中心,是亚洲寒潮的源地之一。每到冬季或初春常常狂风为患,大雪成灾。暴风极易造成孕畜受惊流产甚至畜群被暴风吹散而走失。雪灾又称白灾,由于大雪掩埋草场,且大雪常伴以降温冷冻,致使牧畜觅食困难,忍饥受冻,瘦膘疫病,母畜流产,幼畜成活率降低,牧畜死亡率尤其是老弱幼畜的死亡率极高。

旱灾是古代北方草原地带最常见、最主要的一种灾害形式,其发展初期并不致灾,但随着干旱时间的持续,危害作用逐渐加重,其后果多是灾难性的。魏晋南北朝时期相对寒冷干燥的气候与北方游牧民族长期入主中原,不能认为只是一种偶然的巧合。[②]

二、游牧民族内迁后的农牧分界线

战国秦汉以来,我国北方逐渐形成以"龙门—碣石"为界的农牧分界线。魏晋时期,游牧民族雄踞北方,部分游牧民族开始进入中原,农牧经济格局受到冲击,牧业开始向南推进。随着西晋的灭亡,游牧民族如潮水般涌入内地,畜牧带大幅度向南推移。

西晋灭亡以后,整个北方被游牧民族侵占,连年混战,大量田地荒芜。游牧民族在进入中原腹地的同时,将他们传统的生产方式游牧业带入内地,游牧业大肆扩张。傅筑夫认为,"这时北方经济区不止是衰落,而且是退化,退化为畜牧或半农半牧。"[③]北方原来的农业区大部分沦为半农半牧区,包括黄河中下游的关中、洛阳等平原地区,农业生产受到巨大破坏;与之相反,游牧业却得到迅速发展,尤其是在黄河中游宜农宜牧区,今宁夏、陕西北部,山西北部这些地区"水草肥美",出现了许多大型的国有牧场。北朝著名民歌《敕勒歌》中

---

① 许靖华:《太阳、气候、饥荒与民族大迁移》,《中国科学(D辑)》1998年第4期。

② 张敏:《自然环境变迁与十六国政权割据局面的出现》,《史学月刊》2003年第5期。

③ 傅筑夫:《中国封建社会经济史》第3卷,北京:人民出版社,1984年,第32页。

的"天苍苍,野茫茫,风吹草低见牛羊。"就是这时阴山脚下畜牧业兴盛的生动描写。

　　整个十六国时期,北方地区战乱不断,农牧业的发展格局极不稳定,时有反复,直到北魏以后农业才逐步占据优势,为隋唐时期经济大繁荣奠定基础。中原地区适合农业生产的自然环境和优势,逐渐被游牧民族认识。至北魏统一之前,大多数进入中原的游牧民族已经开始"汉化",逐渐开始从事农业生产。由于社会的稳定,农牧业生产恢复较快,人口迅速增加。北魏统治者重视农业生产和传统生产方式的结合,对这一时期黄河流域的经济结构变化产生了重大影响,以粮食生产为主、以多种经营为辅的农业结构基本形成。这样既能提高土地的利用率,又有利于丰富人民生活结构。这一时期出现的农业科学技术巨著《齐民要术》,详细记载了北方黄河中下游地区先进的旱作农业生产技术,反映了农业生产的发展和进步,农牧结合带又开始向北逐渐推进。但总体而言,这段时期农牧分界线比秦汉时期更靠南。

　　此外,由于魏晋南北朝时期战乱频繁,反而在一些地方催生出集约农业。当时统治者为了解决军队粮食和安抚民众定居,除推行屯田外,在北方还出现了一种自卫与自养相结合,称作"坞壁"的农业社会组织。坞壁具有防御性,多建于山区,山区能耕种的面积甚少,而坞壁集中的人口较多,形成类似集约农业的农业开发模式。[①] 即在小面积耕地上加大投资(如人力、施肥、良种、改良农具和耕作技术)来取得农业增产,于是农业技术得到发展。《齐民要术》中记载的许多农耕经验是来自坞壁地区的农业耕作实践。[②]

　　农牧分界线向南推移对黄河水环境也带来影响。黄河在上古时期称"河",黄河专名是在东汉《汉书》中才出现的。这与西汉对黄河中上游地区的农业垦殖导致的土壤侵蚀有极大关系。魏晋南北朝时期的黄河,仍沿袭着东汉王景在公元69—70年治理后所固定的河道。这一河道是从长寿津(今河南濮阳西旺宾一带)自西汉大河故道捌出,循古漯水河道,经今河南范县南,在今阳谷西与古漯水分流,经今黄河和马颊河之间,至今山东利津入海。这条河道比较顺直,距海里程比西汉大河短,在形成以后的大约800年,河道比较稳定。魏晋南北朝时期,正处于河道的最稳定阶段,一共发生了6次河溢,即魏时2次、西晋时2次、北魏时2次,平均每61年一次,远远低于王景治河后至东汉灭亡

---

①　李丙寅:《略论魏晋南北朝时代的环境保护》,《史学月刊》1992年第1期。

②　唐启宇编著:《中国农史稿》,北京:农业出版社,1985年,第395页。

的平均 37.5 年一次河溢,以及唐代平均 18 年一次的河患。谭其骧指出,历史时期黄河下游决溢改道,问题出在中游。黄河中游除少数山区外,极大部分面积都覆盖黄土,黄土疏松,只有在良好植被条件下,才能吸蓄较多的降水量,阻止地表径流的冲刷。植被一旦遭到破坏,下雨之后,土随水下,水土流失就很严重。而历史时期中游地区的植被情况主要取决于生活在这地区内的人们的生产活动,即土地利用方式。如果人们以狩猎为生,天然植被可以基本上不受影响。畜牧与农耕两种生产活动同样都会改变植被的原始情况,而改变的程度,后者又远远超过前者。[1] 东汉以后,大批游牧民族入居泥沙来源最多的黄河中游,原来的农耕民族内迁,中游许多地区退耕还牧,次生植被开始恢复,水土流失相对减轻,下游河道的淤积速度减缓,黄河决溢次数也就减少了。此外,当时黄河下游河道两岸土地荒址颇多,灌木杂草丛生,加之下游两岸支布有诸多支流和湖泊,对水患有抑制、调节作用,[2] 形成黄河在北方长期安流的局面。

第三节　南方的农田与山水环境

南方的原野,河流、湖泊众多,森林植被资源丰富,地形以丘陵山地为主,少平原,气温高,多“暑湿”,山川纵横,且交通不便,猛兽毒蛇众多,人口相对较少。在秦汉时期,中原地区对南方的认知也仍是“江南卑湿,丈夫早夭”,湿热的气候、潮湿的土壤,是不利于人类生存的蛮荒之地,普遍呈“地广人稀”之势。虽然在春秋战国时期就已经有楚国、吴国、越国的开发,但到汉代初年,长江以南够得上一万户的都市,只有今长沙、南昌和苏州等地。许多地方还是利用“火耕水耨”的原始的耕种方法。到东汉时期,南方在地方官员治理下发展,人口开始增加。[3] 但总体上,到西晋时期,南方广大地区仍是森林密布、沼泽遍布的荒野之地。西晋末年,随着北方人口的大量迁入,森林与沼泽环境被改变,沼泽排水、稻作推广将农田种植区域向自然的“腹里”推进。

魏晋南北朝时期,南方生态环境由自然的生态环境和人工改造过的生态环境组成。自然的生态环境即自然形成并且依照其内在规律演化的环境,人工

---

① 谭其骧:《何以黄河在东汉以后会出现一个长期安流的局面——从历史上论证黄河中游的土地合理利用是消弭下游水害的决定性因素》,《学术月刊》1962 年第 2 期。

② 邹逸麟主编:《黄淮海平原历史地理》,合肥:安徽教育出版社,1997 年,第 92 页。

③ 劳榦:《魏晋南北朝史》,北京:中国文化大学出版部,1980 年,第 2~3 页。

改造过的生态环境是人对自然改造后形成的生态环境。当时南方自然的生态环境总体呈现为:气候以湿热为主,地貌多样,水体丰富,河流众多,森林覆盖率高,动物种类繁多,数量众多。人工改造过的生态环境主要包括农田、水利设施、运河、人工培植的树木园林和牧养的牲畜场所。当时自然的生态环境比重远远大于人工改造过的生态环境。这种状况为当地居民展现出机遇与挑战的双重面貌:一方面广阔的空间、温暖的气候、丰富的水体和动植物,为人们生产生活提供了优越的生态环境与生态资源;另一方面,众多的山地丘陵、茂密的森林和潮湿的气候,又给当时人们的生产生活带来了很多困难。但从总体上看,人与自然的关系是协调的,人在适应与改造环境中获得了发展,而自然依旧保持着良好的状态与内外部平衡。[①]

从农业开发的基本条件看,江南地区的地形以丘陵和平原为主,且丘陵面积更大。丘陵地区的土壤以黄棕壤、黄壤、红壤为主,呈酸性,黏稠,与北方黄河流域的黄土自肥相比有极大差距,在农业开发上并不具有先天优势;平原地区由于积水和沼泽化严重,开发难度极大,所以江南地区在秦汉时期没有大规模、系统性的水利工程推进前,农业开发的程度不高。由于江南地区当时的动植物资源丰富,毒蛇猛兽时时危害人类生命财产安全,但也给当地人提供了衣食之源,《史记·货殖列传》中称:"楚越之地,地广人希,饭稻羹鱼,或火耕而水耨。"[②] 水稻种植中的中耕技术还未出现,除草靠水淹,即水稻苗生长快且高,杂草生长低矮,以水灌之则草死。又言:"果隋蠃蛤,不待贾而足。地执饶食,无饥馑之患,以故呰窳偷生,无积聚而多贫。是故江淮以南,无冻饿之人,亦无千金之家。"[③]

西晋时期,南方地区的农业状态依旧如两汉时期,并未有太大变化,大片地区仍旧是人少地多,农业发展相对滞后。西晋大臣杜预在上奏朝廷的奏疏中称:"诸欲修水田者,皆以火耕水耨为便。非不尔也,然此事施于新田草莱,与百姓居相绝离者耳。往者东南草创人稀,故得火田之利。自顷户口日增,而陂堨岁决,良田变生蒲草,人居沮泽之际,水陆失宜,放牧绝种,树木立枯,皆陂之害也。陂多则土多薄水浅,潦不下润。故每有水雨,辄复横流,延及陆田。言者不思其故,

---

①　连雯:《魏晋南北朝时期南方生态环境下的居民生活》,南开大学博士学位论文,2013 年,第 1 页。

②　司马迁:《史记》卷一百二十九《货殖列传》,北京:中华书局,第 3270 页。

③　司马迁:《史记》卷一百二十九《货殖列传》,北京:中华书局,第 3270 页。

因云此土不可陆种。"①《广雅·释地》载:"陂,池也。"② 这里说到南方"陂"多为害,即水多而未能排泄,影响农田耕种。在这个时候,由于排水技术还未能系统形成,南方地区种植水稻,采取"火耕水耨"方式。关于"火耕水耨",《史记·平准书》即有述及,曰:"江南火耕水耨。"③ 对于"火耕水耨"种植制度最早论述比较清楚的应是东汉末年的应劭,《汉书·武帝纪》载:"江南之地,火耕水耨"④,颜师古注引应劭曰:"烧草下水种稻。草与稻并生,高七八寸,因悉芟去,复下水灌之,草死,独稻长,所谓火耕水耨。"⑤ 这是在人力不足条件下的水田种植技术。这种方法,一则可以杀死害虫,二则可以增加土壤肥力。这种水田耕作方式,其实是后来的水田种稻的前身。可见,直到东汉末、西晋时期,东南地区仍然是人烟稀少之地,水田耕种以"火耕水耨"方式开展,还没有发展出系统的排水水利系统和农业的中耕技术。而南方地区,特别是江南地区的农业开发,只有发展出系统的排水技术,才能完成农业向纵深推进,这一过程在两晋南北朝时期随着北方人口的南迁逐步开始。排水是地势低洼的沼泽区开展农业生产的前提。北方移民为南方低湿地的改造奠定了基础。东晋南朝,低地排水能力逐步增强,水利工程的数量和规模都在提升,而且大多是用于农田排水、灌溉,与早期维持交通运输进行的水利修建有较大不同。

从影响环境变迁的最大动力因素——人口变化角度看,南北朝后期南方人口已达数千万人,生产生活都具有了较大的规模,对自然植被的影响逐渐增大,使自然植被的面貌发生了很大的变化,其中最主要的是把南方许多原来被自然植被覆盖的区域,改变为农业区与生活区。到了六朝末期,南方农业已有较大发展。虽然南方的农业起步甚早,但除成都平原外,各地在汉代以前均不如北方发达。而经过魏晋时期的大力发展,农业面貌有了根本性的改观。现代学者认为,魏晋南北朝时在西南的巴蜀、中南的江汉地区和东南的三吴地区形成了三个大型经济新区。农业的扩展,无疑要取代原来的自然植被。原来被自然植被覆盖的山峦平野、河湖滩地,被开垦为农田,原来的树木草卉被农作物取代。在人口聚居地,原来的草木也被砍伐焚毁,变为房屋、院落、道路。在农业区,自然植被的毁坏要严重一些。当时长江流域、珠江流域的一些地方和云南的滇中

---

① 房玄龄:《晋书》卷二六《食货志》,北京:中华书局,1974 年,第 788~789 页。
② 孙诒让:《周礼正义》卷三十《地官》,北京:中华书局,2015 年,第 1430 页。
③ 司马迁:《史记》卷三十《平准书》,北京:中华书局,1982 年,第 1437 页。
④ 班固:《汉书》卷六《武帝纪》,北京:中华书局,1962 年,第 182 页。
⑤ 班固:《汉书》卷六《武帝纪》,北京:中华书局,1962 年,第 183 页。

高原,农业区进一步扩大,自然植被的范围也进一步缩小。

　　移民对生态环境的影响,主要有以下几点:第一,增加了生态环境的负担。人是自然生态环境的消费者,人口越多,对自然环境的影响越大。魏晋南北朝时期,北方移居南方的居民多达百万人,特别是移居长江下游的人口众多,使当地人地关系变得紧张,从而开始了对江浙山地的开发。第二,加速了对生态环境改变的速度。移民的到来,带来了新的生产力,开始了对自然新的改造,从而加速了对生态环境的改变速度。首先,加速了对地貌水体的改变。例如大兴水利,大举开垦农田,改变了当地的地貌、水体格局。其次,加速了植被的改变。移民的到来,加大了对树木的需求,砍伐了许多树木,栽植了新的树木,树木的分布、发展都被明显地打上了人类的烙印。最后,加速了对动物的改变,包括对野生动物的渔猎和家养动物的增殖。总之,移民与土著居民一起,加大了对自然生态环境的改造。[①] 第三,影响南方社会发展。南迁的居民,不仅是单个的生物的人,而且是社会的人,其中包括有组织的人。居民不仅要看数量,而且要看质量。相对而言,北方来的移民,总体文明程度要高于南方。他们是来自当时发达的农业地区的居民,给南方带来了先进的生产工具和生产方式。特别是统治集团的集体搬迁,带去了整个完整的上层建筑,这些对南方社会的影响不是一般的移民所能比的。从农业看,东晋南渡后,北方人口涌进江南,不仅扩大了垦田的面积,还带来不少农林蔬果的品种。于是到南朝刘宋时,已形成"田非嘷水,皆播麦菽,地堪滋养,悉艺纻麻,荫巷缘藩,必树桑柘,列庭接宇,唯植竹栗"[②]的多种农业的生态景观。

　　因北方世家大族大量迁入,南方出现了大量的世族地主庄园。如果从所有制角度来看,庄园可以看作一种占有形式,但如果从生产的角度来看,则是一种生产组织。庄园主组织了一定数量的劳动力,向自然进军。这种组织和规模,是此前个体经济所没有的。世族地主庄园经济的生产,既要"占山",开发前人没有开发过的山林,也要"护泽",修建个体经济所无力修建的陂塘,规模之大,远远超出了单门独户的编户齐民。因而,对生态环境的影响,也远远超过一般的编户齐民。谢灵运的山居开发就是典型的例子。正是这一时期"庄园"这种生产组织的出现,开始显著地影响到长江中下游和浙江杭州湾一带山地丘陵的

---

　　① 连雯:《魏晋南北朝时期南方生态环境下的居民生活》,南开大学博士学位论文,2013 年,第 75 页。

　　② 沈约:《宋书》卷八十二《周朗列传》,北京:中华书局,1974 年,第 2093 页。

面貌。[①]

　　魏晋南北朝时期,特别是东晋南朝,文人开始大量创作山水诗,诗歌具有写实性,其往往是诗人现实经历的情感表达。通过解析流传至今的山水诗歌,我们可以大致重构当时南方地区的山水环境。在南朝诗歌中,以谢灵运开创的山水诗最为著名,他的诗正是那时文人对所见大自然的正面书写。

　　谢灵运居住于浙江嵊州始宁县(县治有说大概在今嵊州市三界镇),谢氏家族在贯穿浙江新昌、嵊州和上虞的一条"剡溪"(下游今称曹娥江)沿岸建有庄园别墅,庄园以始宁县境内的山水为景,展现的是最野趣的早期园林设计。从水景而言,谢灵运在《山居赋》中描绘了一幅人与自然和谐、融为一体的优美画卷,当时剡溪及其下游鉴湖区的河流水质清澈,河道水流平缓,两岸青山静静映入水中,人行山水间,正如王羲之所描述那样:"山阴道上行,如在镜中游。"[②] 河流自然蜿蜒曲美,江南地区大面积水域的水体众多,从文人诗文看,当时的江南地区呈现的是人在自然画卷中的优美感。从山景看,在当时进入南方的诸多世家大族聚居区,仍可以随意见到大片深暗茂密的处女林,谢灵运偏爱登山观景,他在《山居赋》中罗列了庄园附近的众多物产,其中树木种类较多,合抱之树随处可见:"干合抱以隐岑,秒千仞而排虚。凌冈上而乔竦,荫涧下而扶疏。沿长谷以倾柯,攒积石以插衢。"[③] 谢灵运的诗文中也经常出现"荒林""密林""长林""疏木""群木""乔木""林迥""林深""林壑"等意象。

　　综上所述,魏晋南北朝时期,人类活动持续对南方地貌水体的演变施加影响,但这种影响并没有对生态环境造成不好的结果。相反,这种改造是适应人类的发展需要进行的,大都改善了当地的生产、生活条件,对社会的发展和居民的生活都带来了巨大的利益。江南的水利工程使原来不太利于农业发展的环境发生了极大的变化,从而扩充了生态环境容量。人口的大量迁入为农业开发提供了充足的劳动力,世家大族的迁入也为南方文化的兴盛奠定了基础。虽然移民南迁改变了当时南方的人口分布格局,对南方的农业垦殖产生重大影响,但真正完成南方农业开发的变革,需要到隋唐以后。

　　归纳言之,推动魏晋南北朝时期南北方环境变迁的主要因素有三个,且这三个因素在构成南北朝环境变迁脉络中环环相扣,形成一条内在的生态链条。

----

　　① 连雯:《魏晋南北朝时期南方生态环境下的居民生活》,南开大学博士学位论文,2013年,第108~109页。

　　② 王楙:《野客丛书》卷七《损益前人诗语》,北京:中华书局,1987年,第70页。

　　③ 顾绍柏校注:《谢灵运集校注》,郑州:中州古籍出版社,1987年,第325页。

这三个因素分别是:气候、战争、人口迁徙。南北朝时期处于我国古代气候变化的寒冷期,北方游牧民族受气候影响明显;北方游牧民族大举南下,导致西晋灭亡,北方动乱不断,政权更替频繁,南方则在东晋及南朝政权治理下逐渐成熟起来;战争导致政权更迭,北方世家大族南迁,并且完成从侨置向土断的转变,又为南方开发奠定基础。

从当时南北方环境变迁的主要特征看,以北方而言,当时以黄河为中心形成诸多游牧政权并存的政治格局,农业生产方式发生变化,农牧分界线向南推移,诸多秦汉时期被开辟为农耕的地区蜕变为牧场,导致北方一些地区出现环境的修复期,诸如黄河中游地区水土环境改善,黄河开始一段长时期的安流。就南方来说,大量的人口进入,主要以江南地区为主,改变了江南地区的人地关系格局,南方农业生产环境逐渐改善,水利工程逐步发展,为唐代以后南方崛起奠定了基础。

第九章　隋唐时期的环境:北方的兴盛、衰落与南方开发

聚落是人群活动的聚居形式,有城市和乡村之别。分析古代环境变迁轨迹,人口的迁徙、定居是重要考察对象。与乡村相比,城市人口相对更为集中,可以作为一个阶段相对范围内的人与自然互动关系的考察对象。邹逸麟指出,历史时期黄河流域城市的分布和变迁,与当时的自然环境和社会环境有密切的关系。先秦时期黄河流域的城市大多是在原始聚落基础上发展起来的,主要分布在中游地区。秦汉以后,由于运河的开凿,黄河中下游地区城市蓬勃发展。魏晋南北朝时期,由于长期的战乱,战国、秦汉以来的重要城市相继破坏、衰落。隋唐的建立,为黄河流域城市再度兴起,创造了条件,而且由于自然环境没有大的变化,城市的布局和繁荣胜于秦汉。[①] 很明显,从城市发展角度而言,经历秦汉的发展,北方黄河流域的城市发展达到空前繁荣,形成了一些重要的中心城市,如长安、洛阳等。进入魏晋南北朝时期,北方黄河流域的发展进程被游牧民族政权打断,城市衰落。隋唐时期,北方的城市又再次繁荣兴盛,而且超越了此前的发展水平。那么,隋唐时期作为本章关注的中心时段,我们需要关注北方黄河流域再次兴盛的环境背景及人与环境的互动关系。

森林覆被可以作为我们认知不同时段环境整体情况的基本参照。唐代森林覆盖率较高,但分布很不平衡,存在东部多、西部少,南部多、北部少的状况,因而从环境质量上看,又存在着北方不如南方的情况。具体而言,唐代森林资源主要分布在东部和南部地区,尤其在东北的平原、山地,华北深山区,黄河流域的深山区,运河两岸,西南地区及长江以南的广大地区。其中黄河流域的森林覆盖率较低,据量化统计大概为32%,而且森林主要分布在深山区。平原及低丘陵区,所见为竹林、果园和桑、榆等人工林。森林集中分布区主要在长江流

---

① 邹逸麟:《历史时期黄河流域的环境变迁与城市兴衰》,《江汉论坛》2006年第5期。

域及其以南地区,由于森林密布,在今嘉陵江上游、重庆南桐一带还有大象、野牛群出没。[1]北方平原区、聚落(城市)集中区的森林植被大量砍伐,这是北方农业垦殖、建筑用材、手工业用林以及日常生活用材消耗的缘故,也与北方战争毁林有关。下面将从当时北方核心区(关中)发展、兴盛以及衰落过程,以及南方开发的角度,对隋唐时期南北方环境转变特点展开分析。

第一节　再造中心:关中地区的农田水利建设

魏晋南北朝时期,黄河流域原有的城市体系全悉破坏,长安、洛阳之类的城市虽屡次被毁,依然屡建,人们不愿最终撤离这块充满"帝王之气"的土地,但不可否认的是,战国以来黄河流域城市繁荣的景况已不复现。"已存的城市除了政治中心的职能外,经济繁荣也仅仅是政治的副产品,纯商业、交通性城市已不复存在,是我国古代城市经济最衰落的时期。"[2]隋唐两代以长安、洛阳为中心重新构建的黄河流域城市体系,仍以关中地区为中心。那隋唐时期的关中地区是否还具有支持帝国发展的良好生态环境? 或者政治中心是否只是一种人力维持(如运河漕运体系的构建)的结果?

一、农田水利技术的推进

史念海指出,"关中"这一称呼大概是战国晚年才开始的,最初见于记载是《战国策》。关中的得名与函谷关有关,函谷关在今河南灵宝境,而函谷关在历史上也有变迁,这直接影响关中的范围大小。西汉汉武帝时函谷关向东迁徙,改置在今河南新安境。大致到了东汉末年,设关的地方改在今陕西的潼关。函谷关由灵宝移到新安,名称没有改变。东汉末年,置关的地方改变了,原来的名称也没有延续,从那时起开始有了潼关的名称。历史上基本把函谷关、潼关以西的地方称关中。现在一般习惯把汧陇以东至黄河西岸、秦岭以北的泾渭流域作为关中地区。关中地区平原广袤,沃野千里,在秦汉统一的局面下,关中长期为都城所在区域。人们在关中辛苦经营,兴修水利,充分利用当地的自然环境,甚至改造自然环境,以适宜人类发展需要。[3]东汉以后,关中地区开始衰落,直到

---

① 刘锡涛:《从森林分布看唐代环境质量状况》,《人文杂志》2006 年第 6 期。

② 邹逸麟:《历史时期黄河流域的环境变迁与城市兴衰》,《江汉论坛》2006 年第 5 期。

③ 史念海:《古代的关中》,《史念海全集》第 3 卷,北京:人民出版社,2013 年,第 19~20 页。

隋唐建立，关中才再次成为全国政治、经济、文化中心。

（一）水利

系统研究关中地区的水利开发与环境变迁可知，关中地区的水利经历了战国时期的积淀、西汉时期的兴盛，再到东汉至隋唐之间的衰落与发展新高潮演变过程，进入宋元以后又有衰落与恢复，及明清时期中小型水利工程勃兴的转变。[1] 就隋唐而言，关中地区的水利建设奠定了隋唐的繁荣兴盛之根基，关中地区的水利建设也进入新的高潮期。

唐代关中地区由于其政治地位的特殊性，形成了关中水利史上最大的高峰。多条人工渠道纵横交错，构成了关中平原的水系网。这一网络的分布和走向一直保持到清代。

唐代关中地区已经有秦汉以来开凿的六辅渠、龙首渠、白渠等水利工程，朝廷除对这些故有渠道进行清理沟通外，还大力兴修新的水利工程，充分将泾河、渭河、洛河、沂水这四大水源用在灌溉上。

在西汉时发挥重要作用的郑国渠在唐代时由于泾水下切，不再以泾水为源，而是以冶、清、浊、漆、沮诸水为源。后来这些河流由于河床的下切，不再纳入郑国渠干道，而是各自发展成独立的引水体系，继续为灌溉关中平原发挥着重要作用。

以白渠为主的唐代关中的引泾灌溉系统曾多次疏通与改建。白渠分为太白渠、中白渠和南白渠三渠，简称"三白渠"。三白渠的灌溉区域主要分布在泾阳、栎阳、高陵、云阳、三原、富平等区域，灌溉范围比前代有所扩大，成为关中农业的命脉，并奠定了宋元明清乃至今日引泾灌溉渠系的规制，以后只是沿泾河峡谷，不断在上游另开新的引水口，而对下游三白渠的布局未做太多变动。由于三白渠的重要性，唐代朝廷对三白渠的维修和管理非常重视，设置专人进行管理。

成国渠是一条开凿于西汉时的渠道，引渭水灌溉农田。通过对成国渠进行疏通和扩展，唐代成国渠可灌溉田地 2 万余顷。李令福认为这一估计偏大，应该与三白渠规模相当，灌溉面积也应该只能在 1 万顷左右。但不可否认，成国渠的灌溉效益到唐代被进一步拓展。此外，唐代还修筑了龙门渠等以引黄河之水灌溉关中农田。黄河泥沙含量大，引黄灌溉技术难度大，而唐代所修龙门渠

---

① 李令福：《关中水利开发与环境》，北京：人民出版社，2004 年。

灌溉规模达 6 000 余顷。① 除此以外,关中地区还有敷水渠、利俗渠、罗文渠、新开渠等水利工程。诸多水利工程,加上唐代前期相对湿润的气候,使得关中地区拥有充沛的水资源,保障了当地农业经济的开发。

城市内的水利水网系统也支撑着国家行政中心的正常运行,城市园林逐渐成规模。关中盆地占据重要的战略位置,关河险要,有利于军事上的攻守。长安四周有山有水,南面的终南山高大雄峻、山谷幽邃,是南部屏障;东面的骊山、潼关、函谷关,是东方的三道屏障;八条河流(分别是:泾、渭、浐、灞、沣、滈、涝、潏八条河流,都属黄河水系,除泾、渭发源于宁夏和甘肃外,其余六水皆发源于森林茂密的秦岭,水量充沛)环绕都城。长安地形略有起伏,高地建设宫殿、宅邸、市场等,洼地开辟为池沼,形成景观。同时人工开挖 5 条水渠,输水入城,保证城市有稳定的水源和顺利排水。长安城内"八水五渠"的水系格局,综合了生活、生产、漕运、防洪、排涝、景观等多种功能。首先,城外 8 条自然河流蜿蜒曲折从城市周围穿过。其次,城内人工开凿 5 条渠道(永安渠、清明渠、龙首渠、黄渠和漕渠)将城外的水引到城中。渠道的选线都是顺应地理形势,沿岗原之间的低地布设,巧妙利用高差,使渠水在重力的作用下前行,灌流全城,由南向北供水,布局合理。除漕渠的主要功能是漕运(即运送物资)外,其他 4 条渠道及其支流的功能都是为了满足长安城市民生活用水及园林用水。最后,充分利用岗原之间的凹地开凿池沼湖泊,补充了城市的水源,这样河流、渠道、池沼湖泊就构成了长安城水网,而整个城市水网巧妙地划分形成了"八水五渠"水系格局:城外是"八水绕长安",城内是"五渠灌长安",同时每条干渠还分若干支渠,再加上池沼湖泊与上述水渠相通,共同构成了长安城完备的城市水利系统。② 由于水利系统发达、水文环境较好,唐代长安城内兴起大量的私家园林。当时城内因供水充足,许多私家宅院都有规模不等的池潭,皇亲国戚和各级官员因之大兴土木,以营造自家山池园林为风尚。私家园林之外还有诸多皇家大型园林分布在城市周围,长安城北有禁苑、西内苑和东内苑三大皇家园林。③

（二）农业开发与环境变迁

汉末魏晋以来,由于国势衰微,社会长期动荡不安,加上游牧民族不断入侵,关中地区的社会经济发展陷入停滞。唐代建都长安后,开始致力于恢复发

---

① 李令福:《关中水利开发与环境》,北京:人民出版社,2004 年,第 196 页。

② 闫水玉、裴雯:《中国古代都城营建中的生态智慧及其现代启示——隋唐长安、宋代临安、明清北京的实证研究》,《国际城市规划》2017 年第 4 期。

③ 吴宏岐:《隋唐时期对西部地区的经营开发及启示》,《中国历史地理论丛》2002 年第 2 期。

展关中农业经济。唐前期,随着国力的强大及国都长安的繁荣,加上漕渠的修治和丝绸之路的开通,关中平原成为唐代经济最发达的区域,而这一切都以农业的开发为基础。

历经汉末魏晋以来的战乱,关中出现了不少闲置的荒地,朝廷多次将这些土地以各种形式分配给百姓,鼓励百姓开垦荒地。除了鼓励百姓开荒,朝廷还鼓励官员开垦荒地,充分发挥官员的带头示范作用。开元十八年(730 年),"以京兆府、岐、同、华、邠、坊州隙地、陂泽可垦者,复给京官职田"①。将京城周边的"隙地""陂泽"等作为职分田授给京官,由他们负责开垦来作为俸禄的组成部分。关中地区的农业大开发为数量庞大的关中人口提供了生存和发展的可能。"安史之乱"前,关中地区的粮食产量相当可观。"以 4.7% 的人口负担 31.3% 的政府用粮,关中提供给政府的粮食是全国平均水平的 6~7 倍。而在 300 多万石的政府用粮,以及定都关中而带来的大量城市人口产生的巨额城市用粮的压力下,通常年景下它的粮食自给率还能达到 97.8%,若遇丰穰之年,如开元二十五年,就完全不需要漕粮。"② 唐代国力鼎盛时期,关中也正值其繁荣的顶峰。

在耕作方式上,关中地区实行轮作复种制,即在同一块田地上有顺序地在季节间和年度间轮换种植不同作物或复种组合的种植方式。这是一种用地和养地相结合的措施,有利于均衡利用土壤养分和防治病、虫、草害,有效改善土壤性状,调节土壤肥力,防止土壤环境的恶化。唐代农产品的深加工技术也得到了进一步提高,开始利用流水作动力推动碾、硙(石磨)等粮食加工工具,极大地提高了生产效率。天宝初年,高力士"于京城西北截沣水作碾,并转五轮,日碾麦三百斛"③,这样的高效率是以前人力和畜力所达不到的。唐代利用水力带动碾、硙加工粮食的规模很大。关中的富商大贾竞相在用来灌溉田地的河渠两岸设置碾、硙,谋取暴利。

丰富的物产,便捷的交通,使关中地区的经济活动空前活跃起来。作为都城和丝绸之路的起点,长安既是政治中心,也是手工业和商业中心。全国各地的商品纷纷从水路或陆路流向长安,城内有东、西两市,市内店铺林立,商品荟萃,"四方珍奇,皆所积集"④。随着商业活动的发展,长安城的市场冲破了唐前

---

① 欧阳修、宋祁:《新唐书》卷五十五《食货志五》,北京:中华书局,1975 年,第 1395 页。

② 余蔚:《浅谈唐中叶关中地区粮食供需状况——兼论关中衰弱之原因》,《中国农史》1999 年第 1 期。

③ 刘昫等:《旧唐书》卷一八四《宦官列传·高力士》,北京:中华书局,1975 年,第 4758 页。

④ 宋敏求:《长安志》卷八,西安:三秦出版社,2013 年,第 328 页。

期在城市中严格实行的坊市制,从东、西两市延伸到居民区,例如在朱雀街东宣平坊小曲内有卖油者和酒馆。油坊和酒馆都是百姓日常生活中不可或缺的,商铺从市场扩大到居民住宅区,既便利了百姓又繁荣了经济。

经济的发展使人们的生活也变得丰富多彩,长安城里上至皇亲贵胄,下至普通百姓,在春暖花开之时或各种节日,盛装外出游玩,嬉戏饮宴,尽情享受。如神龙年间京城正月望日举行灯会,"金吾弛禁,特许夜行。贵游戚属,及下隶工贾,无不夜游。车马骈阗,人不得顾"[①]。正月十五元宵夜,长安城连宵禁都取消了,不论达官贵人还是普通百姓,纷纷上街观赏花灯,人马熙攘,直至深夜。

然而,需要看到的是,为支持国都的繁荣发展,周边地区就要付出沉重的环境代价。诸如大量砍伐森林、地表侵蚀、水源短缺、运河淤塞等环境问题不断出现并趋于严重。已有的研究表明,唐代关中地区的森林植被逐渐从河谷地退到了山地边缘,而在长安城北部区则完全消失了。砍伐森林引起的水土流失造成为都城运送粮食的运河淤塞。柳宗元在《行路难》一诗中描写了当时的环境意象:"虞衡斤斧罗千山,工命采斫杙与椽。深林土剪十取一,百牛连鞅摧双辕。万围千寻妨道路,东西蹶倒山火焚。遗余毫末不见保,躏跞涧壑何当存。群材未成质已夭,突兀磈礧空岩峦。"[②]可见,当时的关中地区植被破坏已较为严重。黄河中游的洛阳周边也经历了类似于关中地区的遭遇,诸如砍伐森林、水土流失、河流淤塞、农田变成沟壑等。

二、漕运体系构建

魏晋时期南方的开发已经初具成效,在北方移民大规模南迁后,南方的经济开发速度增快,而北方则在游牧民族政权的征战中趋于衰败。但是到了北周末年,杨坚创建隋朝并统一全国后,仍然以北方关中地区作为政治中心。然而,当时在关中建立一座都城是十分困难的,这种困难并不是工程技术上的难度,而是指支撑都城中人口消耗的粮食供给困难。隋代在汉长安城边建都,名大兴城,即为隋唐时期的长安城。当时关中地区主要靠黄河的漕运将黄河下游地区的粮食转运而来。但是大量的粮食补给需要将已经发展起来的南方纳入漕运体系。于是,隋代的统治者开始谋划将主要产粮区通过开挖运河的方式连接起

①　刘肃:《大唐新语》卷八,上海:上海古籍出版社,2012年,第126页。

②　[美]陆威仪:《世界性的帝国:唐朝》,张晓东、冯世明译,北京:中信出版社,2016年,第9~10页。

来(不包括四川成都平原产粮区),这就是著名的隋唐大运河。

隋唐大运河以大兴城为起点,东北至涿郡,东南至余杭,主要由广通渠、通济渠、永济渠、江南运河等构成。《通典》载:(开皇)四年(584年),诏宇文恺率水工凿渠引渭水,自大兴城东至潼关三百余里,名曰广通渠,转运通利,关内赖之;炀帝大业元年(605年),发河南诸郡男女百余万开通济渠,自西苑引谷、洛水达于河,又引河通于淮海,自是天下利于转输;大业四年(608年),又发河北诸郡百余万众开永济渠,引沁水南达于河,北通涿县。自是丁男不供,始以妇人从役。① 《隋书》载:(开皇七年,587年)夏四月,……于扬州开山阳渎,以通运漕。② 《资治通鉴》载:(大业六年,610年)冬,十二月……敕穿江南河,自京口至余杭,八百余里,广十余丈,使可通龙舟。③ 至此,隋唐大运河格局基本构建形成。

广通渠开通后,将大兴城与潼关连接起来,使沿黄河西上的漕船不再经过弯曲的渭水,而是直达长安。通济渠以洛阳为中心,分东西两段:一段自今河南洛阳西边的隋代宫殿"西苑"开始,引谷、洛二水,由偃师至巩县的洛口入黄河;另一段自河南的板渚,引黄河水经荥阳、开封间与卞水合流,又至今杞县以西与卞水分流,折向东南,经今商丘、永城、宿县、灵璧、虹县,在盱眙之北入淮水。开皇七年(587年)为伐陈,开挖大运河的江淮段(即山阳渎),南起江都县的扬子津(今扬州南),北至山阳(今淮安),长约300余里,沟通了长江和淮河。大业四年(608年),为用兵辽东,在黄河北岸开凿了永济渠,北通涿郡。④

永济渠、通济渠、山阳渎和江南运河,将长江、淮河、黄河、海河和钱塘江五大水系串联起来,以洛阳为中心,西通关中平原,北抵河北平原,南达太湖、钱塘江流域,将关中、华北、江南联在一起,形成全国的运河网。⑤ 大运河保障了北方政治中心地位的持续,这种格局在元明清时期进一步强化,国家对大运河的依赖性极强。大运河本身不是一条独立的水系,也并非完全靠人工开挖,而是利用原古海湾低洼地带的一系列湖泊、湿地与河道,串联建造而成。运河的构建打破了我国南北水系的隔绝状态,沟通了五大水系和一系列湖泊,是我国古代

---

①　杜佑:《通典》卷十《漕运》,北京:中华书局,1988年,第983页。

②　魏徵:《隋书》卷一《高祖帝纪上》,北京:中华书局,1973年,第25页。

③　司马光:《资治通鉴》卷第一百八十一《隋纪五·炀皇帝上之下·六年》,北京:中华书局,1956年,第5652页。

④　邹逸麟:《舟楫往来通南北——中国大运河》,南京:江苏凤凰科学技术出版社,2018年,第19~20页。

⑤　武汉水利电力学院等编:《中国水利史稿(中)》,北京:水利电力出版社,1987年,第6页。

人与自然互动历史的最典型代表。大运河保障了国家赋税,实现了南北交通往来的便利,在人类发展史上具有重要地位。

为实现运河的畅通,人为改变了区域的水系结构,也影响了区域的地貌景观。如唐代北方运河体系,促成一些湖泊的形成,在华北平原运河水网格局形成后,太行山东注河流由于受运河的阻拦而宣泄不畅,溢出河槽,慢慢地便在低洼处形成了许多湖泊。根据《元和郡县制》所载,唐代华北平原内方圆在 30 里至 80 里的大淀泊就有近 10 个,主要有莫县一带的"九十九淀"(今白洋淀的前身),相州(今河南安阳)的鸬鹚陂,定州(在今河北)的阳城淀、天井泽,以及深州(在今河北)的大陆泽等。唐代通过局部开挖小支流将这些淀泊串联在河网系统中,使华北运河以河流廊道发挥连通航运功能,以湖泊斑块发挥水量调节的系统化网络格局得以建立,更得到防洪蓄滞的保障,且兼收灌溉、渔副业之利。

大运河的修筑实现了沟通南北,连接经济腹地与国家政治中心的功能。但运河修建后也带来一些生态问题,诸如一直存在为保运河而与沿途水系争夺水源的矛盾,这导致一些地区在长期的保运过程中被局部牺牲,造成部分区域性的生态贫困。

总体而言,与秦汉时期相比,隋唐时期的关中环境已开始出现退化。战国时期,关中地区号称"天府之国","沃野千里,积蓄饶多,地势形便,此所谓天府,天下之雄国也"[1],土壤肥沃,在《禹贡》九州土壤分级中,所属之雍州黄壤,肥力为上上,是最好的土壤。关中地区水力资源丰富,战国末修有郑国渠,汉代又修筑了多条灌溉渠。唐代,长安周边的水资源出现减弱,水利工程灌溉农田的面积也有缩减趋势,虽然农业开发推进力度极大,但由于环境承载力在下降,以长安为核心的关中地区开始出现粮食供应问题。进入唐末五代后,关中平原环境恶化的趋势也越来越明显,长期作为首都的负面效应也开始凸显,大修宫殿、农业开发,周边森林被大批砍伐,水资源也在水利工程的推进下被开发到极致。

第二节　北方环境恶化与王朝由盛转衰

经过唐初的休养生息,关中地区人口快速增长。从官方统计的人口数字看,隋大业五年(609 年),京师所在的京兆郡入籍人口 159.5 万人,唐天宝元年(742 年),京兆府入籍人口达 196 万人。就今陕西而言,唐天宝元年(742 年)关中地

---

[1]　顾祖禹:《读史方舆纪要》卷一《历代州域形势一·秦》,北京:中华书局,2005 年,第 27 页。

区的入籍人口多达 318 万人，其面积仅占全国的 19%，人口却占全省的 75%。[①]
可见关中地区的人口密度之大。

一、环境压力与环境灾害

唐代森林面积不断缩小，关中等平原地区几乎没有森林。而关中地区居民
生活消费、营建宫室都需要大量的木材，特别是唐长安城规模宏大，是当时世界
上最大的城市之一，其面积达 84 平方千米，是汉长安城的 2.4 倍。城内宫殿林立，
官署、佛寺道观、官员府第、富商宅院等建筑对林木的需求极大。

唐代长安城内人口密度极大，人们生产生活对木材的消耗量很大。唐后期
统治阶层竞相奢靡，大肆营建豪宅，所需林木资源更是难以计数。长安城近处
的山林已难以满足要求，只得不断向更远的山地进军。唐代在今宝鸡、眉县、周
至、户县等境内，分别设立四处监司，就近采伐林木，而采伐范围更远及岐山和
陇山，这使关中周边山地的森林也受到严重破坏。开元、天宝年间，关中地区已
经找不到 5~6 丈长的松木了。代宗大历初年建章敬寺时，因难以找到合适的木
材，不得不毁坏曲江诸馆、华清宫楼榭等建筑，"收其材佐兴作"[②]。

关中地区广设牧场也是造成森林资源破坏的一个原因。唐代关中地区
牧马取得了很大成就，从唐初到开元二十五年(737 年)，马匹的数量从最初的
3 000 匹增长到 706 000 匹。为饲养数量庞大的马匹，唐代在关中设置了众多马
坊，特别是在水草丰美的岐(今陕西凤翔)、邠(今陕西彬州)等地设置 8 个牧马
坊养马，这"八坊之马为四十八监，而马多地狭不能容，又析八监列布河西丰旷
之野"[③]。一百多年的时间里，马匹数量增长了二百三十多倍，以致当时马价极其
低廉，"方其时，天下以一缣易一马"[④]。人口稠密的京师养马上万匹，自然会占
据大量土地，给地狭人多的京师带来巨大压力，所以有大臣建言请减少京师马
匹数量。数量众多的马场不仅占据了大量土地，而且会对森林造成破坏。

与历史上同样长期以长安为都城的西汉相比，关中地区在这两个时期的温
暖程度相当，西汉年均气温大约比现在高 1℃至 2℃左右，唐代年平均气温比现
在高 1℃左右。但唐代关中地区的自然灾害频率之高、危害程度之大，比西汉形

---

① 薛平拴：《隋唐时期陕西境内的人口迁移及其影响》，《中国经济史研究》2004 年第 4 期。

② 欧阳修、宋祁：《新唐书》卷二百七《宦者列传上·鱼朝恩》，北京：中华书局，1975 年，第
5865 页。

③ 欧阳修、宋祁：《新唐书》卷五十《兵志》，北京：中华书局，1975 年，第 1337 页。

④ 欧阳修、宋祁：《新唐书》卷五十《兵志》，北京：中华书局，1975 年，第 1337 页。

势要严峻得多。[①] 以水旱灾害为例,西汉定都长安年间,一共发生旱灾 32 次,平均 7.1 年 1 次,水灾 10 次,平均 22.7 年 1 次。而唐代建都年间,关中地区一共发生旱灾 122 次,平均 2.37 年 1 次,水灾 86 次,平均 3.37 年 1 次。唐代灾害频率之高,为有史以来之最,形成了关中历史上水旱灾害发生的第一个高峰。[②] 水旱灾害频发与自然气候背景关系密切,但环境恶化与诱发灾害、乃至扩大灾害影响程度也有直接关系。

二、"安史之乱"与北方环境

唐代前期,北方游牧民族虽然不断南下侵扰唐边境,但唐代经济实力强大,游牧民族并未能威胁唐朝的根本。从 8 世纪中叶开始,北方游牧民族的生存环境压力增大,意欲外拓,对唐边境的威胁日益增大。为了稳定边境,朝廷只好不断扩充边军,军事形势逐渐由唐初的"内重外轻"变成"外重内轻",频繁的战乱及大量军队供给都给经济造成巨大压力。受大环境的影响,唐代境内的气候环境也趋于寒冷,这就使经济形势雪上加霜。双重压力之下,爆发了"安史之乱"。战乱中,关中地区作为国都所在区域,首当其冲成为国内叛军和吐蕃、突厥等少数民族争相掠夺之地,吐蕃甚至于唐代宗宝应二年(763 年)攻入长安,烧杀抢掠,对长安城造成极大破坏。

虽然唐代后期的南方人口数量仍略少于北方,但"安史之乱"后朝廷丧失了对黄河流域大部分地区的直接控制,长江流域逐渐成为国家的经济中心与主要财源。"安史之乱"直接导致中央对南方的依赖程度加大。

"安史之乱"后,各地藩镇割据,地方反叛不断,但唐朝国祚仍维持了一百多年,主要依靠江南地区的财富支撑。王夫之在《读通鉴论》一文中言:"安史作逆以后,河北乱,淄青乱,朔方乱,汴宋乱,泾原乱,淮西乱,河东乱,泽潞乱,而唐终不倾者,东南为之根本也;唐立国于西北,而植根本于东南。"[③]战乱以后,中央失去对东北大部分地区的控制权,不能再从当地征税;另外,北方大部分地区进入藩镇割据状态,中央只能更为依赖南方提供的补给以勉强维持。

"安史之乱"对北方环境的影响主要体现在人口的大量消亡和迁徙,导致北

① 朱士光、王元林、呼林贵:《历史时期关中地区气候变化的初步研究》,《第四纪研究》1998 年第 1 期。

② 刘英:《唐代关中地区水旱灾害与政府应对策略相互关系研究》,陕西师范大学博士学位论文,2010 年,第 85 页。

③ 王夫之:《读通鉴论》卷十四,北京:商务印书馆,1936 年,第 678 页。

方许多地区出现土地荒芜、农业退化。以今河北为例，隋唐初期，河北为北方文化发达、经济富庶、人才众多的区域，"安史之乱"后，河北地区被幽州、成德、魏博、义武、横海、昭义六镇分割，由此形成"多兵"局面，战乱频繁，农业耕作环境遭到破坏，人类赖以为生的自然生态系统也遭受影响。

"安史之乱"后，北方在经济上的实力虽然仍优于南方，但由于北方藩镇割据，造成国家财税中心的实际南移。为了加强南方财税向朝廷的输送，以保护和扩大税源地，朝廷不断加大对南方的投入，大大加快了南方开发的进程。从我国古代历史发展的整体演变过程看，"安史之乱"在客观上大大推进了中国经济重心的南移，其背后也隐藏着南方环境转变的线索。

第三节　南方环境与地位转变

一、南方持续发展与南方意象的地理转移

环境史研究近些年已摈弃"开发—破坏"的叙述逻辑，环境的"改变"绝不等于环境的"破坏"。有学者提出人类干预环境有限度差异，区域环境敏感度的天然差异决定了人类干预环境程度的区域差异，而不同生产背景下的环境"临界线"差异使人类干涉环境的程度形成了时间差。[1] 唐代江南地区的环境在人类开发过程中发生了显著改变，但这种改变并不是破坏，相反，通过水利工程、农田开发，使江南的环境更趋于优美。"江南好"的审美意境在此时形成。江南地区的环境由美向差转变大概在宋代以后。而南方的许多地区，人类开发导致的所谓"破坏"的时间也有所不同，岭南地区宋元以后开始有大的变化，西南云贵地区的环境破坏变革期则在明清以后。

相比于长江下游的江南地区，上游的四川成都平原地区开发较早。唐代，成都平原地区的环境已开始出现恶化的趋向。就人类开发力度而言，战国时期在成都平原就已修筑了都江堰，成都变为天府之国，能生产大量粮食，养活大量的人口。如同其他地区一样，这些人口的住房和取暖都需要对森林的大规模砍伐。到唐代，覆盖四川盆地与周边山地的原始森林已经被砍伐殆尽，农民只能种植桤木和其他速生林来做薪材。[2] 这种情景被生活在成都的诗人杜甫记录了

---

[1] 蓝勇：《中国环境史研究与"干涉限度差异"理论建构》，《人文杂志》2019 年第 4 期。

[2] ［美］陆威仪：《世界性的帝国：唐朝》，张晓东、冯世明译，北京：中信出版社，2016 年，第 15 页。

下来,言:"草堂堑西无树林,非子谁复见幽心? 饱闻桤木三年大,与致溪边十亩阴。"[①]

　　相比四川成都平原的较早开发并出现一些环境退化问题,隋唐时期长江中下游的开发呈现出另外一番景象。唐代长江流域的农业集中在河谷、下游三角洲,以及中部低地大湖周围的沼泽地,而不是山坡,表明人类在向低湿地改造利用方向推进。长江中游以洞庭湖和鄱阳湖为地理标志,沿江还有很多小一些的湖泊和沼泽湿地储蓄过度降水产生的径流。长江三条大支流(汉水、湘江、赣江)注入这些湖泊,过赣江后,长江流速放慢,变得开阔。下游江水在入海口处的沉积物形成了巨大肥沃的三角洲,即为长江下游地区。唐代后期长江下游以太湖为核心的水网系统的逐步构建,促使江南核心区圩田、水网景观逐步形成。

　　长江下游的江南地区到唐代逐步积累了环境开发的必要人口,而且在唐代中期的北方战乱之后,江南地区的人口进一步增加,为开发江南环境奠定基础。江南地区在唐代逐步成为新的基本经济区,离不开南方自身优越的资源禀赋。江南地区降水多,河湖溪流众多;与北方寒冷的气候相比,南方高温湿润,适合作物的复种,粮食单位产量高。

　　唐代,"南方"虽然在当时的文学作品中仍被描绘为遍布丛林、沼泽、瘟疫、毒草、野兽的蛮夷之地,是众多被贬黜的官员一去不复返的流放之地。但在唐代这种"南方"的地域范围在纬度上明显向更南的区域转变。在汉代,对南方的蛮夷定性,区域主要指长江流域,但到唐代,这一区域转移至今天的福建、广东、广西等地区。这一转变反映了人口几百年来持续南移对当地地形景观带来的影响与改变。

二、低湿地开发与江南农田景观

　　北方水利工程主要是为了解决干旱问题,南方主要的环境问题则是由于低湿地过于潮湿,不适于耕种。随着更多北方人移居南方,人们修筑大大小小的排水工程,经历了几个世纪之后将广阔的湿地变成农田。

　　在北方,国家通过修筑和维护大坝来控制洪水,而当地灌溉系统的水源来自河流支流和农夫挖的井。而在长江流域,最重要的技术就是把过多的水排到人工水池,需要时可再从水池中引水。堤坝不仅用来控制洪水,也用来开垦低地。

---

① 彭定求:《全唐诗》卷二百二十六,北京:中华书局,1960年,第2448页。

　　唐代，随着生活在南方的人口数量增加，稻米成为主要的粮食作物之一。虽然北方培育了可在旱地栽培的品种，但水稻生长的最佳环境仍然是南方潮湿的水田。水稻种植的特性至少以两种方式对社会秩序造成影响：其一，水为农作物输送养分，相比于土壤质量，种植的成败更取决于水的质和量及用水时机。因此即使在水源丰富的南方，也必须建造、操作和维护复杂的灌溉工程和水利设施。其二，水稻种植需要消耗大量的劳动力，因此高度依赖农民的勤劳和技巧。保持水深一致、整地、养护水堤需要持续的劳作。[①]插秧最为费力，因此，从唐代开始南方开始形成精耕细作的稻作农业体系。

　　南方精耕稻作的核心是江南地区。历史时期，江南的地理空间范围在不同时期所指不同，但总体上呈空间范围缩小聚焦之势，到唐宋时期逐渐形成了今天文化、经济意义上的江南地域范围，而唐代是江南经济、文化核心概念形成的关键时期。秦汉时期，江南主要指今长江中游以南的地区，即今湖北南部和湖南全部。江南地区气候湿热异常，生产方式原始，经济相对落后，人民仅得温饱。相对于湖南湖北，今皖南、苏南一带在秦汉时期被称作江东，是因为长江在今芜湖至南京间作西南—东北走向，这段河道在秦汉三国时期是长江两岸来往的重要通道，因而从中原地区来的人视渡江为往东，而不是向南，视此段长江两岸为东西岸，而不是南北岸。推而广之，自然以芜湖、南京一线以东为江东地区。相对而言，此线以西即为江西地区，但指的是今安徽江北之地，与今天江西的含义完全不同。今天的苏州一带自先秦以后即称吴，明清时期是江南地区的中心。东汉末年，孙策割据江东建立吴国，因此江东又常用以指吴国。同时，按古来的习惯，面对江源，又可称江两岸为左右岸，因此江东在魏晋以后又习称江左。东晋南朝以今南京为都，统辖江淮以南半壁江山，时人称之为"偏安江左"。魏晋以后，与江南、江左并行的还有江表一词，意为长江以外地区。行政意义上的江南概念到唐代才最终形成。唐太宗贞观元年（627 年）分天下为十道，江南道的范围完全处于长江以南，自湖南西部迤东直至海滨，这是秦汉以来最为名副其实的江南地区。因为十道是以山川形势划定的地理区划，所以概念清晰无误。由于江南道地域过于广袤，唐玄宗开元二十一年（733 年），又把它分成江南东道、江南西道和黔中道三部分。唐后期，江南西道又一分为二，西部置为湖南道，东

---

　　① ［美］陆威仪：《世界性的帝国：唐朝》，张晓东、冯世明译，北京：中信出版社，2016 年，第18~19 页。

部仍称江南西道,简称江西道,这就是今天湖南、江西两省省名的起源。[①]江南不是完全意义上的行政区域概念,有指代文化与经济的内涵,到唐代中期以后江南的范围逐渐被核心区域代表,而核心区即在长江下游的太湖流域。

　　唐代南方开发最典型的地区即为江南,并在此时形成文人笔下的"江南好"的美学认知。从知识生成史角度考察,"江南好"是一个逐步形成的过程。汉代没有人说江南好;六朝长期的发展,河道与农田景观不断地从一片沼泽中形成;唐代有了"江南好"的意象,发展到唐末,已经是"人人尽说江南好"了。白居易有大量赞美当时江南的诗歌,如《忆江南》其一:"江南好,风景旧曾谙。日出江花红胜火,春来江水绿如蓝。能不忆江南?"白居易属于"安史之乱"以后的人,当时的江南已经成为文人歌颂对象了,他青年时曾多次到过江南,对"江南好"有切身感受,因而多次回忆江南。韦庄在《菩萨蛮·人人尽说江南好》中如此说江南:"人人尽说江南好,游人只合江南老。春水碧于天,画船听雨眠。垆边人似月,皓腕凝霜雪。未老莫还乡,还乡须断肠。"江南已成为景色优美之乡,吸引无数文人游客前往。

　　从景观形成过程看,王建革指出,经典的江南风光是逐步形成的。六朝以前当地长期是"火耕水耨"的农作环境;六朝以后由于屯田制的推动,江南开始出现初步的圩田与河道棋布景观;唐代中后期,江南好风景的各个层面开始形成;唐代末年,作为太湖主干出水口的吴淞江流域形成了大圩和塘浦河道的网络形态,在此基础上,农田景观配以一定的野生风光,形成经典的江南好风光。就唐代来说,唐中前期很少歌颂江南的诗歌,"安史之乱"发生时,江南的开发还没有达到一定水平。"安史之乱"后,朝廷对江南愈发重视,江南之美也进入诗人视野。唐代中后期形成的农田景观大致经过两个系统发展阶段:第一阶段是在大片沼泽地中形成塘浦与圩田,这种农田景观是通过国家或军队的力量而形成的;第二阶段是圩岸景观与圩内作物景观开始形成,火耕时代的杂草逐步消失,稻麦形成规模,半野生的杂草与稻田相混合的植被转化为几乎纯粹的农作物植被,逐步形成"江南好"的农田景观。那时的大圩与河道非常宽大而有序,树木与野生植被多样化,江南田野呈立体化状态。[②]

　　钱塘江以南的浙东宁绍地区也属于江南范围。唐代,由于宁绍地区的水利

---

　　① 周振鹤:《释江南》,《中华文史论丛》第 49 辑,上海:上海人民出版社,1992 年,第 141~147 页。

　　② 王建革:《唐末江南农田景观的形成》,《史林》2010 年第 4 期。

发展,当时人与环境处于相对平衡的和谐状态,这种平衡和谐之美在文人文学作品中也有体现。唐代中后期,文人大量游历宁绍地区,留下了众多抒发宁绍山水之美的诗歌,形成一条独特的"唐诗之路",贯穿浙东的越州、明州、台州、温州、处州、睦州、衢州、婺州八州,其中以鉴湖为中心的越州最为诗人们所热衷。"唐诗之路"在横跨钱塘江后,经越州萧山渔浦、西兴,一路向东,经浙东运河,渡鉴湖,游览浙东山水风光。据统计,唐代有400余位诗人在沿着这条路线游玩中,留下了许多名篇佳作。其中唐代诗人咏吟鉴湖及沿湖风景的诗歌中,鉴湖有72首、若耶溪75首、禹陵10首、兰亭15首、东湖19首、柯亭2首,共193首。其中李白三次入越,创作的鉴湖诗至少有15首。[①]

宋代地理名著《方舆胜览》中有记述鉴湖的文字,其中引用李、杜诗歌:"镜湖,在州南二里,后汉马臻顺帝永和五年为太守,于会稽、山阴二县界筑塘,周回三百一十里以蓄水。《舆地志》曰:南湖在城南百许步,东西二十里,南北数里,萦带郊郭,连属峰岫,白水翠岩,互相映发,若鉴若图,故王逸少云:从山阴路上行,如在鉴中游。湖水高平畴丈许,筑塘以防之,开以泄之,水适中而止,故山阴无荒废之田。李白诗:鉴湖三百里,菡萏发荷花。五月西施采,人看隘若耶。杜甫诗:越女天下白,鉴湖五月凉。剡溪蕴秀异,欲罢不能忘。"[②]古人称未开的荷花为菡萏。李白诗中提到的即为鉴湖大水面及水面上的荷花景观;而杜甫的诗歌则表现的是另一种自然与人文之美,鉴湖五月气候凉爽,采莲女在湖上采莲,让人流连忘返。唐代中后期,文人笔下出现大量歌咏江南采莲女的诗歌,这种诗文其实是当时水域环境与植物生境的反映。荷花属于浅水的挺水植物,其生存水域的水位不需太深,但也不能太浅。在唐代后期,江南许多的湖泊水域呈现出大面积浅水但未围垦的局面,有大量的浅水植物野生在水面上,其中以荷花最为典型。宋代,随着人口压力的不断增加,人们不断向水域进发,水位不是很深的大水域湖泊不断遭到围垦,排干湖水后即成为农田,南宋时期鉴湖即在此背景下逐渐退废了。

唐代时期的鉴湖,水域面积广大,水面上大量分布有野生的水生植物,呈现出十分优美的景观画面。因此,李白的诸多诗文对鉴湖都有赞美,如《送王屋山人魏万还王屋》是赋咏浙江名胜尤其是浙东名胜的名篇,在这首诗中,他以稽山、越城为背景,对镜湖的秀丽风光极为赞赏:"遥闻会稽美,且渡耶溪水。万壑

---

① 邱志荣、陈鹏儿:《浙东运河史(上)》,北京:中国文史出版社,2014年,第253~266页。

② 祝穆:《方舆胜览》卷六《浙东路·绍兴府·山川》,北京:中华书局,2003年,第108~109页。

与千岩,峥嵘镜湖里。秀色不可名,清辉满江城。"由于鉴湖美景吸引人,鉴湖源头水系若耶溪也一并成为诗人歌咏对象,《方舆胜览》载:"若耶溪,在会稽县东南,北流二十五里,与鉴湖合。"[①]若耶溪水北流入鉴湖,当时的鉴湖近看水清如镜,远看水天一色,李白有《越女词》五首,其五云:"镜湖水如月,耶溪女如雪。新妆荡新波,光景两奇绝。"

隋唐时期,南方人与自然互动关系的典型代表即为水利工程推进和农业开发。农业开发推动了江南地区水土环境的优化,呈现出"江南好"的审美意象。水利工程的推进改变了当地的农业水土环境,也逐步塑造出江南的水乡景观。江南地区从唐代开始就逐步成为我国最重要的基本经济区,这种经济中心地位的取得是在水利技术的推进与提升过程中完成的,水利不仅塑造了江南的水乡农业,也逐步完成了江南核心区从自然水域景观向人为构建的水网景观转变。[②]水利主导着该区域经济、社会的发展,并影响着当地的环境变化。

总体而言,隋唐时期是我国南北方环境变迁的关键时期。在经过南北朝的分裂与动乱以后,隋唐重新将政治中心确立在北方,并以关中为核心,这种努力可称为再造中心。隋唐在以关中为核心的黄河流域开展各项改造环境之活动,诸如大力推进水利工程修建、拓展农业开发区域,导致关中地区人口密集,而这也进一步消耗着关中地区的环境资源。

同时,隋唐时期在缓解北方人地矛盾关系上做出了新的努力,即大力修筑南北运河,运河纵贯南北多条大江大河,从长安到洛阳,再到南京、杭州,形成一条沟通南北的水上"高速公路",既可以将南方粮食等输送到关中、洛阳地区,又灌溉滋润着沿岸土地,当然也带来了一些新的生态问题。隋唐时期南北方变化可以"安史之乱"为重要转折点,"安史之乱"以后北方因战乱而衰落;南方则在大量人口进入后,农业生产进一步发展,在一段时间内,人地关系呈良性平衡状态,形成"江南好"的生态和文化意象。

① 祝穆:《方舆胜览》卷六《浙东路·绍兴府·山川》,北京:中华书局,2003年,第109页。
② 耿金:《13~16世纪山会平原水乡景观的形成与水利塑造》,《思想战线》2018年第3期。

第十章　宋元时期的南北方环境变迁

隋唐时期,特别是在唐代,北方(主要指华北、关中地区)的森林遭到大面积砍伐,森林已基本从平原农业区消失,但这并不意味着北方的环境已恶化到不能支撑北方发展的程度,北方很多地方还建起了有城墙的县城及一些更大的城市,乡村的土地被有序开垦,形成广袤的农田景观。而在宋代,北方的环境、民生直接与黄河的治理和水文变化关联。本章主要介绍宋元时期黄河流域生态系统与社会系统互动过程,以及南方(包括江南与岭南)开发进程与环境状况。

第一节　黄河下游水文与华北环境

黄河是中华民族的母亲河,源出青海巴颜喀拉山北麓约古宗列盆地,流经青、川、甘、宁、内蒙古、陕、晋、豫、鲁,在今山东垦利入海。历史时期,黄河下游曾北达海河,南抵淮河。黄河自古即多泥沙。黄河下游河道决口泛滥日趋频繁,成为影响宋代北方黄河下游、淮河流域生态走向的重要因素。

黄河下游河道变迁大致有七个重要阶段:(1) 公元前4世纪以前。黄河下游流经河北平原入海,因两岸堤岸未筑,河道变动频繁,人们在黄河下游难以长期定居;(2) 公元前4世纪至公元初年(战国中期至西汉末年)。战国中期黄河下游地广人稀,初筑堤时,两岸距离较远,河流主干在堤内游荡,至西汉文帝时开始出现大规模的决口、改道,是秦汉时期黄河中游大规模垦殖发展农业,导致水土流失的结果;(3) 公元1世纪至10世纪(东汉至唐末)。东汉王景治黄河,此后800年,黄河下游河道出现相对稳定的局面,当然主要原因是农业垦殖方式的变化,自东汉开始,北方游牧民族入居黄河中游,大片耕地退耕还牧,水土流失减缓,黄河泥沙含量下降,故下游河床稳定;(4) 公元10世纪至1127年(唐末至北宋末)。东汉以来,经过千年的堆积,黄河下游河道已淤高,进入唐末五代,黄河下游河道决口频率增加,开始出现部分悬河,以后河口段逐渐淤高,决口地点不断上移,黄河下游也进入变迁紊乱的时代;(5) 1128年至16世纪中叶(南宋至明嘉靖年间)。南宋建炎二年(1128年)宋东京留守杜充在河南滑县西南李固渡扒开渡口,使黄河东经豫东北、鲁西南地区,汇泗水入淮河,从此黄河不再进入河北平原,在此后的700余年,黄河向东南流入淮河入海,也称为黄河"夺淮入海",但是黄河下游还同时呈现多股分流的局面;(6) 16世纪中叶至1854年(清咸丰四年)。黄河下游多股分流的局面基本结束,经过明代万历年间潘季驯筑堤束水,以水攻沙治理后,下游被固定为单一河道,即今天的废黄河;(7) 1855年(清咸丰五年)至1949年。咸丰五年六月,黄河在兰阳铜瓦厢决口,洪水先冲向西北淹及封丘、祥符各县,又向东漫流于兰仪、考城、长垣等县,分成三股,皆向东北流至张秋镇,汇合后穿山东运河经小盐河入大清河,由利津牡蛎口入海。至此黄河结束了700余年由淮入海历史。[①]

宋代为黄河变动的关键时期,特别是两宋之交的黄河大改道,对华北、淮北地区的生态环境带来根本性影响。由于黄河在这段时期从淮河入海,且黄河携带大量泥沙入海,我国东部海洋在北以辽东半岛为界,南以长江口北岸为界,形成了"黄海"。

濮德培(Peter C.Perdue)指出,黄河在历史时期有着自身的生态系统,这种生态系统由于人类活动参与其中而表现周期性的演变规律,即早期人类在黄河流域定居,为保护聚落的安全,人类在河流两岸修筑堤坝,这样上游来的泥沙只能聚集在一条河道中,导致中下游的河床升高。为了应对升高的河床,定居者和水利人员努力建造更高的堤坝。为了维持河水安流,这个系统需要更多的资金和劳动力,然而在历史上,人们没有解决抬高河床产生的压力问题,于是河流冲破堤岸,导致生态灾难的发生。从人类角度看,灾难发生意味着大量人民迁移,大片农田和村庄的破坏。而灾难过后,新的聚落又重新建起来,新的周期又开始了。濮德培将黄河视为一个复杂的生态系统,自然系统、人类社会系统间的依赖、共生、改造等关系在黄河上集中展现,利害相依:"黄河为华北成千上万的(人)提供重要的灌溉水,并带来肥沃的土壤,但是因为黄河经常泛滥,毁田坏屋,所以也成为人们的心腹之患。黄河也是中国统治者所干预的对象,这些统治者认为治水是维护他们的统治的基础,黄河还是他们在战争中用来对付敌人的军事武器。最后一个要点是,它也是一个巨大的自然系统,把上游的森林地带、黄土区以及来自中欧亚的降水与低地三角洲和中国沿海连接起来。但是它

---

① 邹逸麟编著:《中国历史地理概述》,上海:上海教育出版社,2005年,第30~38页。

也是一个容易决口、反复制造生态和人类灾难的自然系统。"[1] 黄河问题成为制约北宋发展的重要自然阻力。

黄河在南宋建炎二年(1128年)人为决口改道以前,已经开始在下游不断决口了,比如北宋庆历八年(1048年)黄河冲破开封以北的提防,洪水漫过平原,在今天津市附近注入渤海,估计这次黄河决口导致多达百万人口死亡或逃亡。北宋庆历八年黄河溃决后,主干河道北流,但仍有部分原河道继续维持河流排水,北宋的官员想努力使南北两条河道的水量均匀,以降低洪灾的可能性。黄河改道向北的这场洪水,开启了(北方黄河下游)此后长达80年的环境退化过程。[2] 而此后南宋建炎二年的人为决口,则将北方的环境退化过程持续并扩大。

北宋庆历八年(1048年),黄河在澶州商胡埽(今河南濮阳东)决口,北流经滹阳河和南运河之间,在今青县一带汇入御河(今南运河),黄河河道较前向西摆动,是为黄河的北派;12年后,北宋嘉祐五年(1060年)黄河又在大名府魏县第六埽(今南乐西)向东决出一支流,东北流经一段西汉大河故道,下循笃马河(今马颊河)入海,是为黄河东派,此后,北宋朝廷在围绕将黄河维持在北派还是东派问题上争论了80年,直到北宋灭亡。就当时的自然条件而言,黄河行北派比东派有利。东派经冀鲁交界地区,该地区经战国至西汉和东汉大河1000余年的流经和泛滥,地势淤高。在北宋灭亡前的80余年间,黄河东北二流并行仅15年,强行闭塞北流,逼水单股东流16年,单股北流49年。在黄河治理上,朝廷党争也影响着黄河下游的生态走向。北宋中期政坛经历了庆历新政、熙宁变法、元祐更化等政治变革,新旧党争十分激烈,各个集团为了政治问题相互攻讦,凡事不问对错,对方主张者,必反其道而攻之。黄河治理问题也成为不同政见者争论的热点,一派主张东流,另一派必主张北流。主张东流一派得势,即堵塞北流,决而东流;主张北流一派得势,即阻塞东流,决而北流。于是黄河出现时而东流,时而北流,时而两派并存的混乱局面。[3] 由于政治因素导致的治河混乱,表现在生态上的恶果即为黄河下游地区河水决溢连年,致使水患不断,人民

---

① [美]濮德培:《万物并作:中西方环境史的起源与展望》,韩昭庆译,北京:生活·读书·新知三联书店,2018年,第230~231页。

② Ling Zhang. "Changing with the Yellow River: An Envirnmental History of Heibei, 1048–1128",转引自[美]马立博:《中国环境史:从史前到现代》,关永强、高丽洁译,北京:中国人民大学出版社,2015年,第199页。

③ 邹逸麟:《中国历史地理十讲》,上海:复旦大学出版社,2019年,第187~188页。

流离失所。

　　黄河不断地泛滥、改道,泥沙不断淤积于沿岸土地,导致华北平原上无数的小河流被泥沙淤塞,小河流改道或干涸。而为了修河堤,当地居民又伐光了附近山区的树木,为水利工程提供材料。此外,由于黄河河道溃决改道,下游洪水淹没农田,导致土地受涝并盐渍化,河水所淤之地,寸草不生,加之贫瘠无养分的泥沙覆盖,大片土地失去原来的植被,形成一个个沙丘。此外,原下游地区的湖泊、池塘经常被淤塞,甚至城市都被埋在黄河的泥沙之下。华北平原很多曾经肥沃的土地变成了沙地。在黄河最终完全改道向南后,北方遗留下的河道成为沙源,风起时沙尘肆虐华北地区。①

　　黄河下游的决口改道也直接加大了后期人类治理黄河的难度,这其中包括来自修筑堤坝物料缺乏的问题。修筑堤坝所用的物料,早期利用周边地区的森林木材,到后期特别是明清时期使用作物秸秆。明清时期,治理黄河过程中的高粱秆等原本可以用来作燃料的作物秸秆也变得十分稀缺,这又进一步加剧了当时淮河流域的燃料危机,反映出黄河治理对周边森林生态系统压力巨大。

　　在黄河改道史上,需要重点关注北宋末年东京留守杜充决黄河以阻金兵事件。《宋史》载,建炎二年(1128年),"是冬,杜充决黄河,自泗入淮以阻金兵。"②南宋《建炎以来系年要录》也记载此事:"十一月,乙未,东京留守杜充闻有金兵,乃决黄河入清河以沮寇,自是河流不复矣。"③南宋杜充决黄河,使黄河下游及入海口发生了数百千米的变化,黄河河道全流由泗水入淮河最终入海,入海口从海河渤海湾改经淮河入黄河。在黄河夺淮入海前,黄河下游部分支流或短期黄河主干河道汇入淮河,但未能引起淮河流域水系环境的根本变化。而南宋建炎二年黄河夺淮以后则不同,淮河的干流被黄河长期侵占,导致原黄河下游地区以及淮河流域此后数百年[直到清咸丰五年(1855年)黄河再改道向北入渤海]生态环境发生根本变化。虽然在南宋建炎二年以后,黄河还有部分年份(1166年、1167年)向北注入渤海,但到南宋淳熙七年(1180年)以后,黄河没有争议地全流入黄海。南宋建炎二年至清咸丰五年的黄河下游大规模改道,黄河在苏北北部入海,在淮河三角洲之前形成黄河三角洲,由于黄河泥沙沉积物直接入南

---

　　① [美]马立博:《中国环境史:从史前到现代》,关永强、高丽洁译,北京:中国人民大学出版社,2015年,第199页。

　　② 脱脱等:《宋史》卷二十五《高宗本纪二》,北京:中华书局,1985年,第736页。

　　③ 李心传:《建炎以来系年要录》卷十八,北京:中华书局,2013年,第467页。

黄海,使得黄河入海沉积物范围向南移动。[①] 这种泥沙沉积物的南移甚至影响了长江三角洲南部的杭州湾地区,当地的泥沙沉积与海岸线演变或与黄河改道有关,伊懋可指出:"人类干预黄河水文在促成及加速杭州湾余姚扇形地之成长上扮演了重要角色。"[②]

黄河夺淮入海后,对淮河流域的环境带来极大影响,淮河流域由南宋以前经济发展较好的地区,变为水灾频发、土壤盐碱化严重、生态趋于恶化的地区。由于黄河泥沙多,夺淮后,泥沙堆积在原淮河河床上,日积月累,黄河很快成为地上河;黄淮交汇处,由于淮河下游排泄不畅,河水倒灌潴滞,形成洪泽湖巨浸,为防止湖水东决,在湖东岸修筑了高家堰,随着湖面不断扩大,堰不断加高,淮扬地区的危险性越来越大。[③] 因此,淮河流域因黄河夺淮而变得越来越贫困,人口下降,土匪横行,成为经常发生骚动的地区。当然,淮河流域的生态退化不能完全归咎于黄河改道,这里还有诸如因维持大运河体系而对周边森林的砍伐,以及因维护运河通畅而人为忽视、甚至是牺牲对淮河段黄河的治理等因素共同作用。

第二节　江南渐变:农田、水环境与灾害

一、水利技术与农业开发深入

宋代,南方地区的农业开发进入成熟阶段,特别是江南地区,水利技术发展,圩田开发力度加大,也促成了宋代江南地区优美的景观格局。宋代文人不像六朝大家士族那样占有比较大的景观空间,一般选小生境构建私人空间,因此宋代以后江南园林普遍出现。虽然环境空间比前代小,但宋人对景观的经营程度比前代高。南宋时期,随着江南开发达到一定程度,优美的自然风光相对衰退。明代江南的野生景观大规模消失,人们开始认可农业景观和庭院景观,文人审美更多转向农田景观描写。[④] 江南环境之美开始出现衰退,与农田开发大量挤压水域,导致大水域景观格局消失,水体呈碎片化发展有关。

---

① 薛春汀、刘健、孔祥淮:《1128—1855 年黄河下游河道变迁及其对中国东部海域的影响》,《海洋地质与第四纪地质》2011 年第 5 期。

② [英]伊懋可、苏宁浒:《遥相感应:西元一千年以后黄河对杭州湾的影响》,刘翠溶、伊懋可主编:《积渐所至:中国环境史论文集(下)》,台北:"中央研究院"经济研究所,1995 年,第 572 页。

③ 邹逸麟:《中国历史地理十讲》,上海:复旦大学出版社,2019 年,第 100 页。

④ 王建革:《江南环境史研究》,北京:科学出版社,2016 年,第 579~583 页。

从稻作农业发展看,宋元时期是我国古代江南地区稻作发展的关键时期。稻作发展需要有水稻土的发育与成熟。水稻土形成受多方面的因素影响,诸如地势、水环境、感潮程度等,但最重要的是水环境改变与农作技术改进。水稻土的形成需要人类能控制水文,保持土壤长期处于干湿交替状态,而这个技术出现得并不很早。到唐末五代时,人们才开始组织大规模的人力、物力控制江南的水流,低地(河网)与高地(冈身)的水流可以纳入水利系统,并且土壤耕作管理技术在提升,于是水稻土才开始大量产生并发育。唐代末年,江东犁又加深了土壤耕作程度。圩田里的水流控制与水稻耕作技术有机结合,土壤的水旱交替变得可控,水稻土才可以大量出现,而宋元时期水稻土在江南普遍形成,这是生态史上的一件大事。[①] 此外,土壤的发育与田制演变也有极大关系,江南地区到唐代末期已开始发展圩田,并形成了"江南好"的美好意象。

江南圩田,元代王祯《农书》中有多处详细介绍,《农桑通诀》中的"灌溉"篇,主要讲对低湿地的改造利用,圩田为其重要方式,文献记载为"圩田",也称"围田":"复有围田及圩田之制。凡边江近湖,地多闲旷。霖雨涨潦,不时淹没,或浅浸弥漫,所以不任耕种。后因故将征进之暇,屯戍于此,所统众兵,分工起土,江淮之上,连属相望,遂广其利。亦有各处富有之家,度视地形,筑土作堤,环而不断,内地率有千顷,旱则通水,涝则泄去,故名曰'围田'。又有据水筑为堤岸,复叠外护,或高至数丈,或曲直不等,长至弥望,每遇霖潦,以捍水势,故名曰'圩田'。内有沟渎,以通灌溉,其田亦或不下千顷。此又水田之善者。"[②] 介绍了"围田"形成背景与所依据之环境。《农书》提及"围田"最早是世家大族"有力之家"根据地势,筑土作堤而成,后由于国家屯田,令士兵仿照大族"围田"之法,分工起土,形成官民"围田"之别。王祯对"围田"(圩田)十分赞赏,认为是近古最好的田制,利国利民:"实近古之上法,将来之永利,富国富民,无越于此。"[③]

圩田始于唐代,盛行于两宋时期,主要分布在太湖、江淮、钱塘江流域,修筑办法是将低洼的土地或沼泽、陂塘、湖泊、河道、河边沙地等用堤围起来,辟为农田,其中大多数是新辟农田。圩田的出现及兴盛,是水利工程进一步发展的结果,由于水利工程的发展,才出现了向湖荡要地的情况。宋代的圩田已经开始以泾浜为脉络,向小圩发展,但是也还有一些大圩分布。北宋年间兴修的圩田,

---

① 王建革:《宋元时期吴淞江流域的稻作生态与水稻土形成》,《中国历史地理论丛》2011年第1期。

② 王祯:《农书译注》,缪启愉、缪桂龙译注,济南:齐鲁书社,2009年,第79~80页。

③ 王祯:《农书译注》,缪启愉、缪桂龙译注,济南:齐鲁书社,2009年,第406页。

以芜湖的万春圩最大,嘉祐六年(1061年),地方官招募14 000余人,40日修复,修复的万春圩宽6丈、高1.2丈、长84里,夹堤植桑数万株,治田127 000亩,在圩田内修通沟渠,大渠可以通小船,筑大道22里,可以两车并行,大道两旁种植柳树。① 这种圩田景观,王祯《农书》中"围田"部分有图可以参考。

水利推进也改变了农田土壤环境。稻作土壤形成是一个历史累积的过程,江南地区真正意义上的水稻土是宋代以后形成的。早期江南地区的稻作农业处于"火耕水耨"状态,由于土壤一直处于淹水状态,没有干湿交替,没有形成水稻土所特有的氧化还原层。土壤学家徐琪对水稻土有科学界定:"具有耕层、犁底层与渗渍层的稻田土壤方能称为水稻土。而具有耕层、犁底层、渗渍层与淀积斑状潜育层的水稻土乃是典型的水稻土土体构型。"② 耕层与犁底层都是人类长期耕作以后才形成的。水稻土不但需要人类耕作,还需要有效利用水环境,在灌排条件下完成土壤的氧化还原过程。水稻土是在水稻栽培过程中,通过排水、淹水与人类不断搅动耕作层而形成的。

早期的大圩内并不是全部种植水稻,而是有些抛荒,与种植的水田形成休耕。宋代以前,大圩内的水稻土主要靠休耕恢复土壤肥力。江南地区水稻土的形成中,江东犁的作用极大,犁耕形成耕作层和犁底层。在休耕阶段,只有"水耨",没有中耕锄地,播种前也没有"耕",只有类似"耙"的环节。江东犁出现并推广后,耕的环节出现。宋元时期,江南的农田处于一种刚刚脱离休耕的状态。在肥料运用上,元代的江南农民还没有像明代那样会利用杂草沤制杂肥。在农作技术上,宋代以后旱地作物开始在江南推广,旱地作物加入水田种植,水旱轮作在一定程度上产生。北宋初,江南地区还是以水稻一熟制为主,很难见旱地作物,经过宋元两代的发展,江南地区才有了其他作物种植,稻麦轮作复种进一步发展。③ 对于宋代的稻麦复种研究,李根蟠指出,南宋建炎以来,大量北方人口南迁,南方对粮食的需求、尤其是对麦类的需求剧增,成为稻麦复种制发展的强大动力,南宋朝廷采取了相应政策鼓励麦作和稻麦复种。唐代水稻移栽技术的普及和宋代一批早熟晚稻品种的育成,解决了关键的技术难题,使稻麦复种在季节安排上成为可能。土壤耕作、农田整治、筑围捍田、水利排灌、积肥施肥等

① 庄华峰、丁雨晴:《宋代长江下游圩田开发与水事纠纷》,《中国农史》2007年第3期。

② 徐琪、陆彦椿、刘元昌等:《中国太湖地区水稻土》,上海:上海科学技术出版社,1980年,第54页。

③ 王建革:《宋元时期吴淞江流域的稻作生态与水稻土形成》,《中国历史地理论丛》2011年第1期。

技术的发展,又为稻麦复种提供了技术保证。南宋,稻麦复种在江南地区确有较大发展,已经形成具有相当广泛性的、比较稳定的耕作制度。[①] 显然,稻麦复种进一步推动了江南地区水稻土的发育与形成。

　　进入南宋后,由于江南人口越来越多,圩田内长时间休耕的农田越来越少,圩田种植向深水地带扩展。大概在南宋时期,圩田内的休耕制度被连作制取代,圩田区向外扩张,将原先的公共水资源侵占。[②] 圩田在宋元时期的大发展,引起原来河道水流环境的变化,而这种变化也直接影响着宋元以后南方地区的环境变迁。南宋,以江南为中心的南方大片地区都出现农田侵占水面的情况,表现为围湖垦田。

二、围湖垦田与水旱灾害

　　就湖泊水域环境而言,宋元是南方众多湖泊水域环境发生改变的关键时期。以宁绍平原的湖泊演变与农田开发为例,历史上宁绍平原曾分布大量湖泊,据陈桥驿统计,宁绍平原宋代以来地方史籍有记载的湖泊就有 217 个,每 20 平方千米有一个较大的湖泊,堪称全国湖泊分布最密集的地区之一。而历史时期由 217 个主要湖泊组成的湖泊群,在唐代已基本形成。唐代以后,虽然平原仍在向北发展,但紧跟岸线出现的已不再是新的湖泊,而是农田了。宋代,平原的湖泊开始迅速消失,农田开发向湖泊水域深入。"宋元二代,已经有十八个湖泊被完全垦废,约占湖泊群总数的 8.4%。历史时期平原地带最大的一批湖泊首先遭到围垦:宁绍平原北部最大的湖泊夏盖湖,于北宋熙宁六年(1073)被垦废(后又废复多次);平原东部最大的湖泊广德湖,于北宋政和七年(1117)被垦废;平原南部最大的湖泊,也是历史时期本地区最大的湖泊镜湖,于南宋前期被垦废。此外,宋元时代,还有一大批湖泊,例如萧山县的湘湖、白马湖,上虞县的夏盖湖等等,废而复,复而废,反复多次。这种废复不定的现象,是整个湖泊群由盛至衰,由进至退过渡阶段的反映。"[③] 湖泊演变其实折射的是历史时期人—地—水关系的变化过程,在唐代以前,宁绍平原水面多于农田,汉代到唐代,平原上的人—地—水关系维持在一个相对平衡的状态,当时平原上人口密度不大,农田

　　① 李根蟠:《再论宋代南方稻麦复种制的形成和发展——兼与曾雄生先生商榷》,《历史研究》2006 年第 2 期。

　　② 王建革:《宋元时期吴淞江圩田区的耕作制与农田景观》,《古今农业》2008 年第 4 期。

　　③ 陈桥驿、吕以春、乐祖谋:《论历史时期宁绍平原的湖泊演变》,《地理研究》1984 年第 3 期。

分布均匀,可谓人有其田,田有其水,是整个历史时期宁绍平原农业生产的黄金时代,人一地一水关系处于最佳状态。但是这种状态到宋代发生根本改变,平衡关系被打破,而其中的重要因素就是三者中的人口因子发生了改变。南宋建立后,北方移民大量南迁,南宋绍兴年间,仅绍兴府下辖的七县人口总数就超过150万人,大量移民涌入,人、地、水矛盾激化。因此,宋元时期也是宁绍平原湖泊走向衰亡的转折期。① 当时北方移民进入的南方地区,大多存在这个问题,而以南宋首都杭州附近最为突出。

浙东地区(以宁绍平原为主)的湖泊与农田不像太湖流域的低湿地水流环境,而是湖泊高于农田,农田高于海平面,故湖泊是灌溉农田的重要水源。宋元时期湖泊的大量围垦直接影响着平原内的农业生产,由于缺少湖泊对自然水流的蓄积缓冲,平原水旱灾害发生频率增加。而太湖流域的低湿地地区,由于圩田的推进,引起自然水流环境紊乱,并在南宋时期更加严重,低地水流排泄不畅而形成水灾。汪家伦指出,宋代是长江下游圩田大发展的重要时期,特别是在宋室南渡前后,圩田的广泛开拓,一方面扩大了耕地面积,促进了稻作农业的发展;另一方面又导致生态环境的显著变化,增加了治水治田的复杂性。②

唐代,太湖流域只是局部地区围垦,故水域面积大,河流的排洪能力强,围垦对太湖地区整体生态环境影响不大,水网建设反而改善了一些地区的自然环境。宋代太湖流域圩田开发是环境变迁的转折点,当时围垦十分广泛且激烈,由于滥围后流域水灾增多,朝廷曾多次下令禁止圩田,但效果并不明显。北宋政和年间至南宋时期的大肆围垦,使农田面积成倍增加,比如苏州府,北宋初年仅有农田170万亩,南宋淳祐年间农田达340万亩,南宋后期农田增加到570万亩,南宋末期农田可能达720万亩,增加的土地主要是围垦出来的。农田增加,许多湖泊萎缩乃至消失,河道缩窄,其中最典型的是吴淞江,唐代时松江河口段阔达20里,而北宋只阔9里,最狭处只有2里,到元代泰定二年(1325年)疏浚吴淞江,松江河口才阔25丈。③ 从目前的研究结果看,宋代太湖下游洪涝灾害明显增多,低洼圩区积水长期不退,造成"千里一白"的状况,苏州、常州、湖州三州常遭水患。盲目的围垦,使不少圩田水流出入被隔绝,造成河流上下游水利

① 陈桥驿、吕以春、乐祖谋:《论历史时期宁绍平原的湖泊演变》,《地理研究》1984年第3期。

② 汪家伦:《宋代圩田的开拓与圩区水利》,《长江志季刊》1990年第1期。

③ 祝穆:《方舆胜览》卷六《浙东路·绍兴府·山川》,北京:中华书局,2003年,第108~109页。

矛盾增多。[①] 因此,宋元时期的南方农业垦殖,改变了此前江南地区的生态格局与环境状况。

南宋以后,由于江南人口越来越多,圩田内长时间休耕的农田越来越少,圩田种植开始向深水地带扩展。圩田在宋元时期的大发展,引起原来河道水流环境的变化,而这种变化直接影响着宋元以后南方地区的环境变迁。比如由于河道逐渐淤塞,河流环境发生变化,曾经在唐代为江南美味的松江鲈鱼最迟到明代就已经消失了。宋代鲈鱼仍是江南最重要的美食,范仲淹有诗《江上渔者》:"江上往来人,但爱鲈鱼美。君看一叶舟,出没风波里。"由于生态环境发生改变,元代江南地区的一些以沼泽水域为生的鸟类也渐渐从江南消失了,如松江一带的华亭鹤。[②]

另外,由于湖泊的围垦,原本具有调蓄功能的水域大量减少,水灾也逐渐增多。绍兴的鉴湖在南宋后被垦废,元代以后绍兴山会(山阴、会稽)平原的水网承载过多内水无法排除,加之潮水顶托,平原内开始出现水患灾害。就江南核心区(苏、松、常、镇、杭、嘉、湖)而言,这种情况基本如此,从南宋中后期到明中叶,水灾呈现增多趋势。

除了平原地区的农田开发,宋代水田开始上山,开辟了大量的梯田。山区的梯田,在北宋时期的今江西、福建等地出现得较早,那里平原少、山地多,为了解决人多地少的矛盾,只好将丘陵、山地都辟为梯田,这就造成非常严重的水土流失。两宋以后,东南地区灾害越来越频繁,也与山区农田开发有一定关系。[③] 总之,江南地区的水田开发到宋代进入新阶段,环境变迁在此时也进入新阶段。

第三节　宋元时期的岭南:瘴疾生态与区域环境

岭南在地理上比江南更靠南,宋代江南成为国家经济中心时,对中原地区而言,岭南地区仍是瘴气弥漫的烟瘴之地,中原对岭南存在文化差异和认知偏见。而这种认知偏见,与当时岭南地区的生态环境及人类开发程度有极大关系。在由宋入元以后,岭南地区的经济、文化地位都在逐步提升,为明清时期珠三角

---

① 张芳:《太湖地区古代圩田的发展及对生态环境的影响》,《中国生物学史暨农学史学术讨论会论文集》,广州,2003 年,第 186~198 页。

② 王建革:《江南环境史研究》,北京:科学出版社,2016 年,第 582 页。

③ 邹逸麟:《我国生态环境演变的历史回顾——中国环境变迁问题初探(上)》,《秘书工作》2008 年第 1 期。

地区崛起奠定了基础。

一、岭南地区的瘴疾

岭南，又名"岭表""岭外""岭海""峤南"，作为一个独立的地理单元，一般指五岭以南的广大地区。所谓五岭，亦作"五领"，由越城岭、都庞岭(一说揭阳岭)、萌渚岭、骑田岭、大庾岭五座山组成。地处广东、广西、湖南、江西、福建五省区交界处，是长江和珠江两大流域的分水岭。五岭山脉以南的地区称作岭南，"大抵包括广西东部往南至越南中部，广东大部往南至海南省。宋朝以后，越南部分才分离出去。"[①] 今天提及岭南，特指广东、广西、海南、香港、澳门五地区。

长期以来，天然屏障五岭山脉阻碍了岭南地区与中原的交通与往来。秦汉时期岭南仍是中原人眼中的"蛮夷之地"，到唐宋之际岭南都还是朝廷流放官员和发配犯人之地。唐大中元年(847年)宰相李德裕被贬潮州，经过梅江鳄鱼潭，触碰石舟坏，宝玩古书图画丢失，召船上水手取之。水手见鳄鱼极多，不敢下水。李德裕有诗曰："风雨瘴昏蛮日月，烟波魂断恶溪时。"北宋年间，苏轼、苏辙兄弟都曾被贬岭南，苏轼先后到过潮州、惠州、廉州及海南岛；黄庭坚为蔡京所恶，也曾被放逐宜州(今广西宜山)。说明到北宋时期，在中原人心中，岭南仍是一块蛮荒之地。这种蛮荒与环境的"恶劣"相伴，疾病流行，时人谈之色变。

瘴疾是一种地方性疾病。两宋时期文献记载的瘴疾，主要集中在今我国广东、广西、福建、四川、重庆、江西、湖南、海南等地。其中以广东、广西为主的岭南地区记载最为多见，称岭南地区为瘴疠之乡，烟瘴之地，朝廷对任职岭南的官员都有优抚。而官员记载中经常出现的是"惮出入之勤、瘴毒之侵"。[②] 元代的文献中，记载的瘴域分布仍集中在以上区域，我国的广东、广西、江西、福建、川蜀等地依然是令人谈之色变的瘴区，只是，在元代的文献中，增加了一个瘴地：云南。云南瘴气记载时间靠后，与南诏大理时期云南与中原王朝往来较少或许有关。元代统一后，云南重新被纳入中原王朝版图，于是瘴疾的又出现在官方的记录中。很明显，实际存在瘴气的区域与记载之间存在着差距，这是因为记载瘴气的文献出自中原人士之手，表达的是以华夏文化为中心的观点。从区域分布看，文献记载的瘴疾分布地域范围变化并不大，从汉唐到宋元，瘴疾分布大

---

① 胡守为：《岭南古史》，广州：广东人民出版社，1999年，第2页。

② 陈均：《皇朝编年纲目备要》卷第十九《神宗皇帝·熙宁六年》，北京：中华书局，2006年，第461页。

体都以今两广、福建、云南、贵州及江西、川蜀的部分地区为主。各时期的差异只是体现在整个区域内部的变化上,汉唐时期由点到线再到面地扩展,宋元以后则有了轻重程度之别,乃至有些地方在某时段不见于史册,反映的是北方人或华夏文化向这些地域扩张的进程。[①]

　　唐代刘恂的《岭表录异》主要记载岭南的奇闻异事,其中最多的是当地人的饮食起居。在刘恂笔下,唐代的岭南是:"岭表山川,盘郁结聚,不易疏泻,故多岚雾作瘴。人感之多病,腹胪胀成蛊。俗传有萃百虫为蛊以毒人。盖湿热之地,毒虫生之,非第岭表之家,性惨害也。"[②] 很明显,唐代人们是将岭南地区的瘴疾与巫蛊之术联系在一起的,但刘恂已经认识到此乃地方性疾病,与气候湿热有关,在湿热之地,毒虫生之,于是产生瘴疾。自秦汉以来,中原人谈岭南而色变。移民视岭南为畏途。这种自然"恶劣"的自然环境,挡住了大量移民南迁的步伐,而南宋以后这种情况发生根本转变。

　　现代医学大多将瘴气病归为恶性疟疾(pernicious malaria),也就是由疟原虫经按蚊叮咬传播的传染病,医学家姚永政 1935 年深入瘴气区云贵两地作实地调查,指出"瘴气"实则是恶性疟疾;中华人民共和国成立后,政府在瘴区各地大规模地积极防治疟疾,并在瘴区各地基本消灭疟疾,而瘴气也基本消失。[③] 但史学界有瘴气乃多种综合复杂疾病的看法。

　　历史时期,中原文化视域中的"瘴"既是一个很泛的疾病概念,也是对南方地区原始林莽、闭塞偏远、尚欠开发地区的一种地理文化印象,并由此派生出"瘴气""瘴病"等概念。"瘴气"盖指南方山林湿热有毒致病气体,"瘴病"则是感染湿热瘴毒而出现的症状。[④] 冯汉镛在《瘴气的文献研究》中认为,瘴绝大多数情况下指的是南方热带病,包括疟疾、痢疾、温病、脚气、沙虱病、中毒、喉科病、痈疽等。[⑤] 文焕然等指出:"从自然环境来说,瘴气是热带森林气候的表现之一,其特点是云雾多,湿度大,闷热。这种环境,枯枝落叶多,土壤中含腐殖质多,水中含腐植酸等也较多,微生物生长繁殖迅速,饮食稍不注意易生疾病。"[⑥] 周琼

---

① 左鹏:《宋元时期的瘴疾与文化变迁》,《中国社会科学》2004 年第 1 期。

② 刘恂:《岭表录异》卷上,清武英殿聚珍版丛书本,第 1 页。

③ 左鹏:《"瘴气"之名与实商榷》,《南开学报》(哲学社会科学版)2011 年第 5 期。

④ 马强:《唐宋西南、岭南瘴病地理与知识阶层的认识应对》,《中国历史地理论丛》2007 年第 3 期。

⑤ 冯汉镛:《瘴气的文献研究》,《中华医史杂志》1981 年第 1 期。

⑥ 文焕然等:《中国历史时期植物与动物变迁研究》,重庆:重庆出版社,1995 年,第 79 页。

对瘴气问题进行了梳理,认为瘴是"产生于自然生态环境中,对人体健康及生理机能构成危害的一种自然生态现象,是地理、气候、生物群落的生存繁殖及各生态要素间发生的生物化学或物理化学反应等因素混合产生的自然生态现象中的一种"①。根据表现形式,瘴可分为气体形式的瘴(即瘴气)和液体形式的瘴(即瘴水)。根据地理位置及气候条件,瘴可分为热瘴和冷瘴;还可以根据发作时间、花木开放时间及动物活动期,分为各种具体的瘴。因此,瘴疾的发生与当地生态环境的开发有极大关系。在人类干预程度较小的区域,有合适的水土环境,加之湿热的气候,才能形成瘴气生成的条件。

岭南地区的生态转变发生在两宋之交,北宋时期,岭南地区也仍然是朝廷贬黜官员之地。南宋时期北方及江南地区的人口移民大量进入岭南,汉族移民与百越人民融合,推进岭南地区的农业开发,并影响当地的生态环境,中原人也增加了与瘴接触的机会。南宋周去非在《岭外代答》一书中两次记载岭南地区的"瘴",在《风土门·瘴地》一文中描述了当地瘴气酷烈程度及内部分布差异:

> 岭外毒瘴,不必深广之地。如海南之琼管,海北之廉(廉州)、雷(雷州)、化(化州),虽曰深广,而瘴乃稍轻。昭州与湖南、静江接境,士夫指以为大法场,言杀人之多也。若深广之地,如横、邕、钦、贵,其瘴殆与昭等,独不知小法场之名在何州。尝谓瘴重之州,率水土毒尔,非天时也。昭州有恭城,江水并城而出,其色黯惨,江石皆黑。横、邕、钦、贵皆无石井,唯钦江水有一泉,乃土泉非石泉也。而地产毒药,其类不一,安得无水毒乎?瘴疾之作,亦有运气如中州之疫然。大概水毒之地必深广。广东以新州为大法场,英州为小法场,因并存之。②

南宋时期岭南地区的生态环境整体上较好,但内部也呈现差异,河口三角洲地区的开发力度加大,瘴气分布区域主要集中在岭南的山区,诸如昭州、新州地区,即周去非所称的"大法场"。三角洲地区虽地域上更靠南,即"深广"地区,如三角洲地区的廉(廉州)、雷(雷州)、化(化州),由于南宋时期移民开发首先从三角洲区域开始,所以瘴气反而相对较少。

随着内地移民对岭南地区开发的逐步深入,南宋至元代,岭南地区的瘴疾

---

① 周琼:《清代云南瘴气与生态变迁研究》,北京:中国社会科学出版社,2007年,第37页。

② 周去非:《岭外代答校注》,杨武泉校注,北京:中华书局,1999年,第151页。杨武泉释"深广",意指岭南中部及南部地区,"因自中原入广,愈南愈深入也"。

记载逐渐减少。进入明清时期,特别是清代,开发深度向西南边疆扩展,于是瘴气流行的主要区域集中在西南地区。

二、移民开发与区域环境变化

先秦时期,岭南生活着统称"百越"的土著居民,百越广泛分布在我国南方地区,其中岭南主要有南越、西瓯、骆越、闽越等。唐宋时期,越人与南迁汉人融合,形成广泛分布于珠江三角洲、西江、北江和桂江流域的广府系,在粤东内地和粤东北的越人被融合为客家系,在粤东沿海和琼雷沿海的越人演变为福佬系。未汉化的部分越人则发展为壮、黎、瑶、畲等少数民族。

特别是北宋末年和南宋末年的两次人口南迁,彻底改变了岭南地区人地关系和人群结构。南宋初年,高宗避金南渡,宋代第一次中原人迁入岭南。高宗建炎三年(1129年),金兵渡江追击,从两浙打到江西南昌,刚落脚江南的中原士民又辗转南逃,许多进入岭南,其中的大多数在越岭后沿北江顺流而下,定居今珠江三角洲各地,其余以落籍于今韩江三角洲者为多。南迁人口加速了广东沿海土地的开发,以筑围造田和耕作海滨新生沙坦为主。南宋末年,元世祖大举伐宋,江西、湖南等地的民众为逃避战争,纷纷举家迁往岭南。在元灭宋的战争中,文天祥护着南宋幼帝,率领浩浩荡荡的宋民,先进入福建,再涌入广东,人口规模达上百万。这些南迁的人群以客家人最为典型。客家人南迁,除小股分散方式以外,最常见的是采取板块转移方式,也称蛙跳式,即长途跋涉,离开祖辈世居的大本营,转移到与居民地不相临的地区。秦汉以来,客家先民已开始迁移,宋代以后大规模入居岭南并发展为一个民系。

岭南地区的移民分布与内部生态环境及其开发进程都有极大关系。岭南大致可以分为三大地理区域:北部为丘陵山地;中部为河网密布的冲积平原和三角洲平原;南部为沿海平原台地,间有少量山地丘陵及近岸海岛。三个不同的地理区域使最初在当地开发的移民面临不同的生态环境,进而形成不同的文化类型与生存方式。北部居民以耕山为主,梯田文化占据优势;中部地理环境利于农耕,也便于贸易,故稻作文化发达,秦汉以来就有汉人不断迁入该区域,岭南中部成为广府系历史最早、文化最复杂的地区;南部沿海地区多以舟楫为生,形成以福佬系和广府系共有的海洋文化特色。[①] 这种人群分布与人地关系上

---

① 司徒尚纪:《岭南历史人文地理——广府、客家、福佬民系比较研究》,广州:中山大学出版社,2001年,第11页。

的差异,也是岭南生态资源丰富之表现。

宋元时期,岭南开始较大规模开发,对河谷平原和沿海低地的生态环境影响最为明显。岭南有三条主要河流,分别是东江、北江和西江,分布在珠江三角洲流域并最终汇入南海。这些主要水系共同组成了珠江水系,珠江水系仅次于黄河、长江水系而列第三。相比于黄河、长江携带大量的泥沙在下游入海口淤积形成大片沙地,珠江水系泥沙含量较低,在宋元时期珠江水系的水仍是十分清澈的,即使到了明清时期流域周边的森林遭到严重砍伐,周边山地上仍有低矮的草地发挥着固土作用。但即便如此,珠江水系携带的泥沙仍足以冲积出珠江三角洲了。

西江、北江和东江携带的泥沙在海湾沉淀下来,慢慢地形成了三角洲的上半段。但由于这些河流携带的泥沙量低,自然力量下的三角洲形成速度极为缓慢。从宋代(约11世纪)开始,三角洲形成的速度开始加快,到元代(约14世纪)速度进一步加快。这种拓展与移民进入、在当地进行大规模水利兴修有关。大概在唐代中期,三角洲地区已经开始修建"围基",将江水、潮水与农田分离。水利工程的推进,一方面排干了原来的洪泛区积水,将洪泛区变成农业种植的农田;另一方面,由于水利工程的修建,改变了原本适宜作为疟疾宿主的按蚊的生存环境,也使得这些地区对北方来的移民不再充满危险。

由于移民不断进入,南宋以后岭南地区的耕地面积不断扩大,特别是江河下游和沿海地区,采取了诸如围垦沙田等造田方法,将江河沙洲与沿海滩涂变为良田。这种由移民在沙洲上开垦出来的新耕地,称为"沙坦"。与江南地区的圩田将沼泽或沿海低地的水排干进行农业耕种不同,珠江三角洲的沙坦是淤积的泥土在水下不断升高而形成的新地块。在泥沙淤积成土地的过程中,人类的干预具有重要作用。当水流的自然作用导致沙洲逐渐升起,并接近水面时,人们在沙洲的四周投入岩石,不仅可以固定已经淤积的沙土,还可以阻拦更多的沉积物。沙坦形成3~5年就可以先种水稻,之后再休耕3年,淡化土壤。人类干预沙洲的快速形成过程,马立博认为与蒙古人南下直接相关,没有蒙古人南下到北部移民南迁并在海湾岛屿地区拦沙造田的话,泥沙还是能被继续冲到海湾更远的地方的。[①] 沙坦形成后,农业稻作生态也逐渐成型。

两宋时期,江南地区先进的稻作技术传入岭南。宋代长江下游地区的稻作

---

① 〔美〕马立博:《虎、米、丝、泥:帝制晚期华南的环境与经济》,王玉茹、关永强译,南京:江苏人民出版社,2011年,第78~80页。

已经进入精耕细作阶段,主要表现在以耕、耙、耖为核心的整地技术的形成和以耘田烤田技术为中心的田间管理技术形成。相比之下,岭南地区的稻作技术仍相对落后,耕作较为粗放。宋元之际的移民进入,极大推动了岭南地区的稻作文化发展。

宋元时期岭南地区的山区已经开始大规模开发,新移入的客家人拓荒谋生,土著居民"烧畲",都是以森林为主要劳动对象。依赖森林的野象自古遍布岭南,宋元时期人类活动范围日益扩大,野象盘踞之地也日益收缩,但仍有不少地区有象群出没。[①]

岭南地区从北宋时期的蛮荒到南宋末、元初大量移民进入后,逐渐得到开发,宋代以前的瘴疠印象逐步发生改变。人类在进入三角洲低湿地过程中,通过水利工程干预自然水流环境,改变当地的水文、地貌环境,大片新的农田出现,这为明清时期珠三角地区的经济崛起奠定了坚实基础。而山区也随着移民进入,生态环境发生缓慢变化,但山区生态并未出现大的破坏。直到明清时期,山区的生态才发生根本性改变。

---

① 司徒尚纪:《岭南历史人文地理——广府、客家、福佬民系比较研究》,广州:中山大学出版社,2001 年,第 66~69 页。

第十一章　明清时期的人地关系与环境变迁

　　明清时期全国环境变化速度加快,这与人口的急速增长有极大关系。人口增长拓宽了农业生产的区域,因此明清时期也是西南、东南、东北各地区发展的关键时期。西南地区农业发展的时间节点就是明清时期。从气候上看,明清时期处于气候波动中的寒冷期,一般习惯称为"明清小冰期"。气候的寒冷影响人口迁徙、农业发展等,形成明清时期的环境演变格局。大体而言,明清是我国古代历史上人类影响、改造环境最剧烈的时期,也是人与自然关系矛盾较为突出的时期。

第一节　明清小冰期与人口增长

一、明清小冰期

　　小冰期是指中世纪温暖时期之后开始的时段,1939 年由弗朗索瓦－埃米尔·马泰(Francois Emile Matthes)提出。大约 15 世纪初开始,全球气候进入一个寒冷时期,通称为"小冰期"。20 世纪初期小冰期结束。小冰期明显的气候特点是低温,尤其在高纬度和高海拔地区,气候敏感的生态脆弱带所表现出的环境效应十分突出,影响植物生长和农业生产,为社会经济的发展带来严重的后果。我国明清时期处于小冰期,故称"明清小冰期"。

　　美国学者布莱恩·费根(Brian M. Fagan)在其著作《小冰河时代:气候如何改变历史(1300—1850)》中详细阐述了小冰期时期气候变冷与欧洲历史发展之间的关系。书的前言讲道:"现在我们生活在一个全球大暖化的时代,……在这样的环境背景之下,小冰期的极端气候似乎离我们越来越遥远。但是,我们必须了解小冰期气候如何对欧洲极其重要的 500 年历史产生了如此深远的影响。小冰期气候的意义绝不仅仅在于塑造了现代世界。小冰期气候极易被人忽视,却又意义重大,它正是今天史无前例的全球变暖的缘起,同时也是我们展望未来气候的依据。"小冰期不仅表现为气温相对较低,而且会出现复杂多变的气象灾害。对小冰期的界定与定位，费根指出："小冰期不仅仅是表象上的冰天雪地，而是由于大气和大洋之间复杂而又难以理解的交互作用引发的无规律性的气候骤变。处于这种骤变模式时，气候时而冬季气温极寒、东风凛冽；时而连续数年春季和初夏持续暴雨，冬季却气候温和，大西洋风暴时常爆发；时而又爆发旱情，夏季时东北风微弱，雾霾晦暗，热浪炙烤着玉米地。"[①]费根在书中关注人类、自然环境与短期气候变化之间的复杂关系，比如他指出小冰期期间发生了席卷欧洲的粮食危机，即 1741 年欧洲出现粮食短缺、1816 年出现"无夏之年"，这些危机直接威胁着人类文明的延续。气候变化之频繁和气温之低在 16 世纪晚期数十年的寒冷期内达到顶峰。随着欧洲城镇和城市的扩张，食物供应紧张，鱼类成为极为重要的商品。鳕鱼干和鲱鱼干很早便是欧洲渔业贸易的主要产品之一，但水温的改变迫使捕鱼船队不得不到远洋捕捞作业，其中以荷兰最为典型。荷兰以渔业崛起，成为西方最早的殖民主义国家。气候对欧洲政治的影响在法国也表现得很突出，18 世纪中晚期，欧洲大部分地区农业产量倍增，但法国农民仍在遭受短期气候变化带来的粮食歉收之苦，城乡居民生活在饥饿的边缘。1788 年，粮食歉收导致法国农村贫困问题政治化，并最终引发了法国大革命。[②]1815 年，东南亚的坦博拉火山爆发导致著名的"无夏之年"和大规模饥荒。寒冷而不可预测的气候一直持续到 19 世纪 20 年代甚至 30 年代。

　　明清小冰期不是单调的寒冷期，其间也有频率不同的冷暖波动。基本上我国 14 世纪中叶就进入寒冷期，17 世纪初中期为小冰期最盛期，19 世纪末小冰期结束，20 世纪为快速升温期。从冷暖期的分区看，15 世纪、17 世纪、19 世纪冷期普遍，16 世纪、18 世纪暖期相对集中。小冰期降温在区域上呈现出由山区向平原、由西部向东部的传播趋势。此外，即使同在东部低海拔地区，纬度不同的区域，小冰期的寒冷期也不是同时到来的。另外，伴随着小冰期降温，灾害性天气明显增多。

　　具体而言，进入 14、15 世纪，我国气温进入一个寒冷期，由湿润转向干旱。明初永乐年间，长城外的诸卫所南撤，原因即是北部地区气候转寒、环境区域恶化，之前的卫所屯田区已不能维持军士的基本粮食需求，不得不内撤至长城一线。鄂尔多斯高原地区在 15 世纪以后，因过度放牧、气候干旱，毛乌素沙地不

---

　　①　［美］布莱恩·费根：《小冰河时代：气候如何改变历史（1300—1850）》，苏静涛译，杭州：浙江大学出版社，2013 年，"前言"第 3 页。

　　②　［美］布莱恩·费根：《小冰河时代：气候如何改变历史（1300—1850）》，苏静涛译，杭州：浙江大学出版社，2013 年，"前言"第 7~8 页。

断扩大,长城北侧数十里地已不能耕种,全为沙土所掩,长城不仅成为当时农牧分界线,也起着阻挡风沙南侵、保护长城以南农田的作用,这种情况大致延续到17世纪。

寒冷期经常伴随着干旱,明代的旱灾在我国历史上十分突出,而且明朝灭亡也与旱灾直接相关。进入晚明,从1627年开始出现大范围持续性的干旱,自然灾害动摇了社会稳定的根基,流民四起,而女真人也在此时崛起,并渗入关内,加速了明朝的灭亡。随着游牧民族的南下,战乱与严寒导致华北平原人口又一次向南方诸省迁移。

农牧交错带对气候波动最为敏感,历史上农耕民族与游牧民族的冲突前线也基本贴近农牧分界线。清朝建立后,清廷为恢复、发展和保护蒙古高原的畜牧业,划定蒙古各旗盟的游牧界线,禁止越界放牧。为防止汉蒙联合,对蒙古实行封禁。康熙年间,朝廷开始提倡开垦荒地,承认到口外耕种的合法性。大批河北、山东、山西失去土地的农民纷纷到口外开垦,我国北部农牧过渡带逐渐向北推移。这种情况与明清小冰期内有周期性的气候温暖有关。从17世纪下半叶开始,我国有一个短时期的气候温暖期,这种温暖气候大概延续到18世纪末,到嘉庆、道光年间北方多次出现寒冬气候。大约到19世纪末、20世纪初,我国又出现短暂的温暖气候。①

气候变化的影响多通过作用于人类而改变生态环境。就人类对生态系统的影响而言,气候波动首先冲击农业生产,具体表现在粮食的单产和收成上。气候对粮食单产的影响主要表现在两方面:一是气候冷暖直接影响作物的生长期,进而影响单产;二是通过灾害直接影响粮食产量。明末以前,南方太湖流域大面积种植双季稻,其北界可抵江淮一线。进入小冰期寒冷期后,太湖流域经过几个朝代精心培育并得到巩固的双季稻,种植面积大幅度萎缩,甚至消失。此外,旱涝灾害频发,粮食产量大幅度下降。康熙四十五年(1706年),康熙帝亲自推广"御种稻",并命官员在江南种植双季稻,终因热量不足而未获成功。雍正年间,气候回暖,双季稻才重新得到了发展。②粮食产量受到直接影响。明清时期,特别是清代中后期,美洲作物在我国的广泛种植,可能在某种程度上降低了农作物对气候的敏感度。美洲作物对地形、水分、肥力的要求不高,对气候变

---

① 邹逸麟:《明清时期北部农牧过渡带的推移和气候寒暖变化》,《复旦学报》(社会科学版)1995年第1期。

② 陈家其:《明清时期气候变化对太湖流域农业经济的影响》,《中国农史》1991年第3期。

化也有较强的适宜能力,抵御灾害能力强,因此,清代中期以后被广泛种植。

二、人口的极速增长

明清时期是我国人口增长最快的时期,而要对人口规模有准确把握,需要有相对准确的人口数据。明清时期的人口数据,相比于先前有比较可信的参照。明清时期的官方人口记录,根据何炳棣的研究,比较可信的有两个时期:一是明太祖时期,一是清代中期乾隆四十一年(1776 年)至道光三十年(1850 年)。这两个时期的官方人口记录较为可信,有比较完善的户籍制度,而且户籍制度被严格执行。

明朝建立后推行"户贴"户籍登记制度,洪武十四年(1381 年)后又推行"黄册"制度。"户贴"制度按户登记,内容包括住址、人口、姓名、年龄、性别、田宅、登记日期等项;"黄册"制度规定每 10 年进行一次户口调查,编造一次"黄册",内容包括人口、姓名、年龄、性别、田地数、住址、房屋间数、牲口头数、应交税粮等项。"黄册"制度的内容和形式已经十分接近现在的人口普查。明初,由于采取严厉的手段,人口统计较少遗漏,留存下来的数据比较可靠,但到明代后期,政策执行松弛,赋税制度也发生变化,出现计"丁"不计"口",人口统计流于形式,甚至编造数据。清代不再编制"黄册",改由各地编制丁口增减册,增减册的单位是"丁"而不是"口",而"丁"并非指成年男子,而是赋税单位,用于确定各地的赋税承担额。康熙五十一年(1712 年)实行"滋生人丁,永不加赋"政策,赋税不变,作为赋税单位的"丁"数也不变。雍正年间实行摊丁入亩政策,丁口数字变得毫无意义。[1] 这对清代人口统计的影响表现为,之前大量隐匿的人口此后被纳入了统计。

明洪武二十六年(1393 年),在经历元末的战乱之后,当时我国人口约 7 270 万人,远远少于北宋年间 1110 年的 12 250 万人及 1215 年的 14 000 万人。至明中后期,我国人口约 15 250 万人,比明代以前的任何时期的人口都多。[2] 明清时期人口增长的突变期在清代,清前期人口从明末的 1.5 亿人增加至咸丰元年(1851 年)的 4 亿 4 千万人。[3] 在此增长过程中,清代中期以后是人口"爆炸"式增长的关键时期,1700 年到 1800 年,当时我国的人口从 1.6 亿人增长到 3.5 亿

---

① 朱国宏:《人地关系论:中国人口与土地关系问题的系统研究》,上海:复旦大学出版社,1996 年,第 76~77 页。

② 曹树基:《中国人口史》第四卷(明时期),上海:复旦大学出版社,2000 年,第 465~466 页。

③ 曹树基:《中国人口史》第五卷(清时期),上海:复旦大学出版社,2000 年,第 833 页。

人，[①]增加近 2 亿人口，这 100 年确实是我国人口在传统时期的"爆炸"增长期。清代人口急速增长的原因有三点：其一，我国人口与世界人口增长趋势相联；其二，医学的发展和进步使人口死亡率下降；其三，农作物新品种的增加和人类食物结构的变化。[②]人口快速增长所带来的环境与生态影响，也在清代中期以后集中显现。

第二节　山区开发与生态变迁

人类社会存在相互制约的两种生产：物质资料的生产和人类自身的生产。人口和农业的关系，实际上是这两种生产的关系。一方面，农业生产的发展为人口增长提供了基础并规定了它的极限；另一方面，在生产工具并不发达的古代，劳动力的数量对农业生产有着重大意义，人口的消长、转移、分布极大制约着农业生产的发展，对不同时代不同地区农业面貌产生深刻影响。明清时期我国农业有巨大发展，这是明清人口增长的重要原因，但人口持续增长也给农业生产带来巨大压力。清代人口的快速增长，导致全国性的人多地少，人口增长已成为农业生产的承重压力和制约因素。[③]于是，从 17 世纪后期到 19 世纪，我国出现一波从高密度人口居住区向尚未开发的邻域迁移景象。这种迁移宏观上可分两类："上山"与"下海"。"上山"主要指人口向山区迁入。"下海"是指沿海地区渔户深入更偏远的岛屿进行捕捞，逐步影响海洋生态系统平衡状态。[④]就陆地生态系统而言，随着人口的急剧增加，清代中期南方已经出现了大范围的"人口过剩"[⑤]，人们自发移民，并开发不是十分适合耕种的土地，以获得粮食。清代中期以后，南方人口与资源之间的紧张关系也在加剧。这种紧张关系的标志，就是南方出现了相当严重的水土流失，土壤肥力下降。大量山地被垦为农田，用于种植玉米等高产作物，产生了新的生态问题，山区环境开始恶化。

---

① 李中清、王丰：《人类的四分之一：马尔萨斯的神话与中国的现实（1700—2000）》，陈卫、姚远译，北京：生活·读书·新知三联书店，2000 年，第 40 页。

② 王瑞平：《"摊丁入亩"是清代人口激增的主要原因吗》，《河南师范大学学报》（哲学社会科学版）2001 年第 3 期。

③ 李根蟠：《中国农业史》，北京：文津出版社，1997 年，第 262~264 页。

④ ［美］穆盛博：《近代中国的渔业战争和环境变化》，胡文亮译，南京：江苏人民出版社，2015 年。

⑤ 曹树基：《中国人口史》第五卷（清时期），上海：复旦大学出版社，2000 年，第 866~867 页。

一、人口增长与山区垦殖

明清时期开土造田,无论是广度还是深度都远远超过以往任何一个时期。明代垦荒成绩最显著的是洪武、永乐两朝,当时实行大规模的军屯和有计划的移民垦殖。明代中叶以后则以流民垦殖为主。明代不但恢复了金元以来荒废的耕地,而且开始向新的荒山滩涂进军,传统半农半牧区基本上转化为农耕区。明末以来,由于长期战乱,人口减少,大量耕地被抛荒。清代在全国推行大规模垦荒,到康熙末年,基本恢复到了明末的垦田面积。此后,我国进入人口快速增长期,垦荒也越来越深入,内地的荒僻山区、边疆地区成为主要的垦殖对象。因人口剧增和土地兼并而丧失土地的农民,如洪水般涌入边疆地区,成为当时开土造田的主力军。明、清的人口迁徙特点有所不同,与明代相比,清代移民多由民间自主完成,很少像明代那样由官府出面组织;而清代的移民时间更持久,波及范围更广。

明清两代移民特点上的差别表现在人地关系上,即明清时期的移民垦殖的过程是从人口密度大的地区向人口密度小的地区迁徙,先占据平坝地区再深入山区。明代以坝区开发为主,清代则深入山区。山区垦殖深入表现在两方面:其一,内地山区农业垦殖进一步深入;其二,向边疆地区深入。内地山区移民垦殖深入以陕西、湖北、四川三省交界的南山和巴山地区最为典型。这一地区处于长江流域的腹地,气候湿润,土壤肥沃,有茂密的原始森林,在明清以前开发较少,何炳棣称其为"中国内地农业的最后边疆"。明代,开始有大量的流民进入,清代,特别是乾隆中期至嘉庆年间,随着全国人口的快速增长,又有大量的流民涌入。这些流民开始进入时主要是季节性的,称"棚民":"江、广、黔、楚、川、陕之无业者,侨寓其中,以数百万计,依亲傍友,垦荒种地,架数椽栖身,岁薄不收则徙去,斯谓之棚民。"[1] 但到清代后期,这些迁徙的"棚民"定居下来,昔日森林密布的三省交界地变为人烟稠密之区。其他东南诸省,如赣南、闽浙赣皖山区,流民入垦络绎不绝。这些新开垦的山区,多以种植粮食作物为主,其中玉米、甘薯的种植尤其普遍。垦殖方式却比较粗放,许多地区的垦殖仍然采用刀耕火种。[2]

---

① 卓秉恬:《川陕楚老林情形亟宜区处》,严如煜:《三省边防备览》卷十七《艺文下》,北京:中华书局,2013 年,第 1159 页。

② 李根蟠:《中国农业史》,北京:文津出版社,1997 年,第 265~276 页。

　　向边疆地区移民垦殖成为明清移民垦殖的重心,东北、蒙古乃至新疆地区都不断有大量移民进入,而其中以西南地区的移民规模与影响最为突出。汉代,四川南部和云南、贵州地区被称为"西南夷"。唐宋时期,西南地区崛起南诏、大理两个地方政权,大力发展农业生产,种植业已经成为该区域最重要的经济部门。元朝一统后,云贵重新纳入中央管辖,农业开发也进一步深入。明代的军事屯垦、清代的移民垦殖进一步改变着边疆地区的人口分布与生态环境格局。

二、作物引种与山区生态

　　我国古代粮食作物的演变史,本身也是一部生态变化考察史。在中唐以前,全国的经济中心基本位于黄河流域,粮食作物种类繁多,在全国作物所占的比重较大。从甲骨文及《诗经》《尚书》等古籍的记载可以推知,粟、黍、稷、稻、麦、菽是商周时期的主要作物,其中又以粟、黍、稷为最重要的粮食作物。战国时期,大豆上升为与粟并列的重要粮食作物,麦也得到较快发展,黍、稷的地位相对下降。秦汉时期,冬麦开始推广,麦取代菽成为与粟并列的主要粮食作物,此时的长江流域以种植稻为主,并有芋、菰为食。魏晋南北朝时期,粮食作物以粟、黍、稷、粱、秫、菽、麦等旱地作物为主,粟、麦、稻仍是我国的主要作物,豆、黍的地位较汉代有所回升。唐代中叶以后,稻、麦在全国粮食比例中渐趋上升,并取代了粟、稷的传统地位,水稻成为第一位的粮食作物。南宋北方移民大量迁入南方,刺激了麦类在南方的发展,小麦在长江、珠江流域开始推广。[①]明清时期,粮食作物仍以水稻为主,基本上奠定今天我国水稻分布的基础。小麦在北方继续占主导地位,而且种植面积不断扩大。此时的经济作物棉花开始大量种植,棉织品取代了丝、麻织品。除此之外,明清时期我国古代粮食作物种植种类开始出现革命性的变化,美洲作物开始引种与推广。1492 年,哥伦布发现美洲,16 世纪后期,西班牙人在南亚的菲律宾建立殖民地,一些美洲农作物开始传入菲律宾,再由菲律宾传到南洋各地,并进一步传到我国。传入我国的美洲作物有玉米、番薯、马铃薯、木薯、花生、向日葵、辣椒、南瓜、番茄、菜豆、菠萝、番荔枝、番石榴、油梨、腰果、可可、西洋参、番木瓜、陆地棉、烟草等,其中玉米、番薯、马铃薯种植对山区环境影响最大。

　　关于玉米传入我国的路线有三种观点:其一,可能从印度、缅甸传入云南,再从云南传播到黄河流域;其二,可能由中亚经河西走廊传入甘肃,再从甘肃进

---

　　①　张家炎:《中国古代作物结构的演变及其原因》,《古今农业》1990 年第 1 期。

入中原;其三,可能经海路传入东南沿海,再进入内地。云南是较早有玉米种植记载的地区,明代初年兰茂在《滇南本草》中记载了玉米,明代嘉靖《大理府志》、万历《云南通志》中也均有"玉麦"记载。何炳棣认为,云南的少数民族大都早已从事农耕,而且经常与缅甸、印度交换物质,云南气候较温暖适宜玉米的生长,玉米传播最合理的媒介是云南各族人民,明代云南诸土司将"御麦"向北京进贡,在内地流传开来。[①]

玉米在我国的传播大致经过了先边疆后内地、先丘陵山地后平原地区的过程。在西南地区,特别是云南,玉米的种植与移民推进程度关系密切。明代进入云南的移民基本为军事屯田,集中在交通要道、平坝地区。清代以后,移民以山区开发为主,大量移民进入山区。所以,玉米等美洲作物在云南虽较早就有记载,但直到清代中后期才广泛种植,这与当时移民深入山区开发有关。人口压力是美洲作物在山区种植的重要推动力。玉米在云南引种后的200年才加速推广,作为一种新的粮食作物,首先为山区人民食用。

关于番薯传入中国路线有两种观点:一是陆路,由印度、缅甸引入云南;二是海路,从菲律宾传入福建或由越南传入广东。番薯引种活动影响最大的是万历年间福建长乐商人陈振龙从吕宋将番薯引入福州,经其子陈经纶上书福建巡抚倡议种植,收到显著效果,成为灾荒之年的主要救荒作物。18世纪末至19世纪初,种植番薯向北推进到山东、河南、河北、陕西等地,向西推进到江西、湖南、贵州、四川等地,最终遍及全国。

马铃薯相比前两者传入我国的时间略晚,大概在17世纪前期,可能从东南、西北和西南几路传入,而且北路的传入时间可能更早。马铃薯的重要性在18世纪后才渐趋重要。19世纪,全国10多个省均有马铃薯种植。2000年,我国马铃薯种植面积达472万公顷,总产1 325万吨,种植面积为世界第二。[②]

美洲作物传入对我国农业产生极大影响,何炳棣认为玉米、番薯、马铃薯等作物的传入是继宋代早熟稻后的第二场农业革命,对全国粮食产量的增加及人口的持续增长做出了很大贡献。

从美洲作物的引种与传播过程看,无论玉米、番薯还是马铃薯,都在明清之际就已传入我国,但这些作物进入我国的最初百余年并未成为主要粮食作物,

---

① 何炳棣:《美洲作物的引进、传播及其对中国粮食生产的影响(二)》,《世界农业》1979年第5期。

② 王思明:《美洲原产作物的引种栽培及其对中国农业生产结构的影响》,《中国农史》2004年第2期。

明代大部分地区种植美洲作物主要是为救荒,特别是番薯因其种植方便、产量高,成为灾荒年最佳补种作物。明代著名农学家徐光启曾将番薯的好处总结为"十三胜",说它具有高产益人、色白味甘、繁殖快速、防灾救饥、可充笾实、可以酿酒、可以久藏、可作饼饵、生熟可食、不妨农功、可避蝗虫等优点,指出:"农人之家,不可一岁不种。此实杂植种第一品,亦救荒第一义也。"[1]西南山区在清代初期种植玉米力度并不大,但在乾隆朝以后彻底改变,西南山区大量种植美洲作物,到嘉庆年间,美洲作物基本已经成为山区主要粮食作物,如山区的玉米种植,《植物名实图考》载:"川陕两湖凡山田皆种之,俗呼包谷。"[2]嘉庆《汉中府志》也载:"数十年前,山内秋收以粟谷为大宗。粟之利不及包谷。近日,遍山漫谷皆包谷矣。"[3]包谷即玉米。其他如马铃薯也在清代中后期成为山区的主要粮食作物。美洲作物在清代中后期迅速被推广种植,与清代中期以后人口急剧增长的态势基本吻合,人口的快速增长推动了美洲作物在山区的推广种植。

　　明末清初的战乱,以及清代中期以后的人口快速增长,都推动了人口的迁徙转移。人口流动促使美洲作物快速传播,大量移民进入深山垦殖。而南方亚热带山区、高寒贫瘠山区并不适合众多传统粮食作物的种植。玉米产量高,根系发达,耐瘠能力强,适于不宜稻麦的贫瘠中低山地区;番薯产量高,适于丘陵、低山地区,对温度相对要求较高,为亚热带山区平坝、丘陵最重要的防灾食物;马铃薯耐旱耐瘠薄,喜冷凉气候,在土壤贫瘠、缺乏水源的不适宜水稻种植的丘陵和高寒山区,甚至不适宜玉米生长之地,亦可获得高产。虽然马铃薯推广的时间略晚于玉米、番薯,却在时间上早于玉米、番薯占领山区。我国传统粮食作物受气候和垂直高度限制,很难在亚热带山地大量种植并获得较高产量。而玉米、番薯、马铃薯美洲高产旱地作物的种植往往使战争、灾荒而导致的人口损失得以缓解,同时使饥荒后的人口损耗恢复加快。历史时期我国主动引进的一些生物也产生了"生物入侵"的影响,生物引进有时会打破原有的农业作物、土地资源与产业选择三者间的关系,使生产结构发生较大变化,进而对社会发展产生深远的负面影响。明清之际玉米、番薯、马铃薯等美洲高产旱地农作物的传入、推广,使南方亚热带山区形成以山地旱地粮食种植业为主的产业结构。具体而言,明代以前,我国农业开发主要是在平坝、台地、丘陵地区,广大山地还是

---

① 徐光启:《农政全书》卷二十七《树艺》,上海:上海古籍出版社,2010年,第562页。

② 吴其浚:《植物名实图考》卷二,北京:商务印书馆,1957年,第38页。

③ 严如熤:《嘉庆汉中府志校勘(下)》,西安:三秦出版社,2012年,第739页。

被森林和草地覆盖。平坝、丘陵、台地地区以种植水稻、粟、黍、小麦等传统粮食作物为主,而广大山地并不适宜种植。在此情况下,如果没有外来高产旱地农作物传入,农业的发展是在平坝、台地、丘陵地区作内延式发展(在恒定的单位面积上增大劳动力和技术投入,采取集约化的精耕细作提高产量),并向周边森林、草原区作外延式发展林牧业,当内延式发展受限后,对生态的最优选择即为外延式的林牧副业发展方式。[①] 玉米、番薯、马铃薯这三种作物向山区推进后,使坡度较陡的山地水土流失现象加重,土壤肥力递减,泥沙淤积河道,河床被抬升,河道变得狭浅,沙洲增多。湖泊和陂塘等水利设施被淤堵,减少了蓄水容积,湖面萎缩,一遇洪水即淹没农田,形成新的生态灾害。

　　理论上说,任何形式和程度的资源开发利用都会扰动固有的生态系统,但并不是每一种利用方式都必然带来生态环境破坏。在山区,适度放牧、狩猎、采集乃至垦辟种植都是自然生态系统中的组成部分,因此,问题的关键在于如何开发利用自然资源,即资源开发利用的方式和程度。虽然山区的资源开发利用方式呈现出多元化、多样性,但在人口压力下的粮食需求占据了压倒性的优势,实际上垦辟土地、粮食作物种植仍在多元化生产方式和多样性体系中占据绝对优势,很多地方甚至只有单一的开发利用方式。土地垦辟、耕作过程中普遍存在盲目及过度倾向,加上普遍的粗放经营方式,山区的有限可耕地资源很快被消耗殆尽,森林资源受到严重破坏,水土流失加剧,生态环境恶化[②],形成山区结构性生态贫困问题。

三、矿业开发与山区生态

　　明清时期的矿业开采,无论是矿厂规模,还是产量都达到了历史上的新高。明代全国金、银、铜、铁、锡、铅、汞、锌 8 种金属采矿点达 420 处,分布于今云南、四川、贵州、广东、河南、陕西、湖南、福建、浙江、山东、广西等 19 个省(区),其中以湖南、云南、四川、贵州、广东等地最为集中,特别是重要的货币金属,大多集中在云南等地。清代,西部地区特别是云南成为重要矿产的主产地,清代前期,铜、锡、铅、银的大矿区在云南,锌矿和汞矿则在贵州,甘肃金矿开采颇盛。

---

① 蓝勇:《明清美洲农作物引进对亚热带山地结构性贫困形成的影响》,《中国农史》2001 年第 4 期。

② 鲁西奇:《山区人口、资源和环境的相互作用与动态关系——〈明清长江流域山区资源开发与环境演变〉读后》,《江汉论坛》2008 年第 10 期。

其中以云南的铜矿、银矿开采规模最大,产量最高。云南境内的铜矿最多时有46个厂,其中以汤丹、碌碌和宁台3个厂最大,汤丹厂最高年产量曾达1200万—1300万斤。大场盛时有六七万工人,采用大规模分工协作的生产方式。从康熙二十四年到道光十七年(1685—1837年),云南先后出现过32个银厂,全省年产量平均约30万—40万两。[①]矿业开发带动大量移民进入山区,因此矿业成为明清时期,特别是清代西南山区开发的重要驱动力。

明清时期的采矿业中,以银、铜、铁三种在财政上的地位较为重要。其中,明代以银矿最为典型,清代以铜矿为大宗。明代银矿的兴盛与国家货币体制的转变有关,明初国家禁止民间采银矿。但明英宗年间,官方征税中开始可以用银两折算,官方已经开始承认白银的合法货币地位。从目前的研究看,早在15世纪中后期,白银在我国已经自下而上地完成了货币化的过程。[②]到明代中后期,纸币与铜钱进一步贬值:嘉靖四年(1525年)"令宜课分司收税,钞一贯折银三厘,钱七文折银一分。是时钞久不行,钱亦大壅,益专用银矣"。[③]纸币和铜钱渐被弃用,白银成为国家财政货币中的主流。虽然明代的白银有很大部分来自境外,诸如日本和美洲,但是从时间上看,日本和美洲的白银大量进入我国基本要到16世纪中后期。即使美洲白银大量进入我国,本土的银矿开采仍占极大比重。

明代银矿开采初期集中在浙江、福建,到15世纪中叶以后,我国银矿的生产中心已转移到了云南。《天工开物》记载了云南的银矿规模:然合八省(浙江、福建、江西、湖广、贵州、河南、四川、陕西)不敌云南之半,故开矿煎银,唯滇中可永行也。凡云南银矿,楚雄(府)、永昌(军民府)、大理(府)为最盛;曲靖(府)、姚安(军民府)次之;镇沅(府)又次之。[④]就银矿的产量而言,从缴纳给朝廷的银课数目看,云南银课数额居各省之冠,如明英宗天顺四年(1460年)全国银课的收入总数不过183000余两,但云南一省的岁课已达十余万两,即约占全国总收入的5/9。[⑤]研究表明,明代云南银矿矿厂有68个,在空间上明代早期生产主要集中在大理、楚雄两地,到明代后期则几乎重要的产区都开设了矿厂进行生产;从

①　朱训主编:《中国矿业史》,北京:地质出版社,2010年,第56~58页。

②　万明:《明代白银货币化的初步考察》,《中国经济史研究》2003年第2期。

③　张廷玉:《明史》卷八十一《食货志五·钱钞》,北京:中华书局,1974年,第1965页。

④　宋应星:《天工开物》卷中《金第八·银》,上海:上海古籍出版社,2008年,第133页。

⑤　梁方仲:《云南银矿之史的考察》,《梁方仲经济史论文集补编》,郑州:中州古籍出版社,1984年,第219页。

规模上看,滇西和滇中地区明显要超过滇东北和边疆地区,到明代后期滇中地区生产规模逐渐超过滇西地区。矿业的吸引,加之官府封禁内地的矿山,导致湖广、江西矿民大批量进入云南。①

清代,"滇铜"成为国家铸币材料的重要来源,因开铜矿而进入云南的移民群体更为庞大,对西南特别是云南山区的生态环境变化带来的冲击也更为明显。清雍正以前,中央户、工二部所属铸币局即宝泉、宝源二局所用铜料主要购自日本,谓之"洋铜",但康熙末年以后由于日本控制铜料出口,洋铜来源日趋减少,雍正年间逐渐出现"铜荒",引起"银贱钱贵",货币流通陷于困顿。因此,清廷不得不在国内寻觅铜料产地,以保证铸币原料的长期稳定供应。而云南铜矿铜料质地较佳,开采远景亦可信赖,引起清廷极大关注,于是滇铜取代洋铜,成为全国铸币用铜的主要来源。康熙二十一年(1682 年)在平定三藩之乱后,云南总督蔡毓荣提出《筹滇十疏》,其中第四疏"议理财"把"鼓铸宜广""矿硐宜开也"作为其中两项重要的理财举措,云南省矿产资源丰富,"滇虽僻远,地产五金","铜、铅,滇之所自出,非如别省采办,而滇人俱以用钱为便。"② 此后,雍正年间对云南实行"改土归流",内地充实的人力物力得以进入长期处于闭塞落后状态的云南边远山区,"滇省山多田少,民鲜恒产,惟地产五金,不但滇民以为生计,即江、广、黔各省民人,亦多来滇开采。"③ 雍正四年(1726 年)将东川府、雍正五年(1727 年)将昭通府从四川省划归云南,云南铜矿开采进入黄金时期。

清代云南的铜业生产集中在四个区域,即以汤丹厂、碌碌厂、大水沟厂及茂麓厂为核心的滇东北产区,大体包括当时东川、昭通和曲靖三府地区;以大兴厂等为代表的滇中产区,包括云南、楚雄、澄江、武定等府、直隶州;以金钗厂为代表的滇南产区,包括临安、开化、广南、普洱等地;以宁台厂为代表的滇西产区,包括大理、丽江、顺宁、永昌府及永北、蒙化、景东、腾越直隶厅。④ 其中以滇东北的铜矿开采量最大,持续时间最长,影响也最大。开矿对滇东北,特别是东

① 杨煜达、[德]金兰中:《明代云南银矿生产的空间格局研究》,《历史地理》第三十八辑,上海:复旦大学出版社,2019 年,第 107~124 页。

② 蔡毓荣:《筹滇理财疏》,魏源:《皇朝经世文编》卷 26,北京:中华书局,2004 年,第541 页。

③ 《清实录·高宗纯皇帝实录(四)》卷二六九,乾隆十一年六月,北京:中华书局,2008 年,第505 页。

④ 杨煜达:《清代云南铜矿地理分布变迁及影响因素研究——兼论放本收铜政策对云南铜业的影响》,《历史地理》第二十九辑,上海:上海人民出版社,2014 年,第 207~236 页。

川地区的生态影响也最显著,今天东川地区泥石流灾害频发,矿业开发是重要原因。

传统时期的矿业开发对环境的影响,主要表现为地表植被的砍伐和破坏。开矿和冶矿对森林的破坏是十分严重的。在开矿之前,首先得找矿,找矿需要对矿山的植被进行清除,以寻找矿苗。人们将这种找矿行为比喻为给山"剃头",在找矿的过程中经常是整座山都被扒了"皮",所以经常出现"有矿之山,概无草木"[①]的情况。此外,矿业生产的各个环节,都需要大量的木材。开采过程中,要用木材支撑坑道、用柴火破石等,这些都对森林造成巨大破坏。特别是炼铜对周边森林植被的消耗极大,"每炼铜百斤,至少要用炭千斤,这个消耗太大。云南大厂,盛时每年出铜在一千万斤以上(如汤丹一厂,最高出过一千二三百万斤的)。姑以一千万斤计算,则每年用炭便要超过一万万斤,这些炭都是要靠矿厂附近的林木来供给。需量如此其多,山林终有耗尽之一日的。大抵矿厂初开时,柴炭取之近山,随着矿厂采冶的时日,伐尽林木的童山,便逐渐向四周延伸开去,采冶愈久愈盛,童山便愈广愈远,到了有一天,柴炭的取给,路途太远,成本太高,其所能炼得的铜产已不抵其采运工本时,这个矿厂的发展便到了尽头了。这就是前人解释矿厂封弃理由时所常说的'山荒'。"[②]研究显示,每炼100斤铜约需1 000斤木炭,在雍正四年(1726年)至光绪十一年(1855年)间,因为铜业的需要,滇东北地区消耗了6 450平方千米的森林,约占土地总面积的21%。仅铜矿开发就使滇东北地区的森林覆盖率下降了20个百分点。[③]咸丰六年(1856年),因战乱的影响,滇东北的矿业开发才衰落下来,此时滇东北的森林覆盖率已大幅度下降。

四、瘴气消退的生态意义

"瘴气"的消退可以作为考察明清时期西南山区生态环境变迁的重要参照。瘴气是历史上西南边疆地区长期存在的、特定生态环境下的生态现象。

西南地区瘴气消退以云南最为典型。云南山多地少,地形地貌复杂,川险流急,内部形成一个个相对独立封闭的区域。在明清及以前的历史时期,云南

① 倪蜕:《复当事论厂务疏》,魏源:《魏源全集》第15册,长沙:岳麓书社,2004年,第848页。
② 严中平:《清代云南铜政考》,北京:中华书局,1948年,第64页。
③ 杨煜达:《清代中期(公元1726—1855年)滇东北的铜业开发与环境变迁》,《中国史研究》2004年第3期。

是典型的植物王国和动物王国,有毒生物、毒泉、毒溪等遍布地,经过各民族的辛勤开发,瘴气逐渐由坝区向山区、河谷区退缩。三国时期,诸葛亮南征,五月渡泸,深入不毛之地,因受制于瘴气而士兵多有损伤。当时的云南瘴气区域广大,瘴毒浓烈,不论坝区盆地,还是河谷深山,都有瘴气的分布。隋唐(南诏)时期,以滇池、洱海为中心的坝区逐渐成为当地政治、经济和文化较为发达的区域。由于人口相对集中,开发活动频繁,瘴气区域范围有所缩小,但中心区周边仍被瘴气笼罩。当时尚未深入开发的地区,诸如滇西、滇西南、滇南、滇东南、滇中等的潞江、澜沧江、元江、南盘江、金沙江流域,仍然是瘴气浓重,如唐人樊绰在讲述滇西永昌等地生态时,称"自寻传、祈鲜已往,悉有瘴毒,地平如砥,冬草木不枯,日从草际没,诸城镇官俱瘴疠,或越在他处,不亲视事"。[①] 永昌往西,南诏时属永昌节度的大赕(即今缅甸坎底坝子一带)生态环境原始,瘴气丛生,"地有瘴毒,河赕人至彼,中瘴者十有八九死。阁罗凤(南诏王)尝使领军将于大赕中筑城,管制野蛮,不逾周岁,死者过半,遂罢弃,不复往来。"[②] 宋元时期,云南大部分瘴气分布区的变化不是十分明显,瘴气区域与先前相比变化不大。元军在征服大理政权过程中,死于瘴气的将士不可胜数。元朝征服大理后,征讨瘴气横行的缅甸与八百媳妇国等地时,途经云南顺宁、元江等瘴气之地,半数以上将士包括驻守云南的士兵因之殒命,辇夫运饷,出入崇山密林,辗转反复,染瘴死者达数十万人。当时,滇池、洱海以外的地区,尤其是少数民族聚居或鲜有族群居住的半山区、山区,仍是瘴气弥漫之所。

元代以后,随着云南坝区盆地的逐渐开发,瘴气存在的生态基础和生物要素逐渐消失,瘴气的消减成为必然。瘴气区开始了由坝区盆地向丘陵和深山、由腹地向边地、由流官统治区向土司统治区渐渐退缩的历程。

明代在全国范围内开展屯田活动,而在边疆地区推行军屯制度,内地人口随军屯移民进入云南,对云南的整体发展方向和民族分布格局产生了重大影响。在传统的经济中心区滇池、洱海流域以及曲靖等大的坝区,瘴气已基本消失不见。这与明代的移民开发集中在交通要道、平坝地区有极大关系。而坝区周边的广大山区,仍然是瘴气区。此外,坝区周边的河谷地带,炎夏时节,还能见到瘴影。许多物种尤其是致瘴生物日渐减少,瘴气随之减弱,逐渐退缩到河

---

① 樊绰撰、木芹补注:《云南志补注》卷六《云南城镇第六·越礼城》,昆明:云南人民出版社,1995年,第91页。

② 樊绰撰、木芹补注:《云南志补注》卷二《山川江源第二》,昆明:云南人民出版社,1995年,第21页。

谷及深山密林中,分布范围被分割成一个个相对独立的区域,昆明、澂江、大理、楚雄、曲靖等腹地及各府、州、县治所在坝区成为政治、经济、文化较发达的区域,人烟密集,商铺林立,生态环境发生了极大的改变,仅在个别远离治所及坝区的僻远地带才有瘴气存在,成为云南的"弱瘴区"。

清代移民在明代坝区移民的基础上,向山区深入,尤其是美洲高产旱作物的传入种植增加了粮食产量,矿区矿业的大规模开发刺激的大量移民,改变了山区原本的生态格局。原来长满树木的大批山地被垦辟为玉米、马铃薯等作物的种植地,曾经的瘴气产生及存在的基础已不复存在,瘴气逐渐成为历史名词。而滇西、滇西南的潞江、澜沧江、元江流域的"重瘴区",随着移民垦殖的深入,生态环境也发生了剧烈变化,瘴气逐渐退缩到一些地理环境封闭、人烟稀少、生态开发较少、生物种类繁多、气候冷热变化急剧的地区。

瘴气对人类的生存造成严重威胁,就人类生存角度而言,许多"烟瘴之地"环境是十分"恶劣"的,这种恶劣是基于以人类生存为中心的,本质上是因为当地土著对自然生态系统干预较少。在历史上的人类移民开发过程中,这种"恶劣"的环境状况逐渐改善,变为人烟稠密的农耕区。移民开垦改变了瘴气分布格局。但在这种由"恶"向"好"的转变过程中,随着人类向自然的索取越来越无止境,开发的步伐越来越快,并超出区域环境承载力时,被改造成适合人类生存发展的"新环境"又逐渐向恶化的方向转变。

第三节　基塘生态系统与区域环境

人口的逐渐增加,导致全国性的耕地紧缺,一方面人们千方百计开辟新的耕地,另一方面又极力提高复种指数,土地利用率达到传统农业的最高水平。在人口集中区,如长三角、珠三角地区,人们付出更多努力去塑造当地复合型生态系统,以获得更多的生物生产量。农业对土壤的开发利用并不一定都带来破坏,在低湿地地带,人类通过改进水利技术,将土壤改良得更肥沃,并且充分利用生物链关系,发展出了良性循环的基塘农业,吸纳了大量过剩人口,发展出了一种新的农业开发与环境变迁之间的互动关系模式——基塘。基塘农业生态系统功能丰富,单位面积产量高,产品种类丰富,收入来源多,能充分利用当地自然条件,并对水、土、肥有自动调节作用。

一、太湖流域的桑基农业

从我国地域分布看,桑基鱼塘在长江、珠江沿江和五大淡水湖周边都有分布,与我国热带亚热带低洼渍水地主要分布区大致相符,而以长江三角洲太湖流域和珠江三角洲最为集中。其中太湖流域的湖州桑基鱼塘系统于 2014 年 6 月入选第二批中国重要农业文化遗产,2017 年 11 月又通过了联合国粮食及农业组织(Food and Agriculture Organization of the United Nations,FAO)专家评审,被正式认定为全球重要农业文化遗产(Globally Important Agricultural Heritage Systems,GIAHS)。历史上太湖流域地势低洼,为发展农业生产首先要解决洪涝问题,因此兴修水利,营建塘浦水利体系,为桑基农业形成奠定基础。有学者推断太湖流域的桑基鱼塘发育于隋唐时期,也有学者研究认为始于明代。从文献记载看,太湖流域的桑基鱼塘兴盛于明清时期。

　　17 世纪,太湖南岸的嘉(兴)湖(州)地区土地利用形式可分为三类:第一类称为"田",种植水稻并复种旱作物和绿肥;第二类称为"地",是人工垫高的土地,主要用于栽桑;第三类在从附近取土垫高地面而形成"地"的同时,形成称为"池"的土地利用形式,用来蓄水灌溉稻田和养鱼。田、地、池的形成,是当地劳动人民在长期的农业生产实践中根据湿地的特点和社会需要而发展起来的土地利用模式,这种模式成为该农业生态系统的基础。晚明农学家张祥履在《补农书》中详细记载了这种农业生态系统:"凿池之土,可以培基。基不必高,池必宜深。其余土可以培周池之地。池之西,或池之南,种田之亩数,略如其池之亩数,则取池之水,足以灌禾矣。池不可通于沟;通于沟,则妨邻田而起争。周池之地必厚;不厚,亦妨邻田而丛怨。池中淤泥,每岁起之以培桑竹,则桑竹茂,而池益深矣。"[①] 根据《补农书》的记载,可以将当时的农业生态系统划分为以下几个子系统:(1) 水稻物种旱作物及绿肥的农作物子系统;(2) 桑—蚕子系统;(3) 畜牧子系统和水产养殖子系统。

　　第一,农作物子系统主要围绕"田"展开,通常采取种一季水稻接着种一季旱作物或绿肥为主的复种轮作形式。据《补农书》记载,17 世纪嘉湖地区的水稻生产已达相当高的水平,个别地块一季水稻最高产量每亩可达 4—5 石,相当于每公顷产量有 6 741—8 426 千克,与现在稻米亩产量十分接近。需要指出的是,这种稻米产量是在完全没有化肥、农药和现代机械的情况下取得的。这种稻作农业是集约式的手工精耕细作,嘉湖地区直到 19 世纪才开始使用畜力耕作,在此之前全靠人工种田,手工操作贯穿水稻生产的始终,包括秋冬季的垦田,春季的倒田、施基肥、插秧前拔宿草、育苗、插秧、田间管理(锄、耥、耘、追肥

① 张祥履辑补,陈恒力校释:《补农书校释(增补本)》,北京:农业出版社,1983 年,第 179 页。

等),用脚踏水车灌溉、收割、积肥和罱河泥等。此外,这种稻作农业所使用的肥料完全是有机肥和绿肥。水稻生产的劳动投入量的 1/3 以上是用在积肥和施肥上。《补农书》记载,稻田施用农家肥作积肥的量可达每亩 13—14 石,相当于每公顷施肥 9 750—10 500 千克,其中包括人畜粪便和农作物秸秆,此外还施豆饼作追肥,每亩用量多达 3 斗。如此高的农家肥施用量可以保证较高的水稻产量并保持地力。除农家肥外,人们还大量种植绿肥紫云英,解决稻田肥料问题。

第二,桑—蚕子系统是基塘农业的核心。17 世纪时杭嘉湖地区的桑地已占整个农地面积的 10% 左右。桑—蚕子系统首先要栽培桑树,该过程包括植桑和日常管理两部分。植桑工作包括培地基、育桑苗、栽树、嫁接等。而其中的培地基即为从低地(池塘)中挖掘河泥垫高桑地。当时养蚕只养春蚕,蚕吃春桑叶,将桑树的秋叶作饲料喂湖羊。蚕沙是当时农田的肥料,妇女是养蚕的主要劳动力。

第三,畜牧子系统是嘉湖地区农业生态系统中必不可少的组成部分。湖羊是当地优良的绵羊品种,养湖羊是该地区重要的农家副业,冬季以枯树叶作湖羊的饲料。此外,在地、田之外的池塘中,当地人还大量养鱼,而嘉湖地区的池塘面积至少和土地面积相近。养鱼成本较低,蚕沙和池塘周边基塘上的杂草都可以作为饲料。[①]

明清时期,太湖流域的嘉湖地区发展出的田—地—池一体的农业生态系统,可以总结为两种模式,即桑基稻田和桑基鱼塘。这种农业生态系统的逐渐形成与宋元以后江南地区的人口压力增大有关。移民开发使太湖流域的大水域渐趋破碎,农民大量围垦水域,也推动着桑基农业进一步发展,到明代桑基稻田和桑基鱼塘更为成熟,桑蚕的生态空间甚至挤占稻田。为增加收入,农民在深水处圩田,不断堆叠河泥,以拓宽桑基稻田和桑基鱼塘。这种桑基农业的大量出现,不仅改变了区域微地貌,而且改变着当地的生态环境。王建革指出,桑基农业的发展,使田野的动植物向特定的生物群落发展,原有的一些野生食物逐渐消失,水面的生物多样性也在消失。由于大水面分化,养殖业受到限制,鱼类资源也渐渐集中于鱼塘,而庭院内的养猪与养羊开始增多,小农经济与小圩田、小水面(鱼塘)形成巧妙耦合。小农既有稻田,也有桑地,还有鱼塘。为了培养桑基稻田,小农不仅要将蚕粪回归到农田和鱼塘,还要加强猪和湖羊的饲养,

---

① 闻大中:《三百年前杭嘉湖地区农业生态系统的研究》,《生态学杂志》1989 年第 3 期。

催生了一种稳定的农业生态系统。尽管这一过程是生物多样性向趋于减少方向发展,但生物量在增加。与其他地区的水土流失和生态破坏不同,嘉湖地区通过堆叠土壤,利用蚕、桑树、猪、羊等物种,形成了一种世界著名的高产高效并有优美田野风光的生态农业。[①]

二、珠三角地区基塘农业

珠三角地区水网密布,该区域的农业开发在历史时期表现出两个鲜明的特点:第一,向水域要地,开发沙田,并最终形成围田;第二,与太湖流域相似,在土地有限、人口渐多的背景下,发展出了基塘农业。

就前者而言,其实在沿海地区都有这种向海域、江域要地的农业开发模式。明清时期,由于全国性的人口增长,移民在由内地向边疆迁徙过程中,也向海域拓展,一些民众以海为家,靠捕捞渔业为生,形成渔民群体;而一些民众则在近海处开发沙田,发展农业生产。这两类人之间也有交叉。三角洲沿岸地区的浅海不断有从大陆冲刷下来大量泥沙,泥沙沉积后经过若干年逐渐淤浅成为陆地,三角洲的民众将这些新隆起的土地称为"沙",他们在新隆起的土地周围筑堤,开辟农田,把这种新围垦的农田称为"沙田"。

沙田经过低沙田(新沙田)—中沙田—高沙田,由低阶段向高阶段演替。比如三角洲的东莞(今广东东莞),低沙田海拔只有 0.4 米。由于地势低,低沙田每月灌潮达 20 天以上,每次灌潮都带来大量泥沫和一些鱼虾进入农田。退潮时,泥沫沉积下来,就自然施肥一次。低沙田的土壤肥沃,虽然盐分较重,但有机质丰富,农作物(以水稻为主)产量较高,多年不用施肥仍能高产。经过若干年以后,海水或陆地带来的沉积物愈来愈多,田面愈来愈高。田面到了海拔 0.4—0.7 米时,由低沙田变为中沙田,作物仍然以水稻种植为主,但可种水草和甘蔗。中沙田每月灌潮有 12—20 天。又过若干年,地表被河流上游带来的沉积物覆盖,地势逐渐升高,中沙田的田面到海拔高于 0.7 米时演变为高沙田,每月潮灌只在 12 天以内,种植的作物种类比较多,种植水稻、花生、甘蔗都比较普遍。高沙田形成以后,地面仍在变化,高沙田的灌溉逐渐由潮水灌溉改为河水灌溉。当河水灌溉代替潮水灌溉时,农田发生了质的变化,此时的农田在当地被称为"围田"。一般由沙田演变成围田约需 400~500 年。发育形成的围田土壤熟化,可

---

① 王建革:《明代嘉湖地区的桑基农业生境》,《中国历史地理论丛》2013 年第 3 期。

以发展出复杂的农耕系统,承载大量劳动人口。①

珠三角的桑基鱼塘发育较早,目前多数研究认为该区域的桑基鱼塘雏形始于晚唐时期的池塘养鱼。当时珠江三角洲低洼地区面积广大,潦水水患极为严重,饱受潦患的民众因势利导,将一些低洼地挖塘养鱼,把挖出的泥填高地面成"基",部分低洼地逐渐被改造为"基塘"。明初(15世纪中叶)发展出"果基鱼塘",基地种的是果树(荔枝、龙眼、香蕉等),当时虽然已有人种桑、养蚕,但没有和鱼塘联系在一起。明末(16世纪末、17世纪初)出现"桑基鱼塘",并开始替代果基鱼塘。清初,由于国际贸易对丝绸需求的扩大,种桑养蚕的获利大大超过了水果的收益,桑基鱼塘不断扩大,但有些地方的果基鱼塘仍然继续保存并发展。清末(19世纪30年代初期),珠三角的蚕桑业严重衰退,"蔗基鱼塘"逐渐兴起。②

珠三角"桑基鱼塘"的发展,特别是九江附近的西江沿岸有天然鱼苗,为鱼塘提供了鱼苗的来源。随后逐渐向珠江三角洲中部、南部的高鹤、番禺、中山、新会等地发展。顺德位于珠江三角洲中部,是水运中心,境内低洼平原辽阔,成为珠江三角洲种桑、养蚕、缫丝、淡水养殖的中心,是桑基鱼塘最集中的一个地区。

在珠三角地区的基塘农业系统中,蚕桑或甘蔗收成的时间和塘鱼收获的时间都不相同,只要搭配合适,四季都可以生产,全年没有荒月。这种生产结构是生态经济效益最大化的一个典范,在规模土地不足的情况下,实现农业生产的高效、绿色发展。

从生态学角度看,在桑基鱼塘农业生态系统中,种桑、养蚕、养鱼是相互联系、相互推动、复杂多样化的循环性生产,可以充分利用生态系统的自我维持功能。从食物链看以桑叶养蚕,蚕沙喂鱼,塘泥种桑,以基、塘之间的土壤、水分、生物的物质循环为基础。桑、蚕、鱼与基、塘和大气之间的关系是生物与环境之间的物质交换和能量转化的关系。而且基、塘之间存在着物质循环作用,塘对基的作用主要是提供塘泥,农民每年冬季上大泥(即鱼塘干后刮泥上基),夏秋两季又上"屃泥花"(水占25%、泥占75%),每年两三次,塘泥是桑基主要肥源,对桑树生长作用较大。基泥经过风化分解,遇到暴雨冲刷,泥沫又返回到塘里,

---

① 钟功甫:《略论自然资源的特性和利用问题》,《钟功甫地理研究论文选集》,广州:广东科技出版社,1997年,第68页。

② 顾兴国、楼黎静、刘某承等:《基塘系统:研究回顾与展望》,《自然资源学报》2018年第4期。

与塘里的水生动植物残体结合,经过细菌作用,分离出氮、磷、钾,又提高了塘泥肥力。如此循环不息,塘泥肥力不断提高,桑基不断得到肥源。"桑基鱼塘"是一个开放的物质能量系统,在桑基上,桑树可以与蔬菜轮种或间种,冬天割桑枝后,农民在基面或在桑树间种蔬菜。种过蔬菜的桑基,翌年桑叶增产。鱼塘水中不同的鱼类分层获取食料,充分利用养料,形成立体共生环境。

　　无论是太湖流域还是珠江三角洲,地势都相对较低,容易形成水患灾害。为抵抗水灾,并最大限度地利用水土资源,我国古代劳动人民在长期实践中,将低湿地改为基塘,而基塘农业也是该区域消解过多劳动力的极佳方式。基塘系统农业能吸纳大量剩余劳动力,将区域环境承载能力进一步提升。具体来说,桑基鱼塘生产环节多,每亩需要的劳动力也多。从采桑、养蚕到育苗、养鱼等各环节都需要分工协作。此外,缫丝、纺织也需要大量劳动力。[①]基塘农业区成为传统农业社会劳动密集生产方式的典型代表。从南宋开始,江南的太湖流域就成为北方人口大量汇聚之地,民众对土地的要求更为强烈,大量围湖垦田。围湖垦田虽可部分解决人口压力,但位于低洼地势的湖区易遭水淹,常有颗粒无收之险。明清时期江南人口增长,商业资本也有较大发展,但当时的手工业不能大量吸纳劳动力和资金,桑蚕业比水稻种植业需要更多的人力和资金,因此,桑蚕业的发展在一定程度上缓解了当地的人口压力。[②]

　　桑基鱼塘构建了一种"种桑养蚕,蚕沙养鱼,鱼粪肥塘,塘泥肥桑"的农业生存系统,其特点是在能量传递关系上接近于"自生自养"形式,生物能获得多次利用,营养物质和第二性资源被充分利用,在物质循环上呈半封闭的或闭路的循环,除输出的产品外,很少有物种不在生态系统之中。桑基鱼塘较好地处理了人与自然、人与社会之间的关系,其合理的土地利用形态和循环生产方式,蕴含着朴素的生态文明思想,堪称我国古代生态文化的奇景,被誉为"世间少有的美景,良性循环的典范"[③]。基塘系统在运行过程中,具有自动调节水、肥、土相互作用和防洪抗旱等能力,是一种稳产高产的耕作方式。有学者很早就提出,可以用基塘系统理论改造我国(尤其是南方)的低洼地,开辟改造、利用低洼渍水地的新途径。近些年,基塘农业生态系统发生改变,以珠三角地区为例,从

---

① 钟功甫:《珠江三角洲的"桑基鱼塘"——一个水陆相互作用的人工生态系统》,《地理学报》1980年第3期。

② 李伯重:《"桑争稻田"与明清江南农业生产集约程度的提高——明清江南农业经济发展特点探讨之二》,《中国农史》1985年第1期。

③ 郭盛晖:《珠三角的桑基鱼塘及其生态文明价值》,《丝绸》2016年第4期。

1984 年到 1994 年,珠三角的基塘用地面积有一定的增加,但土地利用类型、生产结构已经发生了变化,即向三高农业(高质、高产、高经济效益的农产品或项目)方向发展,基塘水陆联系减弱。进入 21 世纪,珠三角基塘系统规模已严重萎缩,环境质量持续恶化,这与单一养殖、农业污染有极大关系。经济的快速发展在一定程度上忽视了生态环境和传统农业技术。①

① 顾兴国、楼黎静、刘某承等:《基塘系统:研究回顾与展望》,《自然资源学报》2018 年第 4 期。

第十二章　20 世纪上半叶的中国生态映像

美国学者马立博将我国 19 世纪初至 20 世纪上半叶看作一个环境持续退化期,指出 1949 年中华人民共和国成立之前的一个半世纪里,我国各地广泛出现了明显的环境危机。人口增长、商业化及政府的战略和财政需求等动因,促使一批又一批移民进入边疆和内陆边缘地区,他们不断砍伐森林、排干或填充沼泽湿地以开辟农田。森林的砍伐导致越来越多的泥沙淤积和平原地带的洪水泛滥,也造成土壤营养物质的流失和保水能力的下降,导致能源短缺、建筑用材减少。我国农业生态系统的代谢速度不断放缓,民众与环境一样变得贫困。到新中国成立时所面对的已是一个严重退化了的自然环境。[①] 影响环境恶化的因素大致可归为天灾与人祸。天灾主要是一些自然灾害,人祸则主要指一些人为行为导致的环境突变,如战争。20 世纪初,我国进入持续的地方性与全国性战争状态,战乱、饥荒不断,这种人类社会系统内部的紊乱,直接对自然生态系统造成极大影响。此外,在传统社会末期,技术对环境的影响进一步显现。

第一节　近代战争与生态环境

一、战争环境史

战争作为极端的社会历史现象,是人类社会内部的激烈冲突,也因为规模、武器与模式等,使人类社会与环境之间的张力在不断增大。随着环境史研究的深入发展,包括战争在内的军事活动逐渐被纳入环境史研究视野。[②] 进入 20 世纪以后,人类战争的规模与杀伤力都超越了以往历史时期。科技武器的杀伤力有质的变化,相比于冷兵器时期乃至火器时期的战争,20 世纪的战争武器在加

---

① ［美］马立博:《中国环境史:从史前到现代》,关永强、高丽洁译,北京:中国人民大学出版社,2015 年,第 348 页。

② 贾珺:《为什么要研究军事环境史》,《学术研究》2017 年第 12 期。

入化学、物理知识后展现出强大威力,比如在第二次世界大战中美国对日本使用原子弹,打击了日本帝国主义,但也给承受战争的地区的生态、社会等带来了长时期的恶性影响。此外,进入 20 世纪,战争规模空前扩大,战争已不是一个区域与另一个区域或一个国家与另一国家之间的军事冲突,而表现出了全球性影响特点,这对全球的生态都带来影响。

历史学对战争的诠释经历了从关注如何克服自然环境对军事行为的影响、如何将自然环境为己用,到关注战争行为与环境的互动,以及这种互动造成的各方面后果的过程。然而,对战争与环境关系的历史研究较为薄弱。美国战争环境史学者 E.P. 拉塞尔(E.P. Russell)针对目前军事战争研究现状指出,尽管军事史家早把自然、特别是地形和天气视为战略或战术障碍物,但很少思考战争对它们的影响;尽管文明史家从很多方面阐述了战争如何塑造国内社会关系,但极少将其研究延伸到人与自然的关系上。[①] 工业革命以来,随着科技进步,战争带来的环境破坏力度越来越大,史学界也逐渐开始关注战争这一极端冲突对保障人类生存的生态系统的影响,比如对 20 世纪 60—70 年代美国在越南战争期间使用落叶剂带来的生态问题研究。为清除热带雨林对越南军队的掩护,破坏其赖以为生的粮食,美国共施用了各种植物杀伤剂 7.8 万吨,喷撒面积达 2.68 万平方千米,其中针对农田的植物杀伤剂约占 10%。在 1962—1971 年,美国向越南丛林中喷洒了 19 905 架次的落叶剂,喷洒面积达 2 631 297 公顷。凡被落叶剂污染的地方,森林被毁,树叶落光,树林中鸟类和动物灭绝,造成严重的生态破坏。[②]

从世界战争史的角度看,20 世纪上半叶发生了两次世界大战,1914 年爆发的第一次世界大战,战火遍及亚、欧、非三洲,卷入战争的有 33 个国家、15 亿以上人口,约 1 850 万人死亡,军民伤亡总数 3 000 多万人;其后不到 20 年,又爆发了第二次世界大战,全世界大部分国家被卷入战火,约 5 500 万人死亡,军民伤亡总数超过 9 000 万。就我国而言,20 世纪上半叶的战争,造成个体生命的减少,流民四起,饥荒不断,加速了环境退化。相比于冷兵器时代,热兵器时代的战争对人类和环境带来的破坏与冲击更大,持续时间更长。本节对热兵器带来的环境问题,暂不作讨论,而以民国时期为抵抗日军进攻,借"自然"力量(即

---

① 贾珺:《试论从环境史的视角诠释高技术战争——研究价值与史料特点》,《学术研究》2007 年第 8 期。

② 吕桂霞、黎庭仲:《浅析侵越战争对越南生态的影响:以"牧场工行动"为个案》,《历史教学问题》2014 年第 1 期。

黄河之水)阻滞日军的案例进行分析。

二、以水代兵的生态恶果

自古以来,环境一直受战争的损害。首先,战争过程中使用的武器等具有杀伤力的技术物质会直接冲击战争发生地的生态环境;其次,为实现战争胜利,人为改变区域环境状况,导致次生灾害问题。如决堤放水、以水代兵,经常发生在战争期间。在世界战争史上,1672 年的法荷战争中,河流众多的荷兰以水流为武器,生态为代价,扒开堤坝,让掺入咸盐水的河水冲入法军,获得战争胜利。同样,1938 年 6 月,中国军队为阻止日军进攻而实施了黄河赵口、花园口决堤,一定程度上实现了阻敌沿陇海西取平汉而南下武汉目的,但同时给抗战中的豫皖苏三省人民造成了新的灾难,也导致该区域生态环境恶化。

黄河花园口决堤事件发生在中国全面抗战爆发后的第二年,到 1947 年堵口合龙,黄河在中下游泛滥持续了 9 年时间。此次事件,从军事意义上看,局部地改变了中国抗日战争的战略和进程,但也改变了黄河中下游地区的自然环境,给河南、安徽、江苏、河北等广大地区带来了巨大的自然变革,特别是在河南、安徽、江苏三省制造了一个大面积的黄河泛滥区。由于战时敌我双方轮流筑堤,黄泛大溜或东或西,迁徙不定,摆动无常,因而导致黄泛区的面积不断扩大,自西北向东南长约 400 千米,宽约 30~80 千米[①],涉及行政区域面积为 5.4 万余平方千米,当时有 300 万人舍家外逃,50 万人死亡,89 万人背井离乡。"黄泛区"一词也从此成为一个具有特殊意义的生态地理概念。

黄河决口,泛区庐舍无存,水天无际,沃野变为江湖,平地水生数尺,陆地通行舟楫。在黄泛区的各县志中,对"黄泛"影响皆有描述,例如:中牟县,黄水自县城至白沙之间向东南泛滥,水势所至,庐舍荡然,全县 2/3 沉陆;扶沟县,黄水到时,只见丈余高的水头盖地而来,千里平原,顿成一片汪洋;西华县,全县几乎全部被淹,700 余个村庄房屋倒塌殆尽,近 4 万人被淹死;太康县,黄水经县西长营丁村口东南过淮阳十二里王店,水势浩荡,冲坏田庐,不可胜记。黄泛区主要地带一片白沙,冬春多风时节,风沙蔽日;低洼积水处,大片芦苇丛生,沼泽遍布。人口锐减,一些地方人口数量降至不到灾前一半。黄泛区腹地以鄢陵、扶沟、西华、尉氏、太康、淮阳等地为主,受灾最重。1947 年,黄河回归故道后,中牟、尉

---

① 渠长根:《功罪千秋——花园口事件研究》,兰州:兰州大学出版社,2003 年,第 1 页。

氏、通许、扶沟、西华、商水 6 县的人口总数只有受灾前的 38%。[①]

在黄河泛滥期间，黄河原河道断流，全部黄水由花园口向南泛流于贾鲁河、颍河、涡河、淮河，并注入洪泽湖、高邮湖，经过京杭运河入长江入东海。此次黄河被人为决口，致使黄泛区生态环境遭到极大破坏，这种破坏表现在对水系、地貌、土壤、景观及民生等方面的强烈冲击上。

第一，黄河泛滥导致下游水系紊乱，宣泄不畅。以河南东部的黄泛区而言，原有贾鲁河、沙河、涡河三条水系由众多支流河流组成，这些河流大多是原人工开凿的运河，河道狭窄，水流较直。在黄河泛入后，这些河道或改道，或中途断流，许多河流因被泥沙淤塞，河床变浅，造成各支流排泄不畅。在支流中下游段，淤塞造成肥大膨胀，成为大肚子河，或成为长形湖泊，形成当地大雨大灾、小雨小灾、无雨旱灾的灾害生态链。黄河泛滥还导致大量黄沙淤积，河流水源短缺，河道通航里程缩短，航运能力极大下降。"黄泛" 9 年，挟沙而行的黄河将大约 100 亿吨的泥沙倾泻到淮河流域，致使贾鲁河、沙河、颍河、涡河等水系，及楚河、双泊河、东西蔡河等河的不少河段被淤成平地，每逢雨季，平地一片汪洋，但雨季过后，水源严重缺乏，形成广袤的淤荒地带，农业生产难以开展，甚至饮水都成问题，极易形成旱灾。[②]

第二，黄河泛流导致黄泛区地表形态不断发生改变。黄水流经之地，河淤沟塞，沙岗起伏，农业生产环境完全被破坏，大片农田变成沙荒地、芦苇荡，当地的地貌形态也发生重大改变。具体而言，黄河决口冲向低处时，形成决口扇形地；在缓流、漫淤地段，形成坡地；在滞流的低洼地区，形成黏土洼地；遗留下来的故河道和漫滩，形成沙地和岗地；在河堤以外的低洼处，形成背河洼地。由于平原上故河道纵横交错，黄河的冲刷、搬运和堆积，形成古河道沙地、岗地、坡地、坡缓地、洼地、蝶形洼地、积水洼地、坑塘和湖泊交错分布的地貌景观。1947年，黄河回归故道后，黄泛区的大量泥沙在水力、风力的作用下形成新故河道高地、故河道洼地、故河道滩地、决口扇等地貌形态特征。以贾鲁河为例，在黄泛期间它被黄水全部侵据，因受黄泛主流刷蚀作用，原来的河槽断面大增。黄水退后，河槽内仅有贾鲁河涓涓细流，河身与河谷平均之比约为 1∶50，河谷内满布沙土，形成宽达十几里的河道滩地。涡河上游地区也形成许多沙岗，并与死

① 许华：《近 70 年来黄泛区农业景观生态动态系统研究》，河南大学硕士学位论文，2008 年，第 24~25 页。

② 李艳红：《1938—1947 年豫东黄泛区生态环境的恶化——水系紊乱与地貌改变》，《经济研究导刊》2010 年第 34 期。

洼地相间出现;中游则形成较多的条形坡洼,微地形起伏多变。此外,黄水泥沙大面积淤积,使许多湖泊变为平地。颍河下游原有很多湖泊与洼地,颍上县境内的扬塘湖、长林湖、塔湖、方家湖等,黄泛之后,几乎都淤为平地,当地的地形、地貌发生根本改变。

第三,从土壤生态角度看,黄泛过后,黄河虽然回归故道,但 9 年间泛区沉积了大量泥沙,平均厚度在 3~5 米,最少 1~2 米,厚者 7~8 米,甚至十多米,改变了地表下垫面,河流、房屋、树木等俱被泥沙淤平。从土壤类型看,黄泛区淤积的泥沙大致可分为三种类型:第一类是砂粒沉积,多淤于泛水上游、河口附近或泛流转折的地方;第二类是黏粒淤积,多淤积在泛区低平地区及湖泊洼地,如阜阳城北河道,颍水入淮口,霍邱、寿县、颍上三县低洼地带,洪泽湖、高邮湖、宝应湖等地区;第三类是砂黏相间淤积,多见于河道弯曲处,因水位经常变化,出现了砂土与黏土相间成层的现象。[①] 在黄泛区经常看到树梢露在外面,树干没在沙里,或者屋顶露在外面,整个房屋乃至整个村庄都埋在了沙土里的景象。大面积的淤沙导致土壤严重沙化,甚至形成风积沙丘。这些沙丘多未固定,沙土因缺乏黏合物,结构松散,渗透性极大,不能持水,也缺少有机质和矿物质养分。因此,黄泛区不宜农作物生长,仅有少数耐旱植物生长,如蒲草、苍耳、爬根草、沙蓬、野枸杞等。到 20 世纪 50 年代初,尉氏县农民在沙土上种植豇豆和高粱,成活率仍极低;中牟、朱仙镇农民在未固定的沙土上试种小麦,春季风力强烈,麦苗均被砂粒打碎,当地人称为"刮死"。[②] 土地是人类生存发展的基本条件,也是农业生态系统的重要因子。历史上黄河虽然屡次决口侵淮,但此次黄水南泛为害最烈,对当地土壤生态结构、农业生态系统造成根本性改变,黄泛区土质的变化尤其是土壤沙化,严重影响了当地农作物的收成。

第四,从景观变迁角度看,黄泛区生态景观发生显著变化。景观生态是近几年环境史研究的重点内容之一,从景观变迁角度来呈现环境变迁轨迹,更能揭示区域环境演变的整体特点。地理学的景观更多指地表覆被,包括自然景观和人文景观;生态学则将景观视为由相互作用的镶块体所构成的生态系统,是整体性的生态学研究单位。农业景观生态系统是黄泛区的主体景观生态系统类型,是由黄河多次决堤、改道及人类活动等多种干扰因素综合作用形成的。

---

① 汪志国:《抗战时期花园口决堤对皖北黄泛区生态环境的影响》,《安徽史学》2013 年第 3 期。

② 黄孝葵、汪安球:《黄泛区土壤地理》,《地理学报》1954 年第 3 期。

从景观变化看,1949 年前黄泛区在世界上是一个独具特色的陆地表层系统,它的形成完全打破了之前形成的景观生态结构,黄河泛滥期间,黄泛区景观生态系统一直呈现为大面积水域、沼泽和沙荒地。1947 年黄河回归故道,但留下大面积的风沙、沼泽荒芜区域。1949 年后,黄泛区的恢复、重建工作受到党和国家高度重视。1951 年,河南省黄泛区农场正式建立,对该区进行大规模的治理和一系列改造,随着人类活动干预的不断加强,景观类型逐渐转变为以农业景观类型为主。

良好的生态环境能够使区域内的生态系统保持较强的稳定性,有效抵抗外界环境的干扰。反之,生态环境的恶化会破坏区域内生态平衡,生态系统就会退化甚至崩溃,酿成严重的生态灾难。1938 年黄河决口,导致泛区生态环境持续恶化,生态系统脆弱化,生态灾难频发。1938 年后,黄泛区蝗灾、水灾、旱灾、风灾等灾害频仍交织,一年数灾的现象极为常见。特别是黄泛形成大量的低洼积水区,芦苇丛生,淤滩满目,为蝗蝻的滋生和繁殖提供了极为适宜的环境,成为蝗虫灾害的发源地之一。如 1942—1947 年,河南、安徽、江苏一带多次遭遇特大蝗灾,蝗虫在黄泛区生成后向四面扩散,所到之处片叶不留,粮食颗粒无收。由于黄水泛滥,严重破坏原有农田水利体系,水旱灾害频发[1],给黄泛区社会生态造成严重损害。

此外,黄河泛滥还直接破坏黄泛区的人居环境。当黄水汹涌而至之时,黄泛区村落房倒屋塌、被淹没、冲毁的情形随处可见,有的村落甚至全部被淹没。战争摧残,环境恶化,自然灾害加剧,使得黄泛区内人民生活异常艰辛。频繁泛滥的黄泛区杂草丛生,村无烟火,一片荒凉,人民生活状况极为凄惨。1946 年,画家黄胄进入黄泛区写生,将黄泛区的衰败的生态景象、悲惨的灾民形象通过绘画形式保留下来。当时的黄泛区断壁残垣,饿殍遍野。虽然黄河决口已过去 8 年,但黄胄见到的仍然是滔滔黄水,遍地流沙,灾民无家可归,到处瘟疫流行,人们时时刻刻生活在饥饿和病痛之中。在黄泛区的尉氏县水灾较为严重,这里的儿童常年因饥饿而营养不良,小孩们黑热病占百分之五十九,因严重营养不良,而使口腔溃烂的占百分之四十七,普通眼病占百分之九十,缺维他命 A 至于夜盲,及眼球损坏的占百分之六十。[2] 从生态学角度看,历时 9 年的黄河泛滥,

---

① 奚庆庆:《抗战时期黄河南泛与豫东黄泛区生态环境的变迁》,《河南大学学报》(社科版) 2011 年第 2 期。

② 冯伊湄:《我的丈夫司徒乔》,上海:上海书局,1977 年,第 167~168 页。

不仅使泛区人民的生命财产毁于一旦,良好的人居环境遭到毁坏,而且导致当地农业生态系统的崩溃,所造成的影响甚至到今天仍在持续。

第二节　灾害、饥荒与环境承载力

环境问题多种多样,归纳起来可以有两大类:一类是自然演变和自然灾害引起的原生环境问题,一类是人类活动引起的次生环境问题。很多时候环境问题与灾害都是相伴而生,对人类的生产、生活造成严重影响。要深入分析历史时期特定地区的灾害、饥荒与环境关系,就需要对构成人类社会系统和自然生态系统要素之间的关系进行阐释,并考量区域自然环境承载力及人类社会系统对其干预的力度。通过对20世纪上半叶我国的灾害(自然系统)、饥荒(人类社会系统)与环境承载力的考察,可以观察当时的生态环境状况。

一、灾害与生态环境

灾害可以简单分为自然灾害和人为灾害。自然灾害是自然力量的异常变化给人类社会带来的事件或过程;人为灾害则是人类改变环境而引起生态系统紊乱,导致灾害发生。人为灾害往往伴随着生态破坏、区域环境承载力下降。许多自然灾害的发生,往往也是人类改变环境引起生态恶化而导致的,除地震、海啸、台风等大型自然灾害外,其他诸如水灾、旱灾等,虽然受自然因素作用极为明显,但也与区域环境恶化有关。

从生态系统构成要素看,灾害是构成生态系统变化的重要因子。生态系统具有多样性特征,在一定的时间和空间内,每一个生态系统都由一定的生物因子和环境因子组成,这些因子之间通过一定的物质流、能量流及信息流相互联系、相互制约。生态系统有自身的稳定性,而这种稳定性靠其自我调节能力维持,但生态系统的自我调节能力是有限度的,超过一定界限,调节就不起作用。生态学提出生态阈值和生态容量的概念。生态阈值指生态系统在不降低和破坏其自我调节能力的前提下所能忍受的最大限度的外界压力;生态容量是生态阈值的特殊表述形式,是指生态系统对某种物质的最大容纳量。生态系统受的外界压力一旦超过其生态阈值,就会导致生态失调。引起生态失调的因素大致有两种:一是自然因素,如气候条件突变、自然灾害和病虫害大爆发等;二是人为因素,如对资源的不合理开发利用、食物链的破坏引起物种间关系不协调等。灾害和饥荒其实就是生态失调的具体显现。20世纪上半叶,我国灾害和饥荒频发,就是当时环境恶化的表现。

　　相对于其他历史时期,生活在民国时期的人民所遭受的是愈来愈密集的各种自然灾害的袭击,全国绝大部分省区的水、旱、地震、蝗灾及其他灾害发生的次数日趋增多,发生的时间间隔也愈来愈短。从灾害发生的地域分布看,黄河流域占第一位,长江流域次之,并且华南和西南地区灾害频率有快速上升趋势。民国时期频繁战争,无疑加大了灾害程度和受灾范围。

　　从受灾人数看,民国时期每省受灾人数超过 10 万人以上的灾害作为一次计算,从 1912 年至 1948 年共有 235 省次、共计 85 213 万人,年均 6.35 省次、2 303 万人。其中以 1928—1937 年、1942—1949 年两阶段年均受灾人数所占比重最高。从造成人员大量死亡的灾型次数看,水灾排第一,疫灾排第二,其余分别是旱灾、地震、飓风、冷害等灾害。但需要指出,旱灾虽然次数不多,但死亡人数是最多的,占死亡人数一半以上,其次是水灾。[①] 旱灾本身需要一个缓慢积累的过程,与水灾相比,旱灾开始时成灾并不明显,但是分布广,持续时间长,所谓"水灾一条线,旱灾一大片",当人们察觉到旱灾的危险时,往往已经来不及挽救了。一旦成灾,将对人类赖以生存的自然环境造成毁灭性的破坏。美国记者艾格尼丝·史沫特莱在《中国的战歌》中描述了 1929 年河南饥荒造成的环境恶果:"饥饿所迫,森林砍光,树皮食尽,童山濯濯,土地荒芜。"[②]

　　除水旱灾害以外,还有一些纯自然因素导致的灾害也直接冲击着当地的生态系统及地表景观,比如地震。地震局限于一个地区,所造成的伤害不及旱灾和洪水,但对地震核心区而言,大型地震的严重程度足以改变当地景观。如 1920 年甘肃东部地震造成众多滑坡,黄土松动,滑入河谷,阻塞河流。由于黄土高原上很多房屋是窑洞,地震中死亡人数惊人,山体滑坡掩埋粮仓和村庄,几乎有 25 万人死于此次大地震及接踵而至的饥荒。[③]

　　灾害和生态环境破坏互为因果,往复不已。在我国近代历史上,孙中山把灾荒与生态环境联系起来:"试观吾邑东南一带之山,秃然不毛,本可植果以收利,蓄木以为薪,而无人兴之。农民只知斩伐,而不知种植,此安得其不胜用耶?"而水旱灾害频发,与滥砍森林植被有关,"近来的水灾为什么是一年多过一年呢?""由于古代有很多森林,现在人民采伐木料过多,采伐之后又不行补

　　① 夏明方:《民国时期自然灾害与乡村社会》,北京:中华书局,2000 年,第 33~41、75~76 页。
　　② [美]史沫特莱:《史沫特莱文集》第 1 卷,袁文、买树榛、袁岳云译,北京:新华出版社,1985 年,第 48 页。
　　③ [美]段义孚:《神州——历史眼光下的中国地理》,赵世玲译,北京:北京大学出版社,2019 年,第 216 页。

种,所以森林便很少。许多山岭是童山,一遇了大雨,山上没有森林来吸收雨水和阻止雨水,山上的水便马上流到河里去,河水便马上泛涨起来,即成水灾。所以要防水灾,种植森林是很有关系的,多种森林便是防水灾的根本方法。"防旱灾也要种植森林,"有了森林,天气中的水量可以调和,便可以常常下雨,旱灾便可减少"①。

从灾害对环境的影响层面看,灾害对人类的影响主要通过破坏人类赖以生存的环境来呈现,这里的环境包括两方面:一是"天然自然"环境,即未经人类改造过的由四大圈层相互交替而成的地表自然界,也就是自然生态系统;二是"人工自然"环境,即人类出于自身生存、发展的需要对自然生态系统进行改造和调控而形成的人类生态系统,如城乡聚落、水利灌溉工程、农田、牧场、林场、鱼塘等各种人工自然产品,以及人类改造和控制自然的物质技术装备等。②

二、灾荒与人类社会生态系统

20世纪上半叶,我国人口发展呈现出两大特点:第一,虽然战争、饥荒不断,但人口总量在持续增长;第二,灾害、饥荒引起人口大量流动。前者给脆弱的生态带来更大压力,后者则将生态恶化影响向更大区域、更大范围拓展。在人口增长与迁移过程中,灾荒成为考察当时生态环境与人类社会关系的极佳视角。

第一,20世纪上半叶,从人口增长角度看,这一时期虽灾害频发,但人口仍呈现出持续增长态势,无疑加大了当时的环境压力。全国人口在经过1850—1873年大幅度跌减(太平天国运动影响)后,逐步回升,到1913年已由3.453亿人上升到4.380亿人,1923年为4.450亿人,1933年为4.50亿人,1943年为4.556亿人,1949年已突破5亿人大关,达5.416亿人,在1911—1949年人口增加了近2亿人。③学者尝试解释为何在灾害频发的背景下,我国的人口并没有呈现历史时期人口大起大落的周期性波动,而是呈现持续性的增长态势。观点大致有:战争造成的直接人口死亡并不严重、医疗与卫生条件的改进、运输条件的改善等。还有一种解释是,此阶段我国人口呈高出生、高死亡的低增长态势,虽然增长率较低,却足以维持我国人口不断再生产。这种情况其实也是环境脆弱的表现,原因在于高出生率和高死亡率。小农经济在各种自然灾害面前极端脆弱,

---

① 孙中山:《三民主义·民生主义》,《孙中山全集》第9卷,北京:中华书局,1986年,第407页。

② 夏明方:《民国时期自然灾害与乡村社会》,北京:中华书局,2000年,第46~47页。

③ 吴承明:《中国近代农业生产力的考察》,《中国经济史研究》1989年第2期。

在其他资源匮乏的情况下,唯有以大量追求劳动投入的方式来抵消灾次,高出生率可能形成以亲缘为纽带的家庭群体乃至家族,为单家独户提供应付生活风险的保障机制。从灾害波及的人群看,首先遭受冲击的也是贫苦阶层,这种背景下的高出生率才能抵抗来自灾害所带来的高死亡率对人口的冲击。人口与生态环境状况关系上,除极端情况外,生态环境越差、人口密度越稀疏的地方,人口的出生率可能越高,家庭人口的规模总量也较大。[①] 在人口密度增加、灾害频率加大的背景下,人口对环境的压力也会明显地增加,而不会停留在原有的水平,生态环境退化也必然加速。

第二,灾荒背后折射的是区域环境承载力下降与生态脆弱性加强。"灾荒"概念有不同定义,《中国救荒史》一书从灾害的自然属性和社会性角度对灾荒有过界定:"灾荒者,乃以人与人社会关系之失调为基调,而引起人对于自然条件控制之失败所招致之物质生活上之损害与破坏也。"[②] 夏明方认为,"灾"与"荒"原是两个既相互联系又有本质区别的概念。"灾"即灾害,是在一定条件下不可抗拒的自然力对人类生存环境、物质财富乃至生命活动的直接的破坏和戕害;而"荒"即饥荒,是天灾人祸之后因物质生活资料特别是粮食短缺所造成的疾疫流行、人口死亡和逃亡、生产停滞衰退、社会动荡不安等社会现象。"灾"是形成"荒"的直接原因,但不是唯一原因,"荒"是灾情发展的后果,但不是必然的结果。就人与自然关系而言,在灾害的形成过程中,人的因素不能排除,而在荒的形成过程中,则是自然力通过人的活动而不断扩散和放大的[③] 很多时候,经常将"灾害"和"饥荒"等同。现代西方的"饥荒"(famine)概念,则几乎全部集中在因食物被剥夺而导致的高死亡率上。印度学者阿玛蒂亚·森(Amartya Sen)认为,"饥荒"的根源是粮食分配不均,即人获取事物权利的失败。[④] 无论是"灾荒"还是"饥荒",都是人类社会系统在自然生态系统运行出现问题的外在表现。"灾荒"本质上是环境作用于人类和人类应对的过程。"灾害"发生后形成"荒"直接与当地的生态环境、人口密度有关,并直接影响区域内的人口流动,这样的流动人口被称为流民,流民迁徙,对迁入地的生态环境又造成冲击。

我国具有久远的移民迁徙史,小规模的移民姑且不论,历史时期大规模的

---

①　夏明方:《民国时期自然灾害与乡村社会》,北京:中华书局,2000年,第83~86页。

②　邓云特:《中国救荒史》,上海:上海书店,1984年,"绪言"第3页。

③　夏明方:《民国时期自然灾害与乡村社会》,北京:中华书局,2000年,第25页。

④　[印度]阿马蒂亚·森:《贫困与饥荒——论权利与剥夺》,王宇、王文玉译,北京:商务印书馆,2011年。

人口转移在古代历史中持续上演,从西晋末"永嘉之乱"到唐代"安史之乱"、两宋交替之战乱,每次大的社会动荡都伴随着人口的大量迁徙。此外,中国人有厚重的乡土情结。20 世纪初,美国学者富兰克林·H. 金(Franklin H.King)对中国人的乡土情结如此描述:"(中国人)像是整个生态平衡里的一环,这个循环就是人和土的循环,人从土里出生,食物取之于土,泻物还之于土,一生结束,又回到土地,一代又一代,周而复始,靠着这个自然循环,人类在这块土地上生活了五千年。"①但此二者其实并不矛盾,中国人的流动迁移,大部分是被迫或出于生计而做出的选择。或因战争、饥荒,或因人口密度超过本地环境承载力等,人民被迫远离家乡,踏上外出求生之路。在生态环境脆弱地区,人口迁移更为频繁。环境脆弱,加之天灾人祸,经济衰退、乡村凋敝,大量人民无以为生,非死即徙,远走他乡,成为流民。近代,流民问题已普遍于穷乡僻壤,并且日益严重。

流民迁徙涉及迁出地和迁入地的生态问题。对于迁出地而言,移民迁出折射当地生态恶化;而迁入地的环境变迁则表现在流民进入后。东北地区是近代流民迁徙影响最大的地区,这一移民活动俗称"闯关东"。"关东"指山海关以东的吉林、辽宁、黑龙江三省,之所以要"闯",说明早期到关东谋生是被禁止的。清康熙年间,在清朝的龙兴之地修了"柳条边",有私越者置重典。咸丰十年(1860 年),禁令被取消,此后前往关东寻找生计,变为合法,不再是违禁行为。但"闯关东"一语因长期以来约定俗成,在近代仍把前往关东的流民活动称为"闯关东"。在东北全体开放后,山东、直隶的流民闻风而至,使东北成为一个"移民社会"。据统计,宣统三年(1911 年)东北人口共 1 841 万人,其中 1 000 万人是由山东、河北、河南等地先后自发涌入的流民,"其中以山东为最多,约占百分之七十至八十。由此推断,清代山东迁移往东北的移民约在七百至八百万人之间。"②20 世纪初,当时一些在华北游历的外国人记录了当时的流民迁徙:"旅行中最令人注意的事,为步行到北方去寻找工作的大批苦力。其中很多是往满洲去的。""我们当中最老的一位旅行家,在这条大路上来往已有二十五年之久,在他的记忆中,从未见过这样多的人步行流徙。"③民国时期,流民"闯关东"又

_____

① 费孝通:《学术自述与反思——费孝通学术文集》,北京:生活·读书·新知三联书店,1996 年,第 37 页。

② 路遇:《清代和民国山东移民东北史略》,上海:上海社会科学院出版社,1987 年,第 19~20 页。

③《北华捷报》1904 年 4 月 8 日,李文治:《中国近代农业史资料》第 1 辑,北京:生活·读书·新知三联书店,1957 年,第 938 页。

高潮迭起。

从人口迁出地看，导致人口外流无外乎以下四方面原因：其一，迁出地的人口压力过大；其二，天灾人祸的冲击，包括自然灾害、战争等；其三，政府的政策导向影响；其四，近代交通兴起，特别是铁路的延伸，为流民扩大迁徙范围提供了便利条件。[①]美国学者威廉·彼得逊（William Petersen）在《人口学基础》中将移民类型分为五种：原始型、强迫型、推动型、自由型和大规模型。原始型迁移是"生态推动作用的结果"，是人类没有战胜自然能力的迁徙。饥荒中的流民可认为是原始型移民，流民本质上是迁出地环境承载力已不能维持当地人口基本生存的反映。

大饥荒发生期间，粮食基本断绝，饥民为维持生命几乎已无所不食，常常以树叶、草根为食，甚至食用"白土"，乃至出现人相食现象。饥民如蝗，对灾区生态环境造成二次伤害。除此之外就是大量逃荒，1927年至1931年是"闯关东"的高潮，关内山东、河北、河南三地的灾民大量流入东北。一些生态环境恶劣、自然灾害极为频繁的地区，逃荒甚至成为人们司空见惯的传统或习俗。流民进入东北，大多到森林深处进行垦荒，由于新移民未受地方政府管理，于是流民在山区大多采取游耕方式进行垦种，砍伐很多树木，不久农田又荒废，到新的地方开辟新的农田，导致森林的乱砍滥伐。森林覆盖率变化是考量区域环境变迁的重要指标，18—19世纪，东北的天然植被覆盖几乎处于原始状态，林地、草地减少的地区主要集中在辽东、辽西等农垦区；1900—1950年是东北的林地、草地减少最为迅速的时期，辽东、辽西的天然植被几乎被破坏殆尽，鸭绿江流域、长白山地区森林减少十分显著。[②]其间俄国、日本侵略掠夺在森林减少中占较大比重，但内地移民开发也是森林退化的重要因素。

第三节　技术革新与环境变迁

从经济学角度说，技术水平决定生产、劳动力、资本及材料等的消耗，技术改进能提高生产效率，改善满足人类需要的资源利用方式。20世纪上半叶，我国的环境变化也在技术的不断革新中呈现出新的特点。

随着西方土木工程技术的传入，我国传统水利工程的修筑方式发生变化，

①　池子华：《中国流民史（近代卷）》，武汉：武汉大学出版社，2015年，第128~131页。

②　叶瑜、方修琦、张学珍等：《过去300年东北地区林地和草地覆盖变化》，《北京林业大学学报》2009年第5期。

水电站、水坝等大型水利工程开始出现。大型的水电工程,多以河流为水源,河流有干涸期和汛期,干旱季节则水流较小,雨季则洪水滔滔。因此,为有效地利用水源,就必须修筑水库,蓄水以备旱季使用。20 世纪上半叶,大坝基本上是应水电站的动力需要而建的。我国的水力发电事业肇始于云南昆明的石龙坝水电站。清宣统元年(1909 年),云贵总督李经羲委派云南劝业道开发昆明近郊的螳螂川水力资源。1912 年,石龙坝水电站建成,并正式发电,推动了近代中国水电事业的发展进程。在治河防洪、农田水利、水运交通、水能开发等"水利"的各个门类中,近代西方的水利科学技术开始改造甚至部分取代我国传统的经验技术。[①]水利技术的革新一方面提升了利用水资源的能力,并进一步挖掘了地方区域的水能资源,但水利技术进步也影响着当地的生态环境,如修筑水坝要截断河流、淹没土地、迁徙人口,甚至影响水生物种的迁徙繁殖,进而影响生物多样性。这种影响随着此后筑坝技术越来越普及、水电站的修筑越来越多而表现得越明显。

在农业方面,随着技术的进步,农业生产中的变革也在悄悄发生。20 世纪的农业技术的突破性进展主要表现在保持土壤及防治病虫害等。许多用于农业生产中抑制病虫害的技术来自军事。第一次世界大战期间,德国最初的成功大多归功于工业实力,而其工业是建立在大批科学家研究成果基础上的。第二次世界大战期间,英国在军事技术方面已有相当发展,美国也动员企业和大学的力量,有效地进行了大量的军事技术研究。在战争中,科学家改进青霉素(在英国研发)和杀虫剂 DDT(在瑞士发明)的连续生产方法,还制造了许多治疗热带疾病的药品。此外,飞机的制造技术有极大提升。这些军事技术的发展用于和平目的,使技术急速发展,从而推动经济增长。[②]

从世界农业史角度而言,20 世纪早期,大量的农业科学研究工作是有关病虫害控制的,第二次世界大战爆发以前,用于控制杂草、真菌和昆虫的主要物质是铜盐、砷化合物、硫、氯化钠和氟化钠等无机化合物,也有使用植物中提取的物质防治昆虫的,其中最常见的是尼古丁、鱼藤酮、除虫菊等。这些物质比较昂贵,因而用来治理有限区域中的特种昆虫,通常用量较小。然而,在两次世界大战期间,杀虫剂的使用量增加,科研人员也在不断寻找控制昆虫的新物质。

---

① 郭涛:《概述近代西方水利技术的引进》,《中国水利》1989 年第 4 期。

② [英]特雷弗·I. 威廉斯主编:《技术史》第 6 卷下部,刘则渊、孙希忠主译,上海:上海科技教育出版社,2004 年,第 73 页。

1932年,二硝基邻甲酚作为一种除草剂在法国获得专利,当时作为一种有效的杀虫剂已为人所知。此后被引进英国,并广泛用于对付耕地中的杂草。在第二次世界大战期间,还开发了氯化烃杀虫剂和有机磷杀虫剂。而DDT是最早也是最闻名的氯化烃杀虫剂,最先由德国化学家欧特马·蔡德勒(Othmar Zeidler)于19世纪末合成。1939年其杀虫特性被瑞士化学家鲍尔·弥勒(Paul Muller)发现。这种新物质传入美国和英国后,不久就被军方用来对付虱子、蚊子和苍蝇等。1944年,意大利那不勒斯爆发斑疹伤寒,民众大量喷洒该药剂对付虱子,展示了新杀虫剂的威力。战后不久,DDT很快被广泛用来对付住宅和动植物的害虫。[1]而人们对DDT的毒性没有很好的认识,在美国20世纪50—60年代带来极大生态问题,并引发民众的环保意识。此时段由于受技术、资金等因素制约,新型杀虫剂在我国并未在农业生产上大量使用。

此外,捕鱼技术上的新进展,也进一步改变了传统沿海区域的海洋生态。20世纪,捕鱼技术的发展主要是方法上的进步,捕捞者开始主动追踪鱼群,使捕捞量大增。拖网捕鱼是用一个敞口锥形网袋沿海底拖动。而市场的大量需求和岸上的辅助设施的进步,进一步推动捕鱼技术的改进。具体而言,渔船的动力出现变化,蒸汽机开始进入捕鱼行业,而且在大型渔船上,蒸汽机逐渐为柴油机所取代。

19世纪可以看作铁路的时代,在较发达的国家,铁路网到20世纪初实际上已经完善,在两次世界大战期间,西欧的铁路里程仅增加了5%左右。我国的铁路建设开始于清末,20世纪20—30年代,政府投入大量资金进行铁路建设,1899年至1923年,向西方国家借款4 500万英镑用于修筑铁路。1911年辛亥革命成功后,孙中山就如何建设中国,提出要优先建设铁路。孙中山指出:"今日中国既贫且弱,曷克臻此,故欲能自立于地球上,莫如富强,富强之道,莫如扩张实行交通政策。世人皆知农、工、商、矿为富国之要图,不知无交通机关以运输之,则着着皆失败。……则交通不便,实业必不能发达,可以断然。""今欲谋富国之策,非扩充铁路不可。"[2]此外,随着汽车产业的发展,公路运输变得越来越重要。铁路、公路拓展了人类的活动半径和范围。交通工具的发展,拓宽了人类的生存空间和活动范围,增强了人类干预自然的能力。然而,交通技术的

① ［英］特雷弗·I.威廉斯主编:《技术史》第6卷下部,刘则渊、孙希忠主译,上海:上海科技教育出版社,2004年,第195~196页。
② 孙中山:《孙中山全集》第2卷,北京:中华书局,1982年,第420页。

进步,一方面改善了人类的生存环境,另一方面又造成许多环境问题,自觉不自觉地改变了周围的环境,并间接影响着生态演替的方向和进程。从人与环境互动关系的角度来看,交通技术对生态异化的突出表现,就是对环境的干扰和破坏,交通技术异化程度越高,生态环境扰动程度就越强。①

① 李琦珂、曹幸穗:《生态环境史视阈下的交通技术变迁——以交通工具的演进为中心》,《哈尔滨工业大学学报》(社会科学版)2012年第5期。

第十三章 20世纪50年代以来的中国环境 变迁:从工业化走向生态文明

进入20世纪,特别是20世纪的下半叶,人类对环境的影响和改造力度超越了以往人类历史发展总和。然而这种改造能力的提升,已经到了让人忧虑的程度,而且发生了质的变化。在人类对环境的侵扰之中,让人最为惊讶的是空气、土地、河流和海洋所遭受的严重甚至是致命的污染。①从19世纪后期开始,影响中国环境变迁轨迹的因素中,不能不提一种新的人类生产方式——工业化。

在相当长的历史时期内,中国的手工制造业相当发达,并与传统农业一道维系着中国农耕经济结构。中国在鸦片战争以后才出现了现代意义上的工厂。第二次鸦片战争后,中国开始了近代工业化的历程,洋务运动也成为中国工业化的起点。从时间上看,从洋务运动到新中国成立前的近代化工业时期,大体分为晚清(19世纪60年代至1911年)和民国(1912—1949年)两个阶段:晚清是近代工业化的萌芽阶段,创办了近代军师工业、船舶工业、运输工业以及纺织工业,成为中国近代工业的开端;民国时期,民族工业进一步发展,但进程十分艰难。新中国成立后,国家集中力量发展大型工业,取得了巨大成绩,虽在1978年以前走过了不少曲折之路,但1978年以后我国推行改革开放政策,国民经济迅速发展,形成比较齐全的工业体系。②我国在工业化推进过程中,生态环境付出了巨大的代价。

从晚清被迫融入世界工业化浪潮,到民国时期自强自立发展民族工业,再到新中国成立后集中力量发展新工业,每一阶段的进步与发展都深刻影响和改

---

① [美]蕾切尔·卡逊:《寂静的春天》,韩正译,北京:商务印书馆,2018年,第8页。
② 周叔莲、王延中、沈志渔:《中国的工业化与城市化》,北京:经济管理出版社,2013年,第1~4页。

变着环境。在工业化推进中,追求工业文明成果所带来的不利影响也在不断凸显,如何实现国家、民族发展的转型,依旧是当前最重要的时代主题。进入21世纪,生态文明理念的提出,即是在总结以往发展过程中的教训而发出的时代呼声。

第一节　工业化之路

工业化是目前人类社会发展史上改造自然环境力度最大的手段,与传统时期的农业文明相比,工业文明带来的利弊得失更为明显。近些年,地理学通过区域集成研究,梳理我国20世纪下半叶的50年环境变迁轨迹,指出,全球变暖背景下气候带出现明显摆动,降水南增北减,使南方洪涝增加、北方干旱日趋严重,物质和能源需求巨大,环境污染日益严重。在地理格局变化方面,工业化带来的产业与经济格局变化,改变了人口格局和城市格局,以及自然资源供需格局。资源环境已经从发展的条件演变为制约国家安全的一个关键因素。[①]工业化不仅表现在重要工业的投入上,还表现在农业的工业化生产、能源的更新换代等方面。

一、工业立国

工业包括的范围比较广,举凡原料采集与产品加工制造的产业或工程都属于工业。从其自身的发展过程看,工业经过手工业、机器大工业、现代工业几个发展阶段,也是一个国家的第二产业,分为轻工业和重工业。在很长一段时间内,工业发展水平决定着一个国家的国民经济发展速度、规模和水平,工业是国家财富收入的源泉,也是一个国家经济自主、政治独立以及国家安全的根本保证。

新中国成立后,大力发展重工业,国家提出建设现代化,其核心是工业化,工业化是加强国家整体实力、提高人民生活水平的基础,通过发展工业,中国逐步从农业国变成工业国。1953年,过渡时期(从新中国成立到社会主义改造完成为过渡时期)总路线为:"在一个相当长的时期内逐步实现国家的社会主义工业化,逐步实现国家对农业、对手工业和对私营工商业的社会主义改造。"还明

---

① 葛全胜、方修琦、张雪芹等:《20世纪下半叶中国地理环境的巨大变化——关于全球环境变化区域研究的思考》,《地理研究》2005年第3期。

确提出第一个五年计划的基本任务是:"集中主要力量发展重工业,建立国家工业化和国防现代化的基础。"[①]1953年开始实施"一五"计划,确立了优先发展重工业的新中国工业化发展方向。集中力量发展苏联援助的156个重点项目,一大批重大工程在此时被确定下来,为新中国工业发展打下坚实基础。

新中国成立后的工业重心在沿海和东北地区,特别是东北作为重工业基地,成为共和国"长子"。我国的第一个五年计划,开始打破工业重点分布在沿海的布局,在靠近原料和资源产地建立工业。到1957年,我国先后建成了以大中城市为核心的八大工业区:以沈阳、鞍山为中心的东北工业基地;以京津唐为核心的华北工业区;以太原为中心的山西工业区;以武汉为中心的湖北工业区;以郑州为中心的郑洛汴工业区;以西安为中心的陕西工业区;以兰州为中心的甘肃工业区;以重庆为中心的川南工业区。1949年以前,我国约70%的工业及工业城市密集于东部沿海地带,这种畸形分布,在1957年发生了根本变化。随后在三线地区布局工业,从1964年至1978年,几百万工人、干部、知识分子、军人和无数建设者,打起背包,跋山涉水,来到大西南、大西北的深山峡谷、大漠荒野,建起了星罗棋布的大中型工矿企业。这些工业包括:攀枝花、酒泉、武钢、包钢、太钢五大钢铁基地;煤炭工业重点建设贵州的六枝、水城和盘县等12个矿区;四川、甘肃、湖北修建的众多水电站、火电站。[②]我国工业布局向四周扩展,也改变着周边地区的自然生态环境。

工业化推进了我国综合国力的稳步提升,也改变了国民生产生活面貌。发展工业化也给环境带来极大影响,有些地区甚至发生了革命性的变化。大跃进时期,为了追求钢铁工业的快速发展,发动了轰轰烈烈的全民大炼钢铁运动,全国各地小高炉、土高炉遍地开花,"千座高炉平地起,万吨钢水滚滚流。"一切活动都要为"钢铁元帅"让路,土法上马、土洋并举,当时的主流观点是"土洋并举是加速发展钢铁工业的捷径"。[③]从农村到城市,从工厂到学校、机关、商店、银行,全民齐上阵。全民炼钢增加了钢铁产量,但许多钢铁因质量不合格而不能使用。全民炼钢首先打乱了正常的工农业生产秩序;其次因高投入、低产出,效益低下,造成了极大的资源浪费。更为重要的是,大炼钢铁对森林植被的毁坏程度

① 《为着社会主义工业化的远大目标而奋斗——庆祝中华人民共和国成立四周年》,中共中央文献研究室编:《建国以来重要文献选编》第四册,北京:中央文献出版社,1993年,第409~410页。

② 刘伯英、李匡:《中国工业发展三个重要历史时期回顾》,《北京规划建设》2011年第1期。

③ 《土洋并举是加速发展钢铁工业的捷径》,《人民日报》1958年8月8日。

空前严重。交通不便、生态环境保存相对较好的西南地区,在此次钢铁运动中遭到极大破坏,绝大部分保存较好的森林植被被砍伐。以云南为例,历史时期生态环境良好,但在大跃进时期,境内楚雄、大理、保山、曲靖、红河(临安)、思茅等地的森林,绝大部分被砍伐,很多向阳坡面的森林被砍伐后,因降雨及光照原因再也没有恢复为森林,长有高大乔木的山区变成了灌木区,最后变成杂草坡地,地表岩石裸露,水源枯竭。大炼钢铁导致西南地区的森林覆盖率在不到十年的时间里急速降低,大部分地区的森林覆盖率几乎只有百分之二三十甚至更低。这一时期,全国从政府到民众都还未形成系统的生态环保观念。

二、农业为"本":化肥与农药的使用

我国古代农业在土壤肥力维持和病虫害防治方面有独特的经验,通过精耕细作与施用有机肥维持土壤肥力不衰退,并以生物技术治病虫害。20世纪下半叶,农业生产越来越多地介入工业化的方法,农业生态开始出现问题。

清末,西方土壤学家富兰克林·H.金针对中国土壤能维持数千年不衰退的情况,专门到中国进行调查,而此时的美国在农业开发过程中已经出现了严重的土壤衰退。宣统元年(1909年)春,金携带家人远渡重洋,游历了中国、日本和高丽,考察了东亚三国的古老农耕体系,希望了解东亚,特别是中国农民如何利用有限的土地生产足够的粮食,如何维持土壤肥力不衰退。他在调查著作《四千年农夫:中国、朝鲜和日本的永继农业》中指出:"在20世纪,一场大规模的货运活动展开,满载着货物和化肥的货船驶往西欧和美国地区,使用化肥从来都不是中国、朝鲜和日本保持土壤肥力的方法。因此,欧美国家使用化肥明显是不可持续的。""但是东亚民族保存下来了全部废物,无论来自农村和城市,还是其他被我们忽视的地方,收集有机肥料用于自己的土地被视为神圣的农业活动。"[1] 金的目的是观察、吸纳东亚4000年来不断积累的农耕经验。然而,仅仅过去不到半个世纪,我国的农业耕种就开始施用化肥,并且成为世界上化肥消费增长最快、施用强度最高的国家。1982年,我国全年化肥施用量约4000万吨,肥效利用率仅有30%左右。此外,大量未经处理的工业污染水,被直接用

---

① [美]富兰克林·H.金:《四千年农夫:中国、朝鲜和日本的永续农业》,程存旺、石嫣译,北京:东方出版社,2011年,第1页。

来灌溉农田,所带来的毒害难以估算。[1]进入21世纪,我国化肥产量和施用量仍在增长。2002年我国化肥产量达3 791万吨,施用量达4 339万吨,均居世界第一。目前我国单位面积化肥施用量水平达每平方千米279千克,是世界平均水平的3倍。[2]

我国近半个世纪的化肥使用有一个逐渐累积转变过程,20世纪70年代以后引进了大规模合成氮肥的设备装置,建设了大量的化肥厂,化肥使用更普遍,解决了农业上氮肥缺乏问题。近些年,我国的化肥施用量仍在增长,化肥能有效保证作物增产,保障国家粮食安全,但对环境造成多方面的影响。我国化肥施用量大,但有效利用率不高,未被利用的氮、磷元素一部分被土壤吸附,一部分通过地表径流、农田排水进入地表和地下水体,污染水体,导致水体富营养化,例如滇池、巢湖和太湖都出现严重的富营养化。此外,大量施用化肥难以推动农作物增产,反而导致土壤有机质下降,破坏土壤的内在结构,造成土壤板结,地力下降。

除化肥外,农药的大量使用也带来农业生态环境的极大变革。20世纪60年代,美国生物学家蕾切尔·卡逊因美国大量喷洒农药带来生态灾难,告诫人们化学农药对鸟类等动物乃至人类自身安全的巨大危害。杀虫剂等化学农药大致产生于20世纪40年代,我国农业在20世纪50年代逐渐开始使用化学合成农药治病虫害,效果明显,但造成严重的环境污染。随着作物对农药的依赖性越来越大,生态平衡遭到严重破坏,人类生活环境质量趋于劣变。20世纪80年代的研究显示,当时农业生产中,由于一度使用部分高残毒农药,受施撒技术、设备和时间限制,效果不高,大量农药残留流入环境中,造成大面积农药、化肥污染,而以城市近郊的菜田尤为严重。[3]近些年,随着我国对环境保护投入的不断加大,这种情况有一定的缓解,但仍是一个需要重点关注的问题。

农药大量施用影响农田区的生物多样性,地球上的昆虫大概有100余万种,但对农作物有害的昆虫只有几千种,而真正对农作物造成危害、需要防治的昆虫不过几百种。农业生产过程中,大量使用的杀虫剂具有广谱杀虫活性,导致大部分无害的或有益的昆虫种群数量下降、遭受破坏。《寂静的春天》一书中

①　江爱良、孙鸿良:《农业经济生态学与农业综合发展研究的几个问题》,《中国农业科学》1984年第3期。

②　孙铁珩、宋雪英:《中国农业环境问题与对策》,《农业现代化研究》2008年第6期。

③　江爱良、孙鸿良:《农业经济生态学与农业综合发展研究的几个问题》,《中国农业科学》1984年第3期。

讲述了美国人比较熟悉的知更鸟的故事,知更鸟大量死亡,与土壤中的蚯蚓大量吞食杀虫剂有关,杀虫剂杀死蚯蚓后,知更鸟又以蚯蚓为食,于是大量死亡,本该鸟语花香的春天,变得寂静无声。

从微生物角度看,一般说来,大量使用杀虫剂或除草剂,能消灭或抑制土壤微生物活动,改变生态平衡,农药通过影响土壤微生物区系,进而影响土壤营养物质的转化,改变农业生态系统中营养循环的效率和速率。除了影响动物、微生物,农药还影响其他植物的生长,尤其是除草剂的使用,导致植物多样性减少。

农业生产不仅是粮食生产过程,还是一系列生态活动过程,需要维持农业生态系统的良性平衡,保证农业产业结构多样性、农业利用景观多样性及农田生物的多样性之间的平衡。农业生产过程中,为保障粮食产量与人类需求平衡,在当前技术条件下,必要的农药、化肥使用仍不可避免;但须有度,要最大限度地减少施用带来生态危害的农药、化肥。

三、能源换代与环境问题

20世纪30年代我国农民的消费支出比重的统计分析显示,燃料支出的比重仅次于食物。燃料除少部分用作灯油外,大部分用于烧火做饭。民国时期,我国大部分地区,特别是传统人口聚集地区,山间、平原缺少森林,煤矿又没有进行系统开采,燃料十分缺乏。当时,随处可见人们扫树叶、扒草皮、掘树根,北方农民多用秸秆做燃料,中东部农民除用秸秆做燃料外,大半靠山上的枯柴和茅草,尤其是长江一带。[①]

古代,我国民众生活燃料以木材为主,来自砍伐大量森林。清末,很多地方的大部分燃料已不能从森林中获取,燃料的种类甚至转为作物秸秆。如华北地区在清代以后草地资源被过度利用,田野里的杂草都十分稀少,森林资源更是因人为砍伐,在民国时期平原树木稀少。在广大农村,一个村庄只有很少林地,农户所种的树,往往只在房前屋后。山野林木稀少,人们更多地利用作物秸秆作燃料,由于饲料和燃料来源很大程度是一致的,因此又出现饲料与燃料相争。由于燃料稀缺,清末及民国时期华北地区劣质的燃料都成了商品。农民收集山地的落枝、落叶卖到县城,卖薪收入成为收入的重要部分。传统农业生产中,

---

① 王玉茹、李进霞:《20世纪二三十年代中国农民的消费结构分析》,《中国经济史研究》2007年第3期。

一般会将收获的秸秆还田，以培肥土壤。而燃料缺乏，秸秆用作燃料，还田量减少，土壤肥力下降。[1] 人口增长、乱砍滥伐、燃料短缺和作物产量过低之间容易形成恶性循环而难以摆脱，除非燃料结构转型。燃料的转型在我国的一些地方其实很早就已经开始了，比如明代北京地区的燃料从柴薪为主向煤炭为主转变[2]，而煤炭的使用又形成了新的环境问题。

我国古代对煤炭的利用开始得比较早。先秦时期已经发现了煤炭，汉代已经将煤炭用于冶炼，宋代则开始大量用煤炭作生活燃料，明清两代越来越多的普通家庭做饭取暖开始以煤炭作为燃料。20世纪50年代以后，煤炭大规模使用，逐渐改变我国传统燃料结构。煤炭的开采带动了火力发电、交通运输、冶金、建材、化工等一系列产业发展，推动我国由农业社会向工业社会转型，但煤炭开发也带来了新的环境问题。首先，煤矿开采会造成土地资源的破坏，表现为地表塌陷、水土流失、固体废弃物压占污染土地等，开采中也造成水资源的破坏与污染。其次，煤炭运输过程中的灰尘会影响沿途生态环境。最后，煤炭在燃烧中产生大量的污染物，排放二氧化硫，导致酸雨面积扩大。我国煤炭储量主要以西部地区为主，西部地区大多生态脆弱，比如山西省1949年至1998年生产原煤56亿多吨，但导致地面塌陷破坏面积达100余万亩，其中40%是耕地，到1998年，山西地区煤炭地下采空面积达1300平方千米（占全省面积1%），造成1678个村庄、81万人口、10万口牲畜饮水困难。[3] 21世纪，我国以煤炭为主的能源结构特征仍然没有根本性改变，煤炭的消费量还在持续增长。数据显示，2002年我国的煤炭消费量为13.66亿吨，其中80%是原煤直接燃烧[4]，煤炭燃烧产生大量的烟尘和二氧化硫，给环境带来巨大压力。

石油燃料的使用是我国经济快速增长的重要推动因素。石油是具有多种优良特性的优质能源，目前仍是交通燃料的最佳选择。随着人均收入水平的提高，工业化、城镇化加快，我国汽车拥有量迅速增长，对石油燃料的需求增加，近些年虽然在新能源研发上取得了诸多进步，但对石油燃料的绝对依赖仍未根本改变。石油作为一种化石燃料，是二氧化碳等室温气体增加的主要来源，温室

---

[1] 王建革：《传统社会末期华北的生态与社会》，北京：生活·读书·新知三联书店，2009年，第252~258页。

[2] 赵九洲：《传统时代燃料问题研究述评》，《中国史研究动态》2012年第2期。

[3] 钱鸣高：《对中国煤炭工业发展的思考》，《中国煤炭》2005年第6期。

[4] 张晓平：《20世纪90年代以来中国能源消费的时空格局及其影响因素》，《中国人口·资源与环境》2005年第2期。

气体导致全球气候变暖。目前的研究显示,全球气候变暖对地球自然生态系统和人类赖以生存环境的影响总体上是负面的。开采、运输石油过程中所带来的水域、土壤污染也带来极大的环境破坏。

第二节　环境代价与环境治理

一、水环境

我国虽然江河纵横,湖泊众多,人均占有水量却远远低于世界平均水平。水资源在地域分布上,呈南多北少、东多西少等特点;季节上存在明显的干湿差别,四季降水不均衡。年距变化大,水资源不足矛盾突出。随着人类破坏水环境步伐加快,水资源问题逐渐成为制约经济社会发展的重要因素。

在我国很多地方流传着这样的顺口溜:"50 年代淘米洗菜,60 年代水质变坏,70 年代鱼虾绝代,80 年代变成公害,90 年代还在受害。"20 世纪 50 年代,最主要的水污染来自工矿企业的废水排放。

新中国成立后,重点发展重工业,工矿企业排放废水、废气、废渣,基本不受约束,特别是大量火电站沿江河而建,把江河作为下水道、排渣场。吉林市因位于松花江畔,有充沛的江水资源,被规划为国家的重点建设基地,很快建成了燃料厂、石化厂、化肥厂 3 个大型化工企业,并新建、扩建了热电厂、碳素厂、铁合金厂、造纸厂、炼油厂等一批企业。由于缺乏污染管理措施,每年向松花江排放的污水多达 10 亿吨,还排放了大量有毒有害物质,在不到 10 年的时间里,松花江水系生态出现了异常变化,鱼虾资源急剧减少。到 20 世纪 60 年代初,松花江许多江段内鱼虾几乎已绝迹,沿江的渔民因食用江中含汞的鱼虾贝类,出现了类似日本水俣病的征兆。[①]1966 年至 1976 年,"三线"建设将污染源头扩展到深山峡谷,一些自净能力较弱的小河水系变成了臭水沟。到了 20 世纪 70 年代,无论是点源污染还是面源污染,都超越了以往。近海水域污染也日趋严重,其中以石油开发导致的泄漏污染最为严重。20 世纪 80 年代,我国以经济建设为中心,对发展过程中出现的问题关注不够,虽然有了环境保护法,但执行力度不够,水环境污染总体上没有根本性改变。1988 年,全国排放废水量 367 亿吨,其中工业废水 268 亿吨,大部分未经处理的废水直接排入江河湖泊,导致水体富营养化、污染地下水、农业减产、捕鱼量下降、流行病发病率上升和人体健康

---

① 李周、孙若梅:《中国环境问题》,郑州:河南人民出版社,2000 年,第 5~6 页。

状况下降等不良后果。[①]

二、土壤环境

土壤通常指陆地上能够生长植物的疏松表层。不同学科对土壤的认识稍有不同,农学将土壤作为农业生产的基本生产资料,生态学将土壤作为能量和物质交换的介质。近些年,土壤污染治理从解决农林生产问题为主,向关注环境安全转变。

土壤环境破坏包括两个方面:水土流失和土壤污染。从20世纪50年代初至70年代末,我国在农业上一直强调"以粮为纲",造成农田土壤有机质含量下降,水土流失加剧,土地沙漠化、盐碱化区域扩展。以水土流失为例,最为严重的地区是黄河中游的黄土高原,数据统计1960—1980年黄河中游年平均输沙量14.86亿吨,坝库拦沙量4.87亿吨,实际年产沙量19.73亿吨,是1919—1949年的年平均产沙量16.8亿吨的1.18倍。农业耕种集中区也存在大量水土流失的情况。我国东北号称"谷仓"的黑土地,总面积达11.78万平方千米,1986年的数据显示,水土流失面积达4.47万平方千米。从1949年到20世纪末,因水土流失,全国耕地累计减少266万公顷,平均每年减少6万公顷以上、流失土壤50多亿吨[②],大量土壤中的氮、磷、钾肥流失。水土流失还造成河道淤积,易引发洪涝灾害。

从生态学角度看,土壤是一个开放系统,处于大气圈、水圈、生物圈、岩石圈之间的交接地带,物质和能量的交换极为频繁。在物质的交换过程中,有各种类型的污染物在土壤系统中输入和输出,土壤中污染物的输入和输出是两个相反且同时进行的过程,在正常情况下,两者处于一定的动态平衡。在这种平衡状态下,土壤污染不会发生。但是,由于人类的生产、生活活动产生了大量的污染物,这些污染物质一旦通过各种途径进入土壤,就会使污染物输入土壤的速度超过土壤对其输出的速度,而且有些污染物会长期沉积在土壤内,无法排除,导致污染物在土壤内累积,引起土壤正常功能失调,土壤质量下降。同时,土壤中污染物的迁移转化,导致大气、水体和生物污染,并通过食物链,影响人类的

[①]《中国环境年鉴》编辑委员会编:《中国环境年鉴》,北京:中国环境科学出版社,1990年,第58页。

[②] 国家环境保护局自然保护司编:《中国生态问题报告》,北京:中国环境科学出版社,2000年,第12~13页。

健康。土壤污染就是指进入土壤的污染物超过土壤的自净能力,而对土壤、植物和动物造成损害。[①]

土壤污染物种类繁多,既有化学污染物,也有放射性污染物和生物污染物,其中以化学污染物最为普遍、严重。化学污染物分为有机化学污染物和无机化学污染物。有机污染物诸如禽类粪便、有机洗涤剂等;无机污染物诸如重金属、放射物质、化肥等。土壤污染一般有隐蔽性、长期性和不可逆性等特点,一旦污染很难恢复。土壤污染的途径一般有污水灌溉、酸雨、降尘、过量施用农药化肥及固体废弃物堆放等。

土壤的形成是各种微生物耕耘作用的结果,因此土壤中有大量的微生物、细菌和真菌,它们数量庞大,构成土壤中的微生物世界。细菌、真菌和藻类是造成腐烂的主要媒介,将动植物的残骸还原成矿物质,如果缺失这些元素,整个土壤循环将无法进行。此外,土壤中除微生物外,还有许多大型生物,比如蚯蚓,它们在土壤的形成和肥力提升上具有重要的媒介作用。如果土壤遭受污染,将直接破坏土壤生态系统自身的平衡性。以化学制剂的污染为例,其残留物可能存留多年而无法排除,导致土壤中的生物和微生物大量死亡。此外,被污染的土壤大多用于农业生产,或者影响农作物正常生长,或者吸纳土壤中的污染源后再以食物的形式进入人类身体。

随着我国工业化、城市化及农业规模化生产发展,土壤污染的总体形势十分严峻。土壤污染呈现出多样性和复合性。从时间阶段看,20世纪80年代以前,我国存在的土壤污染问题主要以重金属污染为主;20世纪80年代以后土壤污染呈现出新老污染物并存、无机污染物和有机污染物复合污染的局面。土壤中除重金属污染外,有农药、农膜、抗生素、病原菌等污染物,又有持久性有机物、放射性等污染。其中持久性有机物甚至成为局部地区土壤中主要的有毒有害物质。与常规污染物不同,持久性有机物在自然界中滞留时间长,极难降解,毒性强,且易随着食物链进入人类和动物体内。[②] 在高耗能、高污染的粗放型经济增长中,大量的工业“三废”(废水、废气与固体废弃物)通过灌溉、雨水淋溶,以及大气传输和沉降等方式进入土壤。农业化肥、农药的使用,也导致大量有机污染物累积于农田,加之土地利用方式的不合理,加重了土壤污染。

————————

① 刁春燕编:《工程环境化学原理及应用》,北京:中国水利水电出版社,2015年,第81页。

② 李静云:《土壤污染防治立法国际经验与中国探索》,北京:中国环境科学出版社,2013年,第149页。

三、大气环境

　　大气污染与工业排放废气直接相关,也与能源结构有关。近些年,大气污染最直观感受即"雾霾"在越来越多的大中城市广泛出现。雾霾是由于高密度人口的高强度经济社会活动排放的大量烟尘、各种颗粒物超过大气循环能力和承载度而形成的灾害性天气现象,是大气处于污染状态的表现。

　　我国最早将由人类活动增加导致的城市区域近地层大气的气溶胶污染导致能见度恶化现象称为"灰霾"。我国古代文献中就有"霾"的概念,《尔雅·释天》言:"风而雨土曰霾"[1],《说文解字》云:"霾风雨土也。从雨霾声"[2]。这里的"雨"应该解释为动词"下"或"落",刮风落土即为霾,也就是沙尘暴。1979年,中国国家气象局《地面气象观测规范》定义了霾是一种"大量极细微的干尘粒等均匀地浮游于空中,使水平能见度小于10千米的空气普遍浑浊现象"[3]。形成霾的尘粒主要来自工业生产、交通和生活过程中产生的大量污染物及地面扬尘。[4]但日常生活中人们更多使用"雾霾"一词,其实"雾"与"霾"是两种截然不同的天气现象。雾是指近地面空气中的水汽凝结成大量悬浮在空气中的微小水滴或冰晶,导致水平能见度小于1千米的天气现象,根据能见度可以划分为雾、大雾、浓雾和强浓雾4个等级,其本质是粒径较大的水滴或冰晶,是一种正常的天气现象。霾与雾有本质上的区别,霾的核心物质是细颗粒,可以渗透进气管、肺泡对人体造成危害,霾形成的根源是人类活动导致的空气污染。[5]由于雾与霾在外在表现上都是能见度较低,人们将其连用,其实本质上是"灰霾"。

　　20世纪90年代末,我国的大气污染总量没有降低,以城市而言,大气环境质量符合国家一级标准的很少,几乎所有城市的降尘、颗粒物和二氧化硫浓度均超标。这种情况与我国能源结构密切相关,我国以煤炭为主要能源,煤炭是75%的工业燃料和动力、65%的化工原料、85%的城市民用燃料来源。通过对《中国环境统计年鉴》(1996—2011年)中大气污染事件的统计分析,1995—2010年我国突发大气污染事件共7 706次,年平均481次,每天大约发生1.3次,

---

① 刘熙撰、毕沅疏证、王先谦补:《释名疏证补》卷一《释天第一》,祝敏彻、孙玉文点校,北京:中华书局,2008年,第19页。

② 王平、李建廷编著:《说文解字》卷十一《雨部》,上海:上海书店出版社,2016年,第302页。

③ 中央气象局编定:《地面气象观测规范》,北京:气象出版社,1979年,第22页。

④ 张保安、钱公望:《中国灰霾历史渊源和现状分析》,《环境与可持续发展》2007年第1期。

⑤ 李林:《"雾""霾""雾霾""灰霾"辨析与使用》,《科技传播》2018年第7期。

每年占我国环境事件发生频次的比重达 34.4%,即 16 年间我国有超过 1/3 的突发事件是大气污染事件,仅次于水污染事件。[①]

21 世纪,我国对雾霾问题的关注力度空前提升,政府相继推出一系列大气污染防治法,民众对环境改善的呼声与参与性也极大提高。2012 年 12 月,《重点区域大气污染防治"十二五"规划》发布,明确污染重点区域为京津冀、长三角、珠三角地区,以及辽宁中部、山东、武汉及其周边、长株潭、成渝、海峡西岸、山西中北部、陕西关中、甘宁、新疆乌鲁木齐城市群,共涉及 19 个省、自治区、直辖市,面积约 132.56 万平方千米,占国土面积的 13.81%。[②]2013 年 9 月,公布《大气污染防治行动计划》。特别针对北京、天津、河北雾霾污染的重灾区,颁布了《京津冀及周边地区落实大气污染防治行动计划实施细则》。2014 年,《政府工作报告》中指出,雾霾天气范围扩大,环境污染矛盾突出,是大自然向粗放发展式亮起的红灯,要出重拳治理。

四、自上而下的环境治理

环境管理与治理关键依赖政府的推进。新中国成立后,在很长一段时间并没有专门管理"环境"的部门,一些具体问题由相关部门兼理,比如污染问题由工业部门管理,而林业部门则主要管理自然资源。20 世纪 70 年代以前的环境治理,主要是为服务经济发展的,比如改善环境以提高工人生产效率,节约资源以促进经济发展等。

1972 年中国政府出席第一届斯德哥尔摩人类环境大会,标志着我国环境思想的重大转变。1974 年国务院环境领导小组成立,并设国务院环境保护领导办公室。办公室是中国环境保护工作的领导机构,主要职责是制定环境保护的方针政策,审定国家环境保护规划,组织协调和督查、检查各地区和各有关部门的环境保护工作。

1979 年,《中华人民共和国环境保护法(试行)》颁行,明确规定了各级环境保护组织机构设置的原则和职责,为我国环境保护管理体系建设提供了法律保障。根据这一法律文件的规定,地方县以上的各级政府,相继成立了环境保护局。至此,以常设机构为组织形式的环境保护管理体制开始逐步形成。1982

---

① 范小杉、罗宏:《中国突发环境事件时间序列分析》,《中国环境管理》2012 年第 4 期。

② 环境保护污染防控司、环境保护部环境规划院编著:《全国污染防治"十二五"规划汇编》,北京:中国环境出版社,2013 年,第 80 页。

年,国务院环境保护领导小组撤销,与城乡建设管理机构合并成立城乡建设环境保护部,各地也相应调整,形成"城乡建设与环境保护一体化"的管理模式。1984 年,国务院成立了环境保护委员会,同年年底,又把设在城乡建设保护部内的环境保护司升格为部委级,对外称国家环境保护局。地方环境保护部门也从城乡建设系统分离出来,设置了独立的环境保护管理职能机构。1988 年,国家环境局从原城乡建设环境保护部中独立出来,成为国务院直属机构,从体制上确立了国家环境保护局独立行使环境监督、管理权的地位。1989 年,全国人大常委会颁布《中华人民共和国环境保护法》,明确了环境保护部门的独立地位:县级以上各级人民政府的环境保护行政主管部门对本辖区的环境保护工作实施统一监督管理。[①]

我国除机构设置上逐步形成专门的环境管理部门外,在立法上对环境的保护也逐步完成由无到有并越来越完善的转变。1983 年确定了环境保护是一项基本国策。立法的转变过程,也大致折射出国家对环境保护的认知与态度的转变过程。20 世纪 50 年代,我国关注到一些污染问题,一些法规的制定也主要是关于劳动保护的。20 世纪 70 年代初至 1978 年,开始进入环境立法的起步阶段,一些大江、大河的水污染问题严重影响到民众生产生活,一些水源地也遭受污染。1972 年国务院转发了《关于官厅水库污染情况的解决意见的报告》。1973 年国务院批转了《关于保护和改善环境的若干规定》这是我国第一个有关环境保护的法规。同年 11 月国家计委、国家建委和卫生部联合发布《工业"三废"排放试行标准》。1974 年国务院发布了《中华人民共和国防止沿海水域污染暂行规定》。1976 年发布了《生活饮用水卫生标准》。1978 年以后,我国环境保护立法逐步形成体系,1978 年《中华人民共和国宪法》第一次将环境保护写入其中,是第一次在宪法中对环境保护作出明确规定。1979 年 9 月颁布了《中华人民共和国环境保护法(试行)》(1989 年正式颁布),这是我国环境保护工作进入法制轨道的标志。

1983 年 12 月 31 日至 1984 年 1 月 7 日第二次全国环境保护会议召开,明确指出"保护环境是一项基本国策",提出经济建设、城乡建设和环境建设要同步规划、同步实施、同步发展,实现经济效益、社会效益、环境效益的统一。在此期间,我国颁布了各种环境保护和污染治理的单行法律法规,如《海洋环境保护法》(1982 年)、《水污染防治法》(1984 年)、《大气污染防治法》(1987 年)等,

---

① 李周、孙若梅:《中国环境问题》,郑州:河南人民出版社,2000 年,第 50~51 页。

并配套执行环境保护法而制定实施细则或条例,如《水污染防治法实施细则》《大气污染防治法实施细则》《水土保持法实施细则》等。[①]

从资源环境是人类发展的基础,到人们逐步认识到环境的优劣直接影响人类自身发展问题,人们对环境认知观念逐渐转变。这种转变更多来自政府部门自上而下的政策引导与制度的推行实施。这对改善日趋恶化的环境确有作用,人与环境的恶化关系开始改善。以森林覆被情况为例,从 1978 年起,我国先后实施了"三北"(东北西部、华北北部、西北地区)防护林体系工程、长江中上游防护林体系工程、沿海防护林体系工程、平原农田防护林体系工程、太行山绿化工程、防治沙漠化工程、淮河太湖流域综合管理防护林体系工程、珠江流域综合治理防护林体系工程、辽河流域综合治理防护林体系工程和黄河中游防护林体系工程十大林业工程,规划总面积达 1.2 亿公顷。[②]我国的森林覆盖率也从 20 世纪 90 年代后期逐年回升,2000 年国家林业局公布第五次森林资源清查结果,全国林业用地面积 26 329.5 万公顷,森林面积 15 894.1 万公顷,全国森林覆盖率为 16.55%,活立木总蓄积量 124.9 亿立方米,森林蓄积量 112.7 亿立方米,人工林面积 4 666.7 万公顷,人工林蓄积量 10.1 亿立方米。森林覆盖率总体上有所提升,从 20 世纪 70 年代末的 12.0% 上升到 16.55%。但问题仍然突出,表现在森林质量不高,树龄结构不合理,超限额采伐严重等。2003 年,第六次森林资源清查结果显示,森林资源的总量持续增加、质量不断提高、结构渐趋合理,森林面积增长到 17 490.92 万公顷,森林覆盖率增至 18.21%,生态建设进入"治理与破坏相持"的关键阶段。[③]

20 世纪是我国社会发展的快速突变时期,我国从传统农业国逐步向工业国转变,人与环境关系的内涵也在发生改变。1949 年以前,我国是一个传统的农业国,虽然有一些工业,但体量与规模都不大,并没有对环境造成太大影响。传统时期对资源的依赖主要局限在地表的水热和土地资源,在利用方式上,以适应性利用为主,巨大的资源潜力并未得到充分开发。尽管长期以来人口压力巨大,但在人与自然环境相协调的人地关系指导下,人对环境的破坏维持在有限的范围内。1949 年以后,我国向工业国迅速转变,支撑国家经济发展的资源基础也发生了相应的改变,从作为农业发展基础的地表的水热和土地资源扩展

---

① 李周、孙若梅:《中国环境问题》,郑州:河南人民出版社,2000 年,第 68~71 页。

② 国家环境保护局自然保护司编:《中国生态问题报告》,北京:中国环境科学出版社,2000 年,第 3 页。

③ 国家林业局编纂:《中国林业工作手册》,北京:中国林业出版社,2006 年,第 1~5 页。

到现代工业所必需的能源和矿产资源。随着科学技术的发展，人类开发利用自然资源的能力不断提高，对自然环境的破坏程度和对资源消耗程度均达到了空前规模。人类开发利用自然环境能力的制约转变为自然环境的脆弱性和自然资源的有限性的制约，人类对自然的依赖不但没有减弱，反而在更深层次上加强了。目前，我国对水、土地、能源、矿产等资源的开发利用已接近极限，资源问题日益严重，对国际资源市场的依赖也越来越高。[①]我国经济、社会的持续发展，必须要走一条绿色发展之路，对工业化发展历史过程的梳理，也证明了当前生态文明建设的合理性与必然性。

第三节　走向生态文明

经过近半个多世纪的工业化发展，我国逐步从站起来、富起来到强起来，人民物质生活水平不断提高。但在此过程中也付出了沉重的环境代价，水环境出了问题，大量水污染威胁人类生存生活用水安全，水生动植物大量消失或灭绝；农业上由于化肥、农药的大量施用，土壤污染严重，农产品安全问题突出。走过工业化发展之路，在新世纪，我国需要有新的发展道路。

一、从可持续发展到科学发展

新中国成立后的发展道路，大致可以分两个阶段：改革开放前和改革开放后。改革开放前的社会经济发展为改革开放以后的快速发展打下基础，但是也为之后的发展留下大量的负债。改革开放后的发展呈现出一种从初级发展到科学发展的转变轨迹，而改革开放的前20年差不多是沿着初级发展道路前进的。改革开放初期的初级发展目标是解放和发展生产力，摆脱贫困状态。我国生产力发展制定了三步走目标：第一步是脱贫，第二步是小康，第三步是达到中等发达国家水平。初级阶段的发展手段是初级的，即以经济发展解决其他政治和社会问题。而发展的资源也是初级的，主要资源包括：一是土地，用来实现城市化、现代化；二是廉价劳动力，用来解决成本问题；三是自然资源的过度开采和使用，出现不少资源枯竭的城市；四是生态环境的代价，空气污染、水污染、沙

---

① 葛全胜、方修琦、张雪芹等：《20世纪下半叶中国地理环境的巨大变化——关于全球环境变化区域研究的思考》，《地理研究》2005年第3期。

漠化等非常严重。[①]

20 世纪 90 年代，"可持续发展"（sustainable development）概念在全球普及，并进入中国政府的发展规划体系。1972 年，在瑞典斯德哥尔摩召开的联合国人类环境会议通过《联合国人类环境会议宣言》（*Declaration of the United Nations Conference on the Human Environment*）和《只有一个地球》（*Only One Earth*）报告，呼吁人类关注环境污染，保护地球。1983 年 11 月，联合国成立世界环境与发展委员会，1987 年，世界环境与发展委员会向联合国提交《我们共同的未来》（*Our Common Future*）报告，正式提出"可持续发展"概念和模式。不过，该词在此前的国际文件中就已经出现，最早出现在 1980 年由国际自然保护联盟（International Union for Conservation of Nature, IUCN）制定的《世界自然保护大纲》（*World Conservation Strategy*），其概念最初源于生态学，后被广泛应用于经济学和社会学范畴。世界环境与发展委员会在《我们共同的未来》中指出："人类有能力使发展持续下去，也能保证使之满足当前的需要，而不危及下一代满足其需要的能力。"[②] 可持续发展之核心即为既要满足当代人的需要，又不损害后代人的需求。

1992 年，联合国环境与发展大会在巴西里约热内卢召开，通过了《里约环境与发展宣言》（*Rio Declaration on Environment and Development*）和《21 世纪议程》（*Agenda 21*），进一步将可持续发展作为全球的基本战略和行动指南。《21 世纪议程》明确指出："人类处于历史的关键时刻。我们面对着国家之间和各国内部永存的悬殊现象，不断加剧的贫困、饥饿、病痛和文盲问题以及我们福祉所依赖的生态系统的持续恶化。然而，把环境和发展问题综合处理并提高对这些问题的注意，将会使基本需要得到满足、所有人的生活水平得到提高、生态系统受到更好的保护和管理，并带来一个更安全、更繁荣的未来。没有任何一个国家能单独实现这个目标，但只要我们共同努力，建立促进可持续发展的全球伙伴关系，这个目标是可以实现的。"[③] 1994 年 3 月，我国政府批准《中国 21 世纪议程——中国 21 世纪人口、环境与发展白皮书》，涉及我国可持续发展的内容阐释、路径指导等，指出："在经济快速发展的同时，必须做到自然资源的合理开

---

① 郑杭生：《改革开放三十年：社会发展理论和社会转型理论》，《中国社会科学》2009 年第 2 期。

② 世界环境与发展委员会：《我们共同的未来》，王之佳等译，长春：吉林人民出版社，1997 年，第 10 页。

③ 国家环境保护局译：《21 世纪议程》，北京：中国环境科学出版社，1993 年，第 1 页。

发利用与保护和环境保护相协调,即逐步走上可持续发展的轨道上来。在提高质量、优化结构、增进效益的基础上,保持国民生产总值以平均每年8%~9%的速度增长。"① 可持续发展之目的在于保障经济的持续增长。1995年、1996年,党的十四届五中全会和八届全国人大四次会议将可持续发展战略纳入国民经济和社会发展九五计划以及2010年远景目标纲要,明确提出国家发展战略中要实现经济、社会和生态的可持续发展。

"可持续发展"概念的定义大致可归纳为四种:其一,着重从自然属性定义可持续发展。可持续概念最早是由生态学家提出的,即强调生态可持续性,认为可持续发展是寻求一种最佳的生态系统以支持生态的完整性和人类愿望的实现,使人类的生存环境得以持续;其二,着重从社会属性定义可持续发展。强调可持续发展的最终落脚点是人类社会,即改善人类的生活品质;其三,着重从经济属性定义可持续发展。强调可持续发展的核心是经济发展,将可持续定义为在保护自然资源的质量及其所提供服务的前提下,使经济发展的利益增加到最大限度,经济发展不是以牺牲资源与环境为代价,而是要不降低环境质量、不破坏世界资源基础;其四,着重从科技属性定义可持续发展。强调可持续发展就是要转向更清洁、更有效的技术,尽可能减少能源和其他自然资源的消耗,认为技术是可以实现环境质量转变的关键。② 无论是基于何种学科背景进行的定义,"可持续发展"都强调人类发展中的资源与环境的可持续性。可持续发展理念的目的是为了人类能更好发展,这种可持续建立在生态系统的完整性和良性循环之上,要求人类在开发和利用自然资源的过程中,补偿从生态系统中索取的东西。

如果经济增长持续依赖资源量的增长,而这些资源来自供给能力有限的生态系统,那么这种增长是不可能维持的。在经济发展和社会公正、公平实现后,如果追求奢华的消费,可持续发展也是不可能实现的。就人类社会角度而言,一个健康的社会需要关注生态可持续、经济发展和社会正义,此三者之间相辅相成。

由于从政府到民众的环境意识不断增强,人类社会系统对生态系统的要求也在减弱,一些科技发展也在导向人类应该从资源的大量消耗向更有效率地利

---

① 《中国21世纪议程——中国21世纪人口、环境与发展白皮书》(1994年3月25日国务院第16次常务会议讨论通过),北京:中国环境科学出版社,1995年,第4页。

② 朱启贵:《可持续发展评估》,上海:上海财经大学出版社,1999年,第17~19页。

用资源、减少污染的方向发展。因此,科学发展在可持续基础上被作为新阶段的发展理念,需要借助科学技术的手段,更好地处理发展过程中出现的生态、社会矛盾。

二、生态文明:人与自然关系的新阶段

可持续发展是实现生态文明的重要途径,但距离真正的生态文明依然任重道远。生态文明超越了环境发展与保护的简单并列关系,将环境优美与社会发展视为一体,即环境和谐本身就是发展。习近平指出:"保护生态环境就是保护生产力,改善生态环境就是发展生产力","绿水青山就是金山银山","(要)正确处理经济发展和生态环境保护的关系,像保护眼睛一样保护生态环境,像对待生命一样对待生态环境,坚决摒弃损害甚至破坏生态环境的发展模式,坚决摒弃以牺牲生态环境换取一时一地经济增长的做法,让良好生态环境成为人民生活的增长点、成为经济社会持续健康发展的支撑点、成为展现我国良好形象的发力点,让中华大地天更蓝、山更绿、水更清、环境更优美。"[1]

生态文明作为一种概念被明确提出的时间不算长,德国法兰克福政治学教授伊林·费切尔(Iring Fetscher)1978 年在《宇宙》(*Universitas*)期刊上发表的《论人类生存的条件——兼论进步的辩证法》(Conditions for the Survival of Humanity:On the Dialectics of Progress)中提出了"生态文明"(Ecological civilization)的概念,用以表达对工业文明和技术进步主义的批判。[2]1986 年,我国农学家叶谦吉提出"生态文明"概念:"所谓生态文明,就是人类既获利于自然,又还利于自然,在改造自然的同时又保护自然,人与自然之间保持着和谐统一的关系。生态文明的提出,使得建设物质文明的活动成为改造自然、又保护自然的双向运动。"[3]美国学者罗伊·莫林森(Roy Morrison)在 1995 年出版的《生态民主》(*Ecological Democracy*)一书中,明确用"生态文明"来表示工业文明之后的文明形式,指出生态文明是一种正在生成和发展的文明范式,是继工业文明之后人类文明发展的又一个高级阶段,是人类社会的新文明形态,代表的是人类社会与自然环境系统和谐的状态,象征着人与自然相互关系的进步。这

---

① 习近平:《习近平谈治国理政》第 2 卷,北京:外文出版社,2017 年,第 395 页。

② Iring Fetscher."Conditions for the Survival of Humanity:On the Dialectics of Progress". *Universitas*,Vol. 20,No. 2,1978,pp. 161–172.

③ 叶谦吉:《生态需要与生态文明建设》,郭书田主编:《中国生态农业》,北京:中国展望出版社,1988 年,第 82 页。

一文明有两个基本属性："第一，它运用欣欣向荣的生物界中的动态平衡和可持续平衡的观点看待人类生活；人类与自然不是处于对抗状态，人类生活于自然之中。第二，生态文明意味着我们生活方式的根本变革：这取决于我们作出的新的社会选择的能力。"①

我国一直在探寻一条实现经济社会发展与环境和谐相处之道，20世纪70年代后期的立法及环保部门的设立，政府主导人与环境关系走向；20世纪90年代以后提出走可持续发展之路，既要经济发展又要环境优良，寻求人与环境和谐。1997年党的十五大报告已将环境保护提升为基本国策，2002年党的十六大首次提出建设小康社会，其中生态和谐是建设小康社会的奋斗目标之一，要实现国家可持续发展能力不断提升，推进生态环境改善、资源利用效率显著提高，推动社会走上生产发展、生活富裕、生态良好的文明发展之路。2007年，党的十七大报告首次提出生态文明的建设目标，即建设资源节约型、环境友好型社会，实现速度和结构质量相统一、经济发展与人口资源环境相协调，使人民生活在良好生态环境中，实现经济社会永续发展。2012年，党的十八大报告将生态文明进一步阐述为：推进生态文明建设，是涉及生产方式和生活方式根本变革的战略任务，必须把生态文明建设的理念、原则、目标等深刻融入和全面贯穿到我国经济、政治、文化、社会建设的各个方面和全过程，坚持节约资源和保护环境的基本国策，着力推进绿色发展、循环发展、低碳发展，为人民创造良好的生产生活环境。②党的十八大明确提出"五位一体"的战略布局，即将生态文明建设与经济建设、政治建设、文化建设、社会建设放在同等重要的位置，明确指出："建设生态文明，实质上就是要建设以资源环境承载力为基础、以自然规律为准则、以可持续发展为目标的资源节约型、环境友好型社会。"③2013年，党的十八届三中全会通过了《中共中央关于全面深化改革若干重大问题的决定》，强调要围绕建设美丽中国，深化生态文明体制改革，加快建设生态文明制度。2018年，十九届二中全会审议通过《中共中央关于修改宪法部分内容的建议》，生态文明被写入国家宪法。

---

① ［美］罗伊·莫里森：《生态民主》，刘仁胜、张甲秀、李艳君译，北京：中国环境出版社，2016年，第6~7页。

② 贾邦治：《论生态文明》，北京：中国林业出版社，2016年，第142~144页。

③ 《科学发展观重要论述摘编》，北京：中央文献出版社、党建读物出版社，2009年，第45页。

第十四章　学科走向：中国环境史研究何处去？

中国环境史的起源很早[①]，新中国成立以来，环境史有了不同的关注点及研究成果，但真正起步发展或作为一个独立的研究方向或学科也只是近30年的事。环境史真正作为一门新学科尤其是"历史学学科增长点"受到各高校及科研机构的推重，不过三十余年[②]，却拓展了历史学的研究视域，推动了历史学科的发展，历史学传统的研究方法、路径在很大程度上实现了多学科交叉，也实现了历史与现实之间沟通对话的可能性，增强了历史学资鉴、服务现实的功能。中国环境史研究面临困境，正处于转型阶段，对环境史研究进行总结及反思，并展望未来，成为当务之急。

检视中国环境史研究的已有成果，成果斐然、新人辈出和形势喜人是目前公认的关键词，但其研究路径及范式、研究思路及论题，日渐进入固化及瓶颈状态，环境破坏论（衰败论）及碎片化研究的特点极为突出。总结、反思中国环境史的现状，进一步贴近现实及学科建设需求，系统思考生态文明建设背景下如何打破僵局及摆脱困境，实现环境史的转向与创新发展，使环境史真正成为反映历史以来环境发展变迁的全貌并展现变迁原因、结果、特点、规律的成熟学科。当今学者要在研究主题及内容、路径与方法、层域与时空场域、理论探讨及实证研究等方面做出开创性成果，不忘环境史构建及发展的"初心"，更好地体现环境史服务、资鉴现实的社会功能及时代的责任与使命、担当精神。

---

① 周琼：《中国环境史学科名称及起源再探讨——兼论全球环境整体观视野中的边疆环境史研究》，《思想战线》2017年第2期。

② 刘翠溶：《中国环境史研究刍议》，《南开学报》（哲学社会科学版）2006年第2期。王利华：《生态环境史的学术界域与学科定位》，《学术研究》2006年第9期。包茂宏：《唐纳德·沃斯特和美国的环境史研究》，《史学理论研究》2003年第4期。梅雪芹：《什么是环境史？——对唐纳德·休斯的环境史理论的探讨》，《史学史研究》2008年第4期。

第一节　中国环境史的斐然成就

中国环境史研究最大的学术成就之一,就是不同研究方向的研究者极为重视对本领域学术研究状况的梳理及总结,在各类刊物上发表了不同主题的研究综述,如张国旺、佳宏伟、汪志国、高凯、陈新立、梁治平、潘明涛、苏全有、韩书晓、刘志刚、谭静怡、薛辉、杨文春、邢哲等的综述具有代表性,对学界迅速了解环境史最新研究动态,发挥了积极作用。但综述大多关注已有成就,对研究中的成就及不足的进一步总结,略显苍白。下文对目前环境史研究成就进行简要总结如下。[①]

一、中国环境史的发端性成就

国外环境史名著的翻译、推荐,促进、推动了中国环境史的产生及发展。这是由中国的世界史研究者开创的,一个进行西方环境史论著及观点译介的成就斐然的学术阵营。由于教学及学术研究的需要,这批学者最早接触西方环境史的经典论著,并将其视域中认为最好的环境史著作译成中文,在国内出版发行。最早的先驱者、也是最有代表性的学者,是美国史研究者侯文蕙,她最早向中国学界译介了以美国环境史学家唐纳德·沃斯特为代表的一批美国环境史著作[②],这是中国环境史译介的启蒙者及开拓者,即第一代学者群。中国世界史学者包茂红、高岱、梅雪芹、高国荣、付成双等翻译介绍西方环境史论著,并撰文著书阐述自己的环境史理论及观点,聚焦环境史的研究对象、内涵、理论、方法等,这是第二代环境史译介的学者群。第三代学者群是具有西方留学背景的少壮派学者,他们是年轻的海归或第一代、第二代世界环境史学者的传人,如侯深、张莉、贾珺、费晟等,译介了大量现当代西方环境史新作。这些译介及各自观点的阐发,使中国历史学者在短期内迅速了解并掌握了国际环境史研究的主要成果、观点、理论及方法,产生了研究中国环境史的兴趣及欲望。随后,中国出现了一批对中国环境史的定义、对象、学科起源等理论进行探讨的学者及成果。

---

① 因识见及学力浅陋,挂一漏万在所难免,敬请谅解。

② 《征服的挽歌——美国环境意识的变迁》是我国第一部关于外国环境史研究的译著,侯文蕙还翻译了《尘暴:1930年代美国南部大平原》《沙乡年鉴》《封闭的循环》《自然的经济体系》《大雁归来》等经典著作,并撰写、译介大量论文,被誉为我国"环境史的拓荒者"。

因此,对西方环境史论著及主要学术观点进行译介的学者群及其工作,开启了中国环境史的启蒙、发展及学术研讨、机构建立等渐趋繁荣的学科构建之旅。

二、对中国环境史研究的理论及方法、环境史学科基本理论进行探讨的成果

主要是对中国环境史的概念(定义)、内涵、研究对象、理论、方法,以及环境史史料、史学史等进行的研究及思考,以中国环境史学科的构建为使命,其"中国的"环境史韵味及特点极为浓厚。在相关理论问题的探讨中,以思考和构建中国环境史学科为己任,以中国环境变迁史中具体问题的深入研究及探讨为对象,取得了丰富的成就。以刘翠溶、包茂红、王利华、王子今、李根蟠、朱士光、蓝勇、夏明方、梅雪芹、侯甬坚、钞晓鸿、景爱、周琼等学者为代表,对中国环境史研究的对象、内涵、理论和具体方法等问题,从不同视角、层域进行了系统论述及探讨,对中国环境史学科构建的基本理论的产生、发展,起到了积极的促动作用。他们是对环境史学科构建支持最大的学者群,是长期从事环境史研究、在各自领域经验丰富的学者组成的稳定且规模较大的研究队伍,也是中国环境史学科早期建设的中坚力量。

三、对中国环境史具体问题进行的研究,是中国环境史研究中成就最凸显、成果最多的领域

对中国环境史的具体问题为研究对象,成果丰硕,如区域环境史、断代环境史[1]、环境思想史[2]、环境制度史、战争环境史、环境保护史、海洋环境史[3]、城市环境史、环境灾害史、环境疾病史[4]、考古环境史等。这是中国环境史研究中人

---

[1] 王子今:《秦汉时期生态环境研究》,北京:北京大学出版社,2007 年。赵珍:《清代西北生态变迁研究》,北京:人民出版社,2005 年。张全明:《两宋生态环境变迁史》,北京:中华书局,2015 年。

[2] 王子今:《中国古代的生态保护意识》,《求是》2010 年第 2 期。李金玉:《周代生态环境保护思想研究》,北京:中国社会科学出版社,2010 年。刘生良、康庄:《〈庄子〉生态美学思想资源再探》,《思想战线》2010 年第 4 期。

[3] 李玉尚:《被遗忘的海疆:中国的海洋环境史研究》,《中国社会科学报》2012 年 12 月 5 日。李玉尚:《海有丰歉:黄渤海的鱼类与环境变迁(1368—1958)》,上海:上海交通大学出版社,2013 年。

[4] 李化成、沈琦:《瘟疫何以肆虐?——一项医疗环境史的研究》,《中国历史地理论丛》2012 年第 3 期。余新忠:《医疗史研究中的生态视角刍议》,《人文杂志》2013 年第 10 期。张萍:《环境史视域下的疫病研究:1932 年陕西霍乱灾害的三个问题》,《青海民族研究》2014 年第 3 期。

数及成果最多,但也是最不稳定的阵营,很多成果不是专门的环境史研究成果,只是相关研究涉及环境史领域,或者对区域环境史或其中某问题进行了集中探讨,却因关注及研究核心不在环境史,或者进入研究后发现自己面临多学科交叉却无法深入,不得不放弃或转向,致使研究成果及研究队伍缺乏可持续性、稳定性。这是环境史研究出现"蜂拥而起"式炙手可热的盛况(成果见相关综述),但又很快出现"零落难继"式的相对平静,且难有创新及深入的高质量成果的原因。该阵营以青年学者居多,半数以上是十余年来环境史学科建设及相关领域研究中培养的专业人才。经过一段时间的沉淀、积累及交叉学科研究方法的锤炼,该群体除半途退出者外,坚守的学者应是未来中国环境史的中坚阵营,最具创造力及爆发力。

四、奠定中国环境史学科基础研究的领域及成果

如环境史史料及文献的梳理、搜集与研究阵营,逐渐积累、奠定了环境史作为历史学分支学科的专业、基础性成果。对环境史文献的类型、分布、特征进行整理,甚至进行专题式的、区域性的环境史文献及史料搜集整理等。这些研究大多采用了传统历史学分支学科的基础方法,对文献来源、特点、分类进行研究,也有对个别环境史文献或地方、区域文献中的环境史史料进行专门的梳理研究,成果丰硕,对起步、发展中的环境史学科起到了奠基作用。

五、真正体现出交叉学科魅力、能更好理解特殊历史演进的历史动因及结果(如朝代更迭)的研究,属于历史学"跨界"研究的成果

如气候变迁、巨型环境灾害(如地震、雪灾、旱灾、瘟疫)及农业环境变迁、资源枯竭等导致的历史巨变,纠正了很多史家对历史的错误解读和书写。如韩茂莉、马俊亚、赵珍、冯贤亮、王建革、杨伟兵、韩昭庆、杨煜达等学者的成果,让学界看到了环境与人的关系中,与传统认知极不一样的历史侧面。这是环境史改写或重构中国历史的重要组成部分,使环境史成为历史学新兴分支学科中最富生命力、最吸引眼球的亮点,也使很多似是而非的历史更加靠近真相,让人类的历史真正回归自然,也使人类的历史成为自然界历史中一个特殊物种为了生存、发展而利用其他物种及资源的历史。

六、特殊生物物种的历史及其系统研究的丰富成果

这些成果最早不是以"环境史"名称而出现、存在的,早先是被划入地理学、历史地理、自然史等学科领域。从当今的视域看,这是在自然科学或人文学

科的视域下不自觉进行的环境史研究成果[①]。有森林史中对特种植物历史的研究,如楠木、竹子、梅花等,某些特殊动物变迁史的研究及丰富成果如大象、犀牛、老虎、孔雀、长颈鹿、大熊猫、扬子鳄等[②],何业恒对我国多达 165 种野生珍稀动物在人类历史时期空间分布的变迁情况,尤其对兽类、鸟类、爬行类、两栖类、鱼类等进行了论述。[③]也有从农业史、经济史角度对粮食作物物种进行研究如玉米、马铃薯、烟草、咖啡、金鸡纳、橡胶等。这些成果扩大了环境历史进化及变迁中人类作为一个物种或种群的历史认知及范畴,实现了自然及其历史真正进入人类历史书写及记录的目标,见证了李根蟠等学者强调的人类及其他物种回归自然并各自有其生存、发展、变迁历史的客观论断。

虽然一些学者提出环境史"抢"去了历史地理或人文、自然地理的成果及饭碗等说法,但在新学科不断涌现的时代,进行学科归属问题讨论时,大多依据学术成果所涉及的学科门类来进行分类及归属。这就会使同一类或同一结论的成果被分割在不同的学科或学术领域,而相同或类似领域及学科的学术研究及成果,因路径及视域的不同,结论可能完全不同或相反的情况比比皆是。因此,早期历史自然地理的学者完全是从历史地理的学科视域出发,不自觉地完成了当今学科归属中属环境史领域的诸多问题的研究,是较为正常的。这些成果成为中国环境史早期研究中,利用跨学科方法及路径进行的最有质量及内涵成果的代表,撑起了中国早期环境史的半壁江山,证明了中国环境史的研究早于西方,并在一开始就以独特路径及方式存在,表现出了不同于西方环境史的研究范式,独辟蹊径,进行了具有中国人文历史及自然环境变迁特色的自然物种变迁历史的研究。

七、海外学者的中国环境史研究及其成果

海外学者率先从整体上对中国环境变迁史进行了研究,弥补了迄今为止中

[①]　何业恒:《中国珍稀兽类的历史变迁》,长沙:湖南科技出版社,1993 年。何业恒:《中国珍稀鸟类的历史变迁》,长沙:湖南科技出版社,1994 年。何业恒:《中国珍稀兽类的历史变迁(Ⅱ)》,长沙:湖南师范大学出版社,1997 年。何业恒编著:《中国珍稀爬行类两栖类和鱼类的历史变迁》,长沙:湖南师范大学出版社,1997 年。

[②]　文焕然等:《中国历史时期植物与动物变迁研究》,重庆:重庆出版社,2006 年。文焕然:《中国植物学史》,北京:科学出版社,1994 年。

[③]　朱士光:《中国历史动物地理学的奠基之作——评〈中国珍稀动物历史变迁丛书〉》,《中国历史地理论丛》1998 年第 1 期。

国学者在中国环境整体史研究中成果不足的缺憾。著名的研究有马立博的《中国环境史：从史前到现代》[①]《虎、米、丝、泥：帝制晚期华南的环境与经济》[②]，伊懋可的《大象的退却：一部中国环境史》[③]，赵冈的《中国历史上生态环境之变迁》[④]；穆盛博(Micah S.Muscolino)的《近代中国的渔业战争和环境变化》[⑤]《洪水与饥荒：1938 至 1950 年河南黄泛区的战争与生态》[⑥] 等，成为海外中国环境史研究中标志性成果。这些成果"在研究方法上注重人与自然互动关系的探讨"，论证了"环境史讲述的是自然在人类生活中的角色与地位"的观点，即伊懋可说的"透过历史时间来研究特定的人类系统与其他自然系统间的界面"。美国环境史学家濮德培的《万物并作：中西方环境史的起源与展望》[⑦]认为环境史是跨越边界的，"环境史是地方的，也是世界的"的观点极富启迪性，是"全球环境整体观"[⑧] 及其理论的实践者。

八、团队建设成果突出

一批以"环境史""生态史"为准确名称的研究机构及团队出现[⑨]，按机构所在区域形成了既有整体性又有区域性特点的研究成果，带动了区域环境史团队的成长，成为中国环境史学科向专业化、地域化发展的标志。这也是中国环境史进入团队化集成及人才培养的阶段，标志着中国环境史独立学科意识的形

---

① ［美］马立博：《中国环境史：从史前到现代》，关永强、高丽洁译，北京：中国人民大学出版社，2015 年。

② ［美］马立博：《虎、米、丝、泥：帝制晚期华南的环境与经济》，王玉茹、关永强译，南京：江苏人民出版社，2011 年。

③ ［英］伊懋可：《大象的退却：一部中国环境史》，梅雪芹、毛利霞、王玉山译，南京：江苏人民出版社，2014 年。

④ ［美］赵冈：《中国历史上生态环境之变迁》，北京：中国环境科学出版社，1996 年。

⑤ ［美］穆盛博：《近代中国的渔业战争和环境变化》，胡文亮译，南京：江苏人民出版社，2015 年。

⑥ ［美］穆盛博：《洪水与饥荒：1938 至 1950 年河南黄泛区的战争与生态》，亓民帅、林炫羽译，北京：九州出版社，2021 年。

⑦ ［美］濮德培：《万物并作：中西方环境史的起源与展望》，韩昭庆译，北京：生活·读书·新知三联书店，2018 年。

⑧ 周琼：《边疆历史印迹：近代化以来云南生态变迁与环境问题初探》，《民族学评论》第四辑，昆明：云南人民出版社，2015 年。

⑨ 各机构成立情况，详见周琼：《中国环境史学科名称及起源再探讨——兼论全球环境整体观视野中的边疆环境史研究》，《思想战线》2017 年第 2 期。

成及团队建设与学科建设同步的开始,使中国环境史打上了当代学科建设及发展的鲜明烙印。当然,这导致了中国环境史在建设及发展初期,缺少了融通及国际化的视域,过分局限在"中国"的时空范畴下。

总之,中国环境思想自三代肇始,先秦正式成形并发展,秦汉以后得到了儒道思想家的深化及发挥,很多思想被统治者吸收转化成为生态管理及保护的措施,推动着中国古代生态保护、环境思想的发展。唐宋以降,随着儒道思想文化的发展及时代的变迁,环境思想、环境保护措施、环境管理制度、环境法制等,都得到了不同程度的发展及完善,在客观上推动了中国环境史的发展。明清时期,环境问题开始突出,生态治理思想觉醒并推动了我国植树护林及环保法规的发展,丰富了中国环境史的内涵。19世纪末20世纪初,中国环境史研究开始发端,各类成果相继出现。各阶段、各地区生态环境变迁史及其生态思想、环境制度及措施等,都在不同时代、不同类型的典籍中留下了印迹,对中国环境史及学科建设、对当代环境治理产生了积极影响,为环境史未来要进行的深入、系统、广泛的研究奠定了坚实基础,使中国环境史完备学科体系的建立及发展,有了强有力的基础和良好的前景。

第二节　中国环境史研究的困境

中国环境史因被部分学者认为是热门的"显学"而受到青睐,涌现的很多成果具有填补空白的作用,但就算是在"高歌猛进"的中国环境史火热研究时段(2005—2016),也出现了很多自身难以克服的困难,而很多问题的研究陷于停滞状态,高质量、开创性的成果减少,程序化、模式化路径的研究成果增多。大部分论点及路径相同、区域及具体问题不同的成果,呈现出单一性的、表面上非重复但实质上缺乏创新的特点,部分学者认为中国环境史陷入"衰败论""破坏论"的研究桎梏及循环中。[①] 事实上,很多成果的观点及结论一再证明了环境破坏论的思维模式在学界的流行及固化,限制了中国环境史及学科的进一步深化及系统化发展。目前,中国环境史研究无论是研究路径、方法,还是宏观性、理论性研究,都存在不同程度的固化及困境。

第一,中国环境史的研究论题及研究路径的模式化甚至单一化。目前的成

---

① 侯甫坚:《"环境破坏论"的生态史评议》,《历史研究》2013年第3期。赵九州:《衰败论:中国环境史的误判及评价》,《鄱阳湖学刊》2016年第2期。

果大多是区域性环境变迁、环境制度、环境思想、环境管理等方面的内容,从表面上看,大部分成果在区域环境史研究中具有一定创新意义,梳理了区域性环境变迁历史的脉络。但从研究论题的层域看,大部分成果除研究的区域、地点名称及具体史料有差异外,研究路径及方法都是沿着一个固定的模式进行:明清或是唐宋以前生态环境相对良好,因人为干扰及破坏,各地环境出现了森林覆盖率减少、水土涵养功能退化、水土流失面积增大等现象,从而有了泥石流、水灾、旱灾、蝗灾等环境灾害的相对一致、甚至相同的研究路径及结论——这就是大家熟知的、显而易见的环境破坏论或环境衰败论路径。

这个特点虽然可以使中国环境史在丰富的个体化(碎片化)、区域化研究成果的基础上,更便于整合及寻找规律,发现更多趋同性(同质性)特点,可以更好地书写及研究中国的整体环境史。但对环境史的具体论题及内容的研究而言,这个特点使研究的成果及观点、思路及路径日渐单一化,缺少了跨学科及交叉学科所应具有的丰富性及灵动性特点。"'环境破坏论'观点有其独到之处,……在历史地理学、环境变迁等领域具有一定的促进学科发展的作用。但是,对于人类历史上开发活动的评价绝不能以此为满足,对历史进行全面而负责任的评价,对学科发展的大力促进,需要的是锐意进取的行动,不断超越的思想。"[①]

第二,中国环境史的研究思维的固化及程式化。目前大部分的中国环境史研究者,都不自觉地按照大多数研究者赞同的"环境史是研究人与自然环境互动关系的历史"的概念及内涵开展学术研究,不自觉地把核心点过分集中在"环境""生态"等关键字词上,仅是下意识地只看到"环境""生态""森林""植被"等关键字眼,就进行直接相关史料的搜集及研究,忽视了与这些字词有间接关联、甚至字面上无关联但实际上有密切关联的史料及内容的研究。中国环境史的研究呈现出固化及程式化的倾向,缺乏具体、形象及灵动的研究论题及内容,更缺乏多样性的研究视域及路径。

在这种背景下,无论被视为历史自然地理还是自然史的视域,还是限于学科专业的分工,都缺少对自然要素尤其动植物种类及相关要素的系统、全面研究。特别是在动植物物种不断减少、灭绝的时代,在人们呼唤并强调生物多样性、人与自然共生的生态文明时代,自然史尤其各类生物史的研究,就显得弥足珍贵且急需。

第三,中国环境史的大部分研究及成果局限于凸显"史"的专业特点,缺少

---

① 侯甬坚:《"环境破坏论"的生态史评议》,《历史研究》2013 年第 3 期。

与现实的联系及沟通、对话的空间及核心话题,使中国环境史缺少了灵动及现实的韵味,显得呆板、死气沉沉,偏离了史学资鉴现实的根本功能,使环境史失去了灵魂。虽然目前很多环境史学者及团队分别从不同层面进行生态文明的学术交流活动及具体的调查研究,但大部分学者依旧认为生态文明与"真正意义"上的环境史研究有极大的差距,从学术心理的认知上及实际的研究论题中,下意识地排斥生态文明,把摆在眼前的历史学经世致用及服务、资鉴现实的功能,人为地束之高阁,割裂了历史与现实的联系,使环境史学停留在过往的层域上。这就导致中国环境史的研究论题大多统一地集中在环境变迁、土地利用、森林面积变迁、农业及矿冶业开发对生态环境的影响等传统、固化的层面上,没有能力和潜力去挖掘中国环境史上更有意义、内涵更丰富的选题及领域。对很多更有价值的选题,如官方及民间的环境法制、环境保护及环境恢复良好的具体案例和理论、各地各时期的环境治理及环境管理、环境灾难应对的机制及措施、环境制裁等鲜活、灵动案例的探讨,就显得相对较少。

因史料记载的粗糙、模糊,缺少相关的数据,中国环境史鲜少探讨和研究历史时期的水域环境、土壤环境、大气环境及相关问题,使计量、统计、分析、生态、生物化学等属交叉学科、对中国环境史研究极有说服力的研究方法,难以在具体研究中使用。中国环境史远离了现实,缺少了可以继续深化及发展的生命力及源动力。

第四,作为支撑中国环境史的环境史史料学(文献学)的发掘及研究成果还不够深入,也缺乏系统性及完整性。虽然目前中国环境史文献及史料的研究成果较多,但是系统、专业的搜集整理及研究,尚不多见。迄今为止,中国环境史各领域的研究得以顺利、快速地推进,完全得益于散存在正史、档案、起居注、奏章、实录、方志、笔记文集、游记、报刊、公私文书、日记、信札等汉文文献中对环境不同侧面的丰富记载,以及目前不断发掘的碑刻、田野口述、民间文献和少数民族文字的文献。文学史料、图像史料、环境考古及科技考古的资料等新史料的不断发掘与运用,使中国环境史尤其是区域环境史的研究成果日新月异,也使区域环境变迁史的原因、过程、结果有了初步的展现。

但很多散存于中国丰富典籍及民间文献中的环境史文献及史料,以及自然科学研究的史料、数据、结论,迄今尚未得到系统的整理及利用。不仅限制了中国环境史论题的视域及研究深度,而且阻碍了中国环境史的全面发展。

第五,中国环境史的具体、微观问题即碎片化研究有余,整体性及宏观性研究不足。目前,中国不同区域环境史的研究成果极为丰富,但环境整体史的研究严重不足。迄今为止,中国出版的由中国本土学者完成的"中国环境史"专著很少,这成为中国环境史学继续发展及学科构建中最显著的短板,影响中国环境史学的发展及学术、社会效应。

虽然目前很多高校都设立了环境史硕士、博士学位培养点,专门从事环境史方向硕士、博士研究生甚至是博士后的教学及学术人才的培养,但迄今为止,中国还是没有出版过一部中国本土学者撰写的环境史教材。中国环境史教材及整体史著作的空白,不仅限制了中国环境史人才队伍的扩大及学位点的人才培养,也对专业研究者在研究论题及内容的全面把握、提升与超越方面构成了阻碍。这无疑暴露了中国环境史先天不足的弊端,以及后天发展中专业研究队伍的欠缺及人才后继不足,从而导致持续性及后劲严重不足等显而易见的缺陷。这反映了中国环境史的人才培养及学科建设,虽然看起来得到了各高校的重视而热热闹闹,但各高校学科发展规划者尚未从根本上尤其是从资金及队伍建设上重视和支持中国环境史的研究及学科建设,学科带头人及建设者常常面临"无米之炊"的局面。

第六,中国环境史尚未真正实现跨学科研究。虽然很多的项目论证及中国环境史研究论著的目标,都是实现跨学科的研究,以得出更客观、更全面的结论,但真正能运用跨学科及交叉学科等研究方法的史学研究者数量较少。目前的中国环境史研究中,运用交叉学科研究方法及理论的多是自然科学的学者,他们利用数理统计与分析,运用地理信息技术、粒度、古地磁、碳十四、沉积、孢粉分析、冰芯、树木年轮、珊瑚化石等自然科学的技术及检测手段,进行区域环境的定位、定时、定性研究,借助部分史料,得出很多宝贵的成果,这些成果对推进环境史客观结论的得出发挥了积极的作用。但由于自然科学过分依赖技术,对长时段历史演变规律、历史大背景及具体时代的历史场景不清楚,以及自然科学研究者对史料的整体把握不准确,或者是引用了一些不专业、出现错漏的史料,甚至使用一些被史学家考订后认为是舛误、伪造的史料,极大影响了其结论的准确性及客观性。

同样,部分人文社科的学者由于专业的先天欠缺,而过分信服自然科学的一切检测结果及结论,在使用数据的时候,不加审核及考证,也不对数据的时段及区域进行严谨认证,就盲目运用一些不权威的或看似权威但与主题严重偏离的自然科学数据,导致研究思路及历史场域的错乱及偏差,最终导致研究结论不准确、不客观,甚至得出错误的结论。

第七,中国环境史学科的独特性,尤其是与历史地理学、环境科学、生态学等学科相联系及比较时,其学科的差异性、不可替代性及研究问题的独特性,还不够鲜明和突出。即中国环境史与地理学、历史地理学(尤其是历史自然地理)、生态学、植物学、动物学、资源环境史学等学科的比较中,其学科的准确具体内涵、研究范畴、研究对象等,特色不鲜明,内容不丰富,学科属性尚未得到彰显。相关的研究及结论也不足以支撑环境史迅速就成为独特的新学科。

中国环境史是历史学领域内,跨学科及综合性学科特色最浓郁、学科立体型最突出的分支学科。但在对具体问题的研究中,中国环境史与邻近学科的详细、准确的差异性及独特性,尚未有学者真正进行过辨析及考订,也缺乏公认的结论。这使中国环境史一直处于模糊、不明晰甚至是似是而非的状态,影响了中国环境史的独特性、不可替代性等特点的彰显。

此外,中国环境史的大部分研究成果,没有注意环境发展史中的偶然性、不确定性,也没有注意环境变迁史中的必然性、复杂性。环境变迁史的原因及其发展趋向、结果,往往是复杂的、多维的,其间既有偶然性要素,也有必然性要素。不同的阶段及区域,偶然性及必然性往往是相互依存、制约,但也可以相互转化。但目前中国环境史的大部分成果,对环境变迁史中的偶然性及必然性,以及环境变迁史的特点、规律、趋势等问题,往往没有进行理性的思考及关注,研究者对环境变迁史的理解及把握出现了片面性及单一性趋向,使研究结论出现不确定性、泛化性。

第三节　中国环境史的未来走向

中国环境史方兴未艾,正处于蓬勃发展的关键时期,但也存在一些问题、桎梏和困境。为了使中国环境史深入、系统地发展,不仅应该进行研究层域、视域的创新,而且需要进行研究路径、方法的创新,更需要在研究思维的取向、旨趣上创新。

第一,研究层域上的转向及创新。除继续进行中国环境史的理论研讨及创新性研究外,更应该进行中国环境整体史及其他宏观层域问题的探讨。

中国环境史尽管成果丰硕,但学科理论、学科设置及规划、研究方法等学科建设的基本问题依旧没有形成体系。且环境史的发展只有几十年时间,与传统史学领域相比,学术积累还较为薄弱,还有大量的空白领域有待填补。目前学界对中国环境史的一些基本概念、研究范围、与其他学科的关系及本学科的定位等基本问题的认知仍然存在争议,尚未形成定论,某些看似已成定论的问题实际上依然存在偏差或错误。因此,中国环境史的当务之急,不仅需要加强学科理论及基本问题,如学科的功能属性、学科范畴、学科目标、学科宗旨、研究手段及范式等的探讨,还需要对一些概念、基础问题的内涵进行讨论及厘定,尤其要厘清一些基本的学科思想及学术概念的准确内涵。只有明确了学科的边界及目标,才能奠定良好的学科建设的基础。

中国环境史的学科构建中,最应该实现的转向,是研究的旨趣从微观、区域环境史研究,转向宏观、整体环境史的研究,避免研究论题过于碎片化的倾向。只有从整体、全局的视域去把握及研究问题,从整体去看局部,才能准确、客观地把握局部的每个层面、每个阶段,才能看到环境变迁史上不同面向、不同时代的具体状况及连贯性,才不会割裂历史。中国环境史应该从整个中国、从全球环境演进及变迁史的宏观视域,进行具体问题的研究及学科的构建,学科的属性、定位、界域、框架、子方向及体系的划分与构建等问题,才能提上专业研究的日程。只有这样,中国环境史才能真正具备独立分支学科的条件及基础,才能具有从整体到局部、从局部到整体的灵活意识及思维、视野及胸怀,才能既具有广度和宽度,又具有高度和深度,"中国生态史的研究意义既不限于历史上的中国,也不限于今日中国的范围,实事求是,尊重历史,全面评价过去……有助于各项工作的展开和推进。"[1]

第二,中国环境史的视域急需进行全方位的扩大。一是在历史学内部的视域扩大,即中国环境史不能只是单纯地就环境说环境,而是要把研究视域扩大到与环境及其变迁有密切联系的、直接或间接的领域,如政治、经济、文化、教育等。二是自然科学领域的视域扩大,即从资料来源、研究方法和路径上真正实现跨学科或交叉学科的研究,把此前未受关注的、与中国环境史有直接或间接关联的学科,纳入中国环境史的视域。

众所周知,中国环境史与历史学内部联系最密切的研究领域有政治史、经济史、思想史,还有人口史(移民史)、水利史、气候史等。学者扩大自然科学视域,就是继续关注生态学、生物学、植物学、动物学、地理学、资源与环境科学、气候学、灾害学等学科外,还应关注此前重视不够的土壤学、医学、气象学、天文学、气象学、水文学、地质学、地貌学、生理学、水生生物学、景观学、工程学、化学、物理学等学科领域,学者更应关注与环境史密切关联的文学、艺术、美学、民族学、人类学、社会学、管理学、教育学、新闻传播学、信息管理等人文社会科学。只有将这些学科的基本知识、理论、科研成果与历史学结合起来,融会贯通,才能真正把握环境史学的核心及灵魂,也才能对不同的中国环境史问题从专业角度去思考,研究结论才能客观、正确,更贴近真实。

---

[1] 侯甬坚:《"环境破坏论"的生态史评议》,《历史研究》2013 年第 3 期。

第三，在加强、深化环境史学传统研究路径的同时，强调中国环境史研究与现实的对话及贯通，凸显中国环境史的经世致用功能，不忘学科研究及建设初心，明确学术责任及使命，把中国环境史服务现实的特性贯通到具体问题的研究中。

要彻底摒弃环境史研究中不自觉的"史不与今通"的固化思维模式及研究圈囿，纠正"学术不与政通"的极其狭隘及偏执的固化思维。通过深入、系统的历史环境诸问题的研究，为社会提供正确的环境史思想及专业知识，发挥历史学当之无愧的资世鉴今的作用。"随着环境问题日益突出，公众对生态安全的关注度不断提高……（党和政府）把'建设生态文明'上升为国家发展战略……给环境史研究蓬勃兴起提供了重要机遇，也赋予历史学者以特殊的时代使命。"[1]

当今中国环境史的发展及具体问题的研究，应当时刻注重把握中国环境史与现实需求的密切联系，改变传统史学在史料里寻觅的研究模式。

第四，凸显中国环境史的学术属性及特点，理清其学科界域、学术定位及其与其他学科的关系及区别，明晰自身的特色，逐渐建构起中国环境史系统、立体的学科框架。

尽管大部分学者认为中国环境史是 20 世纪 90 年代在西方环境史的推动下兴起的，西方环境史也确实促进了中国环境史的兴起。但中国环境史是中国历史学固有的部分，只是此前的史学家没有完全明确地意识到并使用"环境史"这个名称，即西方环境史被译介到中国之前，中国环境史就已经存在。[2]

因此，中国环境史作为一门拥有漫长历史、积累了丰富史料、极具现实感的历史学分支学科，要将其从其他学科的附属或误解中剥离出来，形成自己的学术特色，界定自己明确的学科界域，是完全有可能的，也是可以实现的任务。而缺乏完整环境史学科体系的架构，是中国环境史发展受阻的原因之一，使很多研究者无法准确把握学科研究宗旨及主要目标，"着眼长远发展，积极建构概念体系，形成思想主线明确、结构层次分明的学术框架。这是一项十分重要、亟待实施的工作。"[3]

中国环境史涉及诸多面向，它既不是单一问题及单向就可以进行及完成的

① 王利华：《中国环境史学的发展前景和当前任务》，《人民日报》2012 年 10 月 11 日。

② 周琼：《中国环境史学科名称及起源再探讨——兼论全球环境整体观视野中的边疆环境史研究》，《思想战线》2017 年第 2 期。

③ 王利华：《中国环境史学的发展前景和当前任务》，《人民日报》2012 年 10 月 11 日。

研究,也不是平面、单个领域及问题的研究。它是涉及多个面向及层域的学科,其间的每个问题所涉及的面都是复杂的、多向的。这就决定了中国环境史及其学术框架必然是立体、多面向、多层域的,每个问题及领域都与周围的各要素产生直接、间接的联系,其影响也是复杂、多维的,这是中国环境史的真面目,也是中国环境史应该具有的存在形式。

第五,中国环境史学科话语权、学派及学术体系的构建,是中国环境史进一步发展、学科建设目标及任务顺利实施的关键要素。

中国环境史的丰富成果,为其学术话语权的建立、学科合法性的确立,发挥了积极的支撑、促进作用。但中国环境史是个刚起步的学科,目前虽然取得了可喜的成绩,但与其深厚的学科内涵来说,依然是微不足道的,这一学科的具体研究存在着无法避免的缺陷及不足。故构建话语体系是中国环境史发展及学科构建最主要的任务,“环境史研究深切关怀地球居民的共同命运,该领域的学者拥有更多超越国家、种族和文化分歧的共同话语,中国学者应积极争取更多的学术话语权。”①目前进行的环境学者的访谈、笔谈,环境史专栏及刊载环境史论文期刊的特色逐渐形成;以不同形式开展的中国环境史教学及人才培养、科研项目的立项及研究,都明确、支持中国环境史形成自己的特色、展现自己的学术话语。

目前,中国环境史在理论层面尤其环境史学科建设方面的理论研究,受西方环境史研究理论及研究模式影响较大,制约了中国本土研究的创新性思维、观点及独立学术体系的建立,“引入西方话语本属正常,但过于巨大的‘话语逆差’现象背后,是中国原创性和本土化的学术话语的窘境,以及对西方学术与理论话语的‘顺从’。”②

当代任何一门新兴学科的构建及发展,都是其学术话语权产生、建构,并在发展中相互促进、在发展中分化整合的过程。在现代学科发展中,如果一个学科没有自己的学术话语体系,那其存在及发展就会受到诸多质疑及挑战,也很难得到其他学科领域的认可,不可能与其他学科有平等的对话及交流平台,遑论学科的发展及学科体系的构建。因此,中国环境史学术话语权的构建,成为学科建立过程中最为重要的因素。

第六,中国环境史既要看到历史环境变迁中的破坏趋势及灾难面向,也要

① 王利华:《中国环境史学的发展前景和当前任务》,《人民日报》2012 年 10 月 11 日。

② 张志洲:《提升学术话语权与中国的话语体系构建》,《红旗文稿》2012 年第 13 期。

看到不同时期进行的环境保护及修复治理的具体实践及积极效果。

环境的破坏及衰败是自然演替的规律及结果，但破坏及衰败进程的快慢、破坏后果的严重程度、破坏范围的大小等，人为的因素如制度、科技、经济、政治、军事等，都发挥了关键性甚至决定性的作用。因此，中国环境史研究不应该只单纯地梳理环境变迁的史实，虽然这是必要的，也是中国环境史存在及发展的基础，但不应该是唯一模式及叙述路径。中国环境史研究应该更多探讨环境变迁的不同动因及变迁趋势，探讨变迁的后果和历史上自然和人为的环境修复的过程与结果。

作为客观、理性的环境史学者，不能只是看到人类行为造成的破坏及其灾难性后果，应看到历史时期人们面对环境灾害时的系列努力及实践，包括思想、制度、技术等层面的措施及其良好效果；看到官方的制度与措施，看到民间的努力及实践；看到个人不同类型的环境改造的尝试，看到社会群体一致的思考及应对机制。只有这样，才能从自然及环境的角度，完整、全面、客观、唯物、公正地还原并揭示中国环境史的发展过程及全貌，避免中国环境史破坏论的思维定式及单一研究范式。在此基础上才能谈得到中国环境史的学科理论、研究范式的构建，离开了"全面向""立体式"的思维及研究取向，中国环境史的发展及学科体系构建，将是无米之炊、无源之水。

第七，中国环境史学者要进行研究旨趣及现实情怀的培养，从根本上提升自身的学术情操及专业感情，既要有人文关怀的思想及意识，也要有自然及生物关怀的思想意识和视域。

大部分中国环境史学者把环境史研究对象界定为"人与自然相互关系的研究"，并坚持认为：如果没有人，中国环境史存在及研究还有什么意义？这在理论上是毫无问题的，甚至在某种程度上看起来也是完全正确的。但在自然环境里生存的生物，不仅是人类，与人类发生关系的也不仅是生物。环境史确实不能忽视人的因素，但只有人的环境史，难免会不自觉地陷入人类中心主义、环境破坏论的泥沼，也会不自觉地陷入生态中心主义的极端误区。环境史学者在研究中要避免这种极端倾向，必须要有大思维、大境界。面对具体的研究论题时，既要看到人类这个生物物种，也要看到其他物种及环境要素的作用；既要关怀人类的命运及未来，也要关怀自然及其他生物、非生物的命运及未来。自然界及生存于其中的包含的个体和群体的存在与发展系统，都会与人类、与周边的一切发生联系并相互影响、制约，相互促进，彼此依赖共生，对自然关怀，最终是对中国环境史及其学科未来命运的关怀。

结　语

　　中国环境史学有无穷尽的发展机遇,也面临诸多困境及桎梏,既有创新的思想、视域及路径,也有创新性、挑战性的领域及难题。中国环境史研究向何处去? 什么样的道路,才有助于中国环境史学的发展及学科的构建及可持续发展?

　　第一,承继以往,开启后来。在中国环境史学的研究中,对宏观理论、方法及具体问题的研究,需要秉承传统而基础的原则,即承前启后的原则。中国环境史既要将既有成果作为学术及学科的前期积累及继续探索的基础,也要在新视域、新路径、新方法的层面,以全球、全中国环境整体史观的立场,开创全新、立体的中国环境史学新局面,并明确环境史学科的属性与定位、界域与面向。既要避免把环境史变成包含一切问题及领域的大箩筐,确定环境史学的界域及特点,也要避免否认及回避自然环境本身及其各要素的历史发展、演替及共生、相互制约和影响的历史。只有坚持辩证唯物主义及历史唯物主义的环境史观,才能构建起一个可持续的、立体的、客观的、全面的具有中国环境变迁史特色的学科框架。

　　第二,兼容并包,扩大视域。作为面向最繁复、立体性最强的历史学分支学科,环境史已经进行的研究的要素、领域及成果,还不及这门学科本身所应研究论题的 1/20 甚至 1/100。浩渺无穷尽的自然界及其变迁历程,值得探究的论题是无穷尽的。环境史学就像一片肥沃的辽阔的处女地,值得学者去探究过去、探求未来。但若沿用传统历史学已有的研究路径及方法,那很多的领域及问题,是无法展开有效研究的。研究者必须无限制地扩大研究思维、研究视域,对环境史学各层域的论题兼容并包,开展深入、系统的研究,做出具有学科特色的标志性成果,彰显环境史学独一无二的研究内容、学科特点,揭示其规律,才能使中国环境史学成为一门遗世独立、资世鉴今的历史学分支学科。

　　第三,宏观与微观兼顾,整体与区域并进,历史与现实互通。中国环境史学的研究及学科发展,宏观及微观层面的研究是必不可少的,既要对中国环境史学的学科理论及其体系构建进行探讨,也要对具体的环境问题进行深入研究;既要对区域的整体环境史进行研究,也要对整个国家的全局环境史进行思考及研究,还要关注并研究全球其他国家及地区的环境史;既要注意到区域环境史存在及发展的自然的、人文的特殊性,也要注意到整体及长时段环境史变迁中的普遍性;既要看到区域及整体的过往环境变迁史,也要看到当代环境变迁的历史;既要关注每个人身边的环境变迁与整个区域、国家乃至世界环境变迁的区别及关系,也要看到当下的环境变迁在未来环境史中的位置及作用。应从现代环境变迁及环境保护、环境治理的具体状况出发,思考历史时期环境变迁的不同面向,实现历史环境与当下环境在思考及研究界面上的沟通、对话,把中国环境史学真正推上专业特色凸显、框架体系系统的发展之路。

第四,人才培养与务实的研究行动及系列成果,是中国环境史学持续前行的基础。中国环境史学科特色理论的创建及发展,需要一代代学者持续不断地努力及传承;无论是何种问题和领域的创新,都需要一批批研究者进行承前启后的、不间断且踏实认真的努力及耕耘。因此,环境史人才的培养及团队的建设,就显得必不可少。既要从史料出发,做出务实的研究,也要客观地记录、书写当下的环境史料,扩大环境史料的范畴,奠定环境史史料学的基础,才能建立起立足当下、面对未来的环境史学。中国环境史学研究及学科的未来发展之路,就在每个环境史学者的眼中和脚下。

附录　中国环境史研习推荐阅读书目

一、入门书目

侯仁之:《环境变迁研究》,北京:海洋出版社,1984年。

侯文蕙:《征服的挽歌——美国环境意识的变迁》,北京:东方出版社,1995年。

刘翠溶、伊懋可主编:《积渐所至:中国环境史论文集》,台北:"中央研究院"经济研究所,1995年。

[美]赵冈:《中国历史上生态环境之变迁》,北京:中国环境科学出版社,1996年。

黄春长:《环境变迁》,北京:科学出版社,1998年。

[美]唐纳德·沃斯特:《自然的经济体系:生态思想史》,侯文蕙译,北京:商务印书馆,1999年。

[美]艾尔弗雷德·W.克罗斯比:《生态扩张主义:欧洲900~1900年的生态扩张》,许友民、许学征译,沈阳:辽宁教育出版社,2001年。

[英]克莱夫·庞廷:《绿色世界史:环境与伟大文明的衰落》,王毅、张学广译,上海:上海人民出版社,2002年。

[美]唐纳德·沃斯特:《尘暴:1930年代美国南部大平原》,侯文蕙译、梅雪芹校,北京:生活·读书·新知三联书店,2003年。

[德]约阿希姆·拉德卡:《自然与权力:世界环境史》,王国豫、付天海译,保定:河北大学出版社,2004年。

梅雪芹:《环境史学与环境问题》,北京:人民出版社,2004年。

廖国强、何明、袁国友:《中国少数民族生态文化研究》,昆明:云南人民出版社,2005年。

梅雪芹:《和平之景:人类社会环境问题与环境保护》,南京:南京出版社,2006年。

尹绍亭、[日]秋道智弥主编:《人类学生态环境史研究》,北京:中国社会科学出版社,2006年。

[美]蕾切尔·卡森:《寂静的春天》,吕瑞兰、李长生译,上海:上海译文出版社,2008年。

[美]J.唐纳德·休斯:《什么是环境史》,梅雪芹译,北京:北京大学出版社,2008年。

刘翠溶主编:《自然与人为互动:环境史研究的视角》,香港:联经出版事业股份有限公司,2008年。

[美]亚当·罗姆:《乡村里的推土机——郊区住宅开发与美国环保主义的兴起》,高国荣、孙群郎、耿晓明译,北京:中国环境科学出版社,2011年。

[英]布雷恩·威廉·克拉普:《工业革命以来的英国环境史》,王黎译,北京:中国环境科学出版社,2011年。

梅雪芹:《环境史研究叙论》,北京:中国环境科学出版社,2011年。

[澳]杰弗里·博尔顿:《破坏和破坏者:澳大利亚环境史》,杨长云译,北京:中国环境科学出版社,2012年。

[印度]马德哈夫·加吉尔、拉马钱德拉·古哈:《这片开裂的土地:印度生态史》,滕海键译,北京:中国环境科学出版社,2012年。

包茂红:《环境史学的起源和发展》,北京:北京大学出版社,2012年。

[美]J.R.麦克尼尔:《阳光下的新事物:20世纪世界环境史》,韩莉、韩晓雯译,北京:商务印书馆,2012年。

[美]罗德里克·弗雷泽·纳什:《荒野与美国思想》,侯文蕙、侯钧译,北京:中国环境科学出版社,2012年。

[美]J.唐纳德·休斯:《世界环境史:人类在地球生命中的角色转变(第2版)》,赵长凤、王宁、张爱萍译,北京:电子工业出版社,2014年。

[英]伊懋可:《大象的退却:一部中国环境史》,梅雪芹、毛利霞、王玉山译,南京:江苏人民出版社,2014年。

高国荣:《美国环境史学研究》,北京:中国社会科学出版社,2014年。

[美]马立博:《中国环境史:从史前到现代》,关永强、高丽洁译,北京:中国人民大学出版社,2015年。

[英]伊恩·道格拉斯:《城市环境史》,孙民乐译,南京:江苏凤凰教育出版社,2016年。

[美]濮德培:《万物并作:中西方环境史的起源与展望》,韩昭庆译,北京:生活·读书·新知三联书店,2018年。

二、拓展书目

袁清林编著:《中国环境保护史话》,北京:中国环境科学出版社,1990 年。

蓝勇:《历史时期西南经济开发与生态变迁》,昆明:云南教育出版社,1992 年。

罗桂环、王耀先、杨朝飞主编:《中国环境保护史稿》,北京:中国环境科学出版社,1995 年。

萧正洪:《环境与技术选择:清代中国西部地区农业技术地理研究》,北京:中国社会科学出版社,1998 年。

韩昭庆:《黄淮关系及其演变过程研究——黄河长期夺淮期间淮北平原湖泊、水系的变迁和背景》,上海:复旦大学出版社,1999 年。

王玉德、张全明等:《中华五千年生态文化》,武汉:华中师范大学出版社,1999 年。

朱士光:《黄土高原地区环境变迁及其治理》,郑州:黄河水利出版社,1999 年。

冯贤亮:《明清江南地区的环境变动与社会控制》,上海:上海人民出版社,2002 年。

李并成:《河西走廊历史时期沙漠化研究》,北京:科学出版社,2003 年。

[美]苏珊·桑塔格:《疾病的隐喻》,程巍译,上海:上海译文出版社,2003 年。

钞晓鸿:《生态环境与明清社会经济》,合肥:黄山书社,2004 年。

[美]罗德里克·弗雷泽·纳什:《大自然的权利:环境伦理学史》,杨通进译,青岛:青岛出版社,2005 年。

曹树基、李玉尚:《鼠疫:战争与和平——中国的环境与社会变迁(1230~1960 年)》,济南:山东画报出版社,2006 年。

[加]西奥多·宾尼玛:《共存与竞争:北美西北平原人类与环境的历史》,付成双、范冠华、王敏等译,天津:天津教育出版社,2006 年。

韩茂莉:《草原与田园——辽金时期西辽河流域农牧业与环境》,北京:生活·读书·新知三联书店,2006 年。

王建革:《农牧生态与传统蒙古社会》,济南:山东人民出版社,2006 年。

文焕然等:《中国历史时期植物与动物变迁研究》,重庆:重庆出版社,2006 年。

[美]肯尼思·F. 基普尔:《剑桥世界人类疾病史》,张大庆译,上海:上海科

技教育出版社,2007年。

　　[美]彼得·S.温茨:《环境正义论》,朱丹琼、宋玉波译,上海:上海人民出版社,2007年。

　　王子今:《秦汉时期生态环境研究》,北京:北京大学出版社,2007年。

　　张建民:《明清长江流域山区资源开发与环境演变:以秦岭—大巴山区为中心》,武汉:武汉大学出版社,2007年。

　　周琼:《清代云南瘴气与生态变迁研究》,北京:中国社会科学出版社,2007年。

　　[美]马修·卡恩:《绿色城市:城市发展与环境》,孟凡玲译,北京:中信出版社,2008年。

　　[日]森田明:《清代水利与区域社会》,雷国山译、叶琳审校,济南:山东画报出版社,2008年。

　　包茂红:《森林与发展:菲律宾森林滥伐研究(1946—1995)》,北京:中国环境科学出版社,2008年。

　　冯贤亮:《太湖平原的环境刻画与城乡变迁》,上海:上海人民出版社,2008年。

　　杨伟兵:《云贵高原的土地利用与生态变迁(1659—1912)》,上海:上海人民出版社,2008年。

　　尹玲玲:《明清两湖平原的环境变迁与社会应对》,上海:上海人民出版社,2008年。

　　[美]孟泽思:《清代森林与土地管理》,赵珍译,北京:中国人民大学出版社,2008年。

　　王建革:《传统社会末期华北的生态与社会》,北京:生活·读书·新知三联书店,2009年。

　　张涛、项永琴、檀晶:《中国传统救灾思想研究》,北京:社会科学文献出版社,2009年。

　　[美]艾尔弗雷德·W.克罗斯比:《哥伦布大交换——1492年以后的生物影响和文化冲击》,郑明萱译,北京:中国环境科学出版社,2010年。

　　陈霞主编:《道教生态思想研究》,成都:巴蜀书社,2010年。

　　韩昭庆:《荒漠、水系、三角洲:中国环境史的区域研究》,上海:上海科学技术文献出版社,2010年。

　　[美]利奥·马克斯:《花园里的机器:美国的技术与田园思想》,马海良、雷月梅译,北京:北京大学出版社,2011年。

〔美〕易明:《一江黑水——中国未来的环境挑战》,姜智芹译,南京:江苏人民出版社,2011年。

胡火金:《协和的农业:中国传统农业的生态思想》,苏州:苏州大学出版社,2011年。

胡宜:《送医下乡:现代中国的疾病政治》,北京:社会科学文献出版社,2011年。

李玉尚:《海有丰歉:黄渤海的鱼类与环境变迁(1368—1958)》,上海:上海交通大学出版社,2011年。

吕桂霞:《牧场工行动:美国在越战中的落叶剂使用研究(1961—1971)》,北京:中国社会科学出版社,2011年。

马俊亚:《被牺牲的"局部":淮北社会生态变迁研究(1680—1949)》,北京:北京大学出版社,2011年。

乔清举:《泽及草木 恩至水土:儒家生态文化》,济南:山东教育出版社,2011年。

于赓哲:《唐代疾病、医疗史初探》,北京:中国社会科学出版社,2011年。

〔美〕马立博:《虎、米、丝、泥:帝制晚期华南的环境与经济》,王玉茹、关永强译,南京:江苏人民出版社,2012年。

〔美〕威廉·克罗农:《土地的变迁:新英格兰的印第安人、殖民者和生态》,鲁奇、赵欣华译,北京:中国环境科学出版社,2012年。

〔印度〕马德哈夫·加吉尔、拉马钱德拉·古哈:《这片开裂的土地:印度生态史》,滕海键译,北京:中国环境科学出版社,2012年。

陈业新:《儒家生态意识与中国古代环境保护研究》,上海:上海交通大学出版社,2012年。

付成双:《自然的边疆:北美西部开发中人与环境关系的变迁》,北京:社会科学文献出版社,2012年。

李文涛:《中古黄河中下游环境、经济与社会变动》,郑州:河南大学出版社,2012年。

梁其姿:《面对疾病——传统中国社会的医疗观念和社会组织》,北京:中国人民大学出版社,2012年。

王星光:《中国农史与环境史研究》,郑州:大象出版社,2012年。

夏明方:《近世棘途:生态变迁中的中国现代化进程》,北京:中国人民大学出版社,2012年。

王利华:《人竹共生的环境与文明》,北京:生活·读书·新知三联书店,

2013 年。

王建革:《水乡生态与江南社会(9—20 世纪)》,北京:北京大学出版社,2013 年。

胡成:《医疗、卫生与世界之中国(1820—1937)》,北京:科学出版社,2013 年。

邹逸麟主编:《明清以来长江三角洲地区城镇地理与环境研究》,北京:商务印书馆,2013 年。

文榕生编著:《中国古代野生动物地理分布》,济南:山东科学技术出版社,2013 年。

蓝勇主编:《近两千年长江上游森林分布与水土流失研究》,北京:中国社会科学出版社,2011 年。

[美]唐纳德·沃斯特:《在西部的天空下——美国西部的自然与历史》,青山译,北京:商务印书馆,2014 年。

高国荣:《美国环境史学研究》,北京:中国社会科学出版社,2014 年。

余新忠:《清代江南的瘟疫与社会:一项医疗社会史的研究》,北京:北京师范大学出版社,2014 年。

[德]薛凤:《工开万物:17 世纪中国的知识与技术》,吴秀杰、白岚玲译,南京:江苏人民出版社,2015 年。

[美]班凯乐:《十九世纪中国的鼠疫》,朱慧颖译,北京:中国人民大学出版社,2015 年。

蒋竹山:《人参帝国:清代人参的生产、消费与医疗》,杭州:浙江大学出版社,2015 年。

[美]穆盛博:《近代中国的渔业战争和环境变化》,胡文亮译,南京:江苏人民出版社,2015 年。

刘森林:《大运河——环境、人居、历史》,上海:上海大学出版社,2015 年。

张全明:《两宋生态环境变迁史》,北京:中华书局,2015 年。

[美]彼得·布林布尔科姆:《大雾霾:中世纪以来的伦敦空气污染史》,启蒙编译所译,上海:上海社会科学院出版社,2016 年。

田家怡、闫永利、韩荣钧等:《黄河三角洲生态环境史》,济南:齐鲁书社,2016 年。

王建革:《江南环境史研究》,北京:科学出版社,2016 年。

吴俊范:《水乡聚落:太湖以东家园生态史研究》,上海:上海古籍出版社,2016 年。

阿拉腾嘎日嘎编著:《中国游牧环境史研究——以中国社科院国情调研报

告为基础资料》,银川:宁夏人民出版社,2016 年。

陈跃:《清代东北地区生态环境变迁研究》,北京:中国社会科学出版社,2017 年。

胡梧挺:《信仰·疾病·场所:汉唐时期疾病与环境观念探微》,哈尔滨:黑龙江人民出版社,2017 年。

〔美〕杰弗里·H. 杰克逊:《水下巴黎:光明之城如何经历 1910 年大洪水》,姜智芹译,南京:江苏人民出版社,2017 年。

乔世明、张砚哲、宁金强编著:《少数民族地区生态环境保护法治研究》,北京:法律出版社,2017 年。

〔美〕埃里克·杰·多林:《皮毛、财富和帝国:美国皮毛交易的史诗》,冯璇译,北京:社会科学文献出版社,2018 年。

〔英〕W.G. 霍斯金斯:《英格兰景观的形成》,梅雪芹、刘梦霏译,北京:商务印书馆,2018 年。

〔英〕莉齐·克林汉姆:《饥饿帝国:食物塑造现代世界》,李燕译,北京:北京联合出版公司,2018 年。

〔英〕约翰·迈克:《海洋———一部文化史》,冯延群、陈淑英译,上海:上海译文出版社,2018 年。

付成双:《美国现代化中的环境问题研究》,北京:高等教育出版社,2018 年。

行龙:《以水为中心的山西社会》,北京:商务印书馆,2018 年。

吴立、朱诚、李枫等:《江汉平原中全新世古洪水事件环境考古研究》,北京:科学出版社,2018 年。

肖晓丹:《欧洲城市环境史学研究》,成都:四川大学出版社,2018 年。

杨祥银:《殖民权力与医疗空间:香港东华三院中西医服务变迁(1894—1941 年)》,北京:社会科学文献出版社,2018 年。

〔美〕大卫·斯特拉德林:《烟囱与进步人士:美国的环境保护主义者、工程师和空气污染(1881—1951)》,裴广强译,北京:社会科学文献出版社,2019 年。

〔美〕威廉·卡弗特:《雾都伦敦:现代早期城市的能源与环境》,王庆奖、苏前辉译,梅雪芹审校,北京:社会科学文献出版社,2019 年。

朱圣钟:《族群空间与地域环境——中国古代巴人的历史地理与生态人类学考察》,北京:科学出版社,2019 年。

Arthur F.McEvoy.*The Fisherman's Problem:Ecology and Law in the California Fisheries*.New York:Cambridge University Press,1986.

Noble David Cook.*Born to Die:Disease and New World Conquest:1492-1650.*

Cambridge: Cambridge University Press, 1998.

Richard P.Tucker.*Insatiable Appetite: The United States and the Ecological Degradation of the Tropical World*. Berkeley, CA: University of California Press, 2000.

Edmund Russell.*Fighting Humans and Insects with Chemicals from World War I to Silent Spring*. Cambridge: Cambridge University Press, 2001.

Paul R.Josephson.*Resources under Regimes: Technology, Environment, and the State*. Cambridge, MA: Harvard University Press, 2006.

Edmund Burke Ⅲ, Kenneth Pomeranz.*The Environment and World History*. Berkeley, CA: University of California Press, 2009.

Shen Hou.*The City Natural: Garden and Forest Magazine and the Rise of American Environmentalism*. Pittsburgh: University of Pittsburgh Press, 2013.

主要参考文献

一、著作

冀朝鼎:《中国历史上的基本经济区与水利事业的发展》,朱诗鳌译,北京:中国社会科学出版社,1981年。

中国科学院《中国自然地理》编辑委员会:《中国自然地理·历史自然地理》,北京:科学出版社,1982年。

武汉水利电力学院等编:《中国水利史稿(中)》,北京:水利电力出版社,1987年。

余文涛、袁清林、毛文永:《中国的环境保护》,北京:科学出版社,1987年。

甘枝茂主编:《黄土高原地貌与土壤侵蚀研究》,西安:陕西人民出版社,1989年。

张家诚主编:《中国气候总论》,北京:气象出版社,1991年。

侯文蕙主编:《征服的挽歌——美国环境意识的变迁》,上海:东方出版社,1995年。

刘翠溶、伊懋可主编:《积渐所至:中国环境史论文集》,台北:"中央研究院"经济研究所,1995年。

[美]赵冈:《中国历史上生态环境之变迁》,北京:中国环境科学出版社,1996年。

黄鼎成、王毅、康晓光:《人与自然关系导论》,武汉:湖北科学技术出版社,1997年。

李根蟠:《中国农业史》,北京:文津出版社,1997年。

中国林学会主编:《中国森林的变迁》,北京:中国林业出版社,1997年。

邹逸麟主编:《黄淮海平原历史地理》,合肥:安徽教育出版社,1997年。

黄春长:《环境变迁》,北京:科学出版社,1998年。

朱启贵:《可持续发展评估》,上海:上海财经大学出版社,1999 年。

葛剑雄主编:《中国人口史》六卷本,上海:复旦大学出版社,2000 年—2005 年。

[美]李中清、王丰:《人类的四分之一:马尔萨斯的神话与中国的现实(1700—2000)》,陈卫、姚远译,北京:生活·读书·新知三联书店,2000 年。

国家环境保护局自然保护司编:《中国生态问题报告》,北京:中国环境科学出版社,2000 年。

李博主编:《生态学》,北京:高等教育出版社,2000 年。

李周、孙若梅:《中国环境问题》,郑州:河南人民出版社,2000 年。

夏明方:《民国时期自然灾害与乡村社会》,北京:中华书局,2000 年。

史念海:《黄土高原历史地理研究》,郑州:黄河水利出版社,2001 年。

司徒尚纪:《岭南历史人文地理——广府、客家、福佬民系比较研究》,广州:中山大学出版社,2001 年。

张光直:《古代中国考古学》,印群译,沈阳:辽宁教育出版社,2002 年。

李令福:《关中水利开发与环境》,北京:人民出版社,2004 年。

梅雪芹:《环境史学与环境问题》,北京:人民出版社,2004 年。

王星光:《生态环境变迁与夏代的兴起探索》,北京:科学出版社,2004 年。

邹逸麟编著:《中国历史地理概述》,上海:上海教育出版社,2005 年。

周琼:《清代云南瘴气与生态变迁研究》,北京:中国社会科学出版社,2007 年。

[美]J. 唐纳德·休斯:《什么是环境史》,梅雪芹译,北京:北京大学出版社,2008 年。

杨伟兵:《云贵高原的土地利用与生态变迁》,上海:上海人民出版社,2008 年。

王建革:《传统社会末期华北的生态与社会》,北京:生活·读书·新知三联书店,2009 年。

[美]富兰克林·H. 金:《四千年农夫:中国、朝鲜和日本的永续农业》,程存旺、石嫣译,北京:东方出版社,2011 年。

[美]许倬云:《汉代农业:早期中国农业经济的形成》,程农、张鸣译,南京:江苏人民出版社,2011 年。

[印度]阿马蒂亚·森:《贫困与饥荒——论权利与剥夺》,王宇、王文玉译,北京:商务印书馆,2011 年。

[英]伊恩·D. 怀特:《16 世纪以来的景观与历史》,王思思译,北京:中国建筑工业出版社,2011 年。

梅雪芹:《环境史研究叙论》,北京:中国环境科学出版社,2011年。

[英]杰拉尔德·G.马尔腾:《人类生态学——可持续发展的基本概念》,顾朝林、袁晓辉等译校,北京:商务印书馆,2012年。

王利华:《徘徊在人与自然之间——中国生态环境史探索》,天津:天津古籍出版社,2012年。

[美]布莱恩·费根:《小冰河时代:气候如何改变历史(1300—1850)》,苏静涛译,杭州:浙江大学出版社,2013年。

丁一汇主编:《中国气候》,北京:科学出版社,2013年。

乔清举:《儒家生态思想通论》,北京:北京大学出版社,2013年。

王建革:《水乡生态与江南社会(9—20世纪)》,北京:北京大学出版社,2013年。

魏惠荣、王吉霞主编:《环境学概论》,兰州:甘肃文化出版社,2013年。

邹逸麟、张修桂主编:《中国自然历史地理》,北京:科学出版社,2013年。

[英]伊懋可:《大象的退却:一部中国环境史》,梅雪芹、毛利霞、王玉山译,南京:江苏人民出版社,2014年。

高国荣:《美国环境史学研究》,北京:中国社会科学出版社,2014年。

蓝勇:《中国历史地理》,北京:高等教育出版社,2010年。

赵杏根:《中国古代生态思想史》,南京:东南大学出版社,2014年。

[美]穆盛博:《近代中国的渔业战争和环境变化》,胡文亮译,南京:江苏人民出版社,2015年。

梁士楚、李铭红主编:《生态学》,武汉:华中科技大学出版社,2015年。

张全明:《两宋生态环境变迁史》,北京:中华书局,2015年。

[美]马立博:《中国环境史:从史前到现代》,关永强、高丽洁译,北京:中国人民大学出版社,2015年。

方勇主编:《庄子生态思想研究》,北京:学苑出版社,2016年。

王建革:《江南环境史研究》,北京:科学出版社,2016年。

[美]陆威仪:《世界性的帝国:唐朝》,张晓东、冯世明译,北京:中信出版社,2016年。

[美]蕾切尔·卡逊:《寂静的春天》,韩正译,北京:商务印书馆,2018年。

[美]濮德培:《万物并作:中西方环境史的起源与展望》,韩昭庆译,北京:生活·读书·新知三联书店,2018年。

[美]段义孚:《神州——历史眼光下的中国地理》,赵世玲译,北京:北京大学出版社,2019年。

二、期刊论文

黄孝燮、汪安球:《黄泛区土壤地理》,《地理学报》1954 年第 3 期。

谭其骧:《何以黄河在东汉以后会出现一个长期安流的局面——从历史上论证黄河中游的土地合理利用是消弭下游水害的决定性因素》,《学术月刊》1962 年第 2 期。

竺可桢:《中国近五千年来气候变迁的初步研究》,《考古学报》1972 年第 1 期。

何炳棣:《美洲作物的引进、传播及其对中国粮食生产的影响(1—3)》,《世界农业》1979 年第 4、5、6 期。

钟功甫:《珠江三角洲的"桑基鱼塘"—— 一个水陆相互作用的人工生态系统》,《地理学报》1980 年第 3 期。

黄秉维:《生态平衡与农业地理研究——生态平衡、生态系统与自然资源、环境系统》,《地理研究》1982 年第 2 期。

凌大燮:《我国森林资源的变迁》,《中国农史》1983 年第 2 期。

陈桥驿、吕以春、乐祖谋:《论历史时期宁绍平原的湖泊演变》,《地理研究》1984 年第 3 期。

李伯重:《"桑争稻田"与明清江南农业生产集约程度的提高——明清江南农业经济发展特点探讨之二》,《中国农史》1985 年第 1 期。

侯文蕙:《美国环境史观的演变》,《美国研究》1987 年第 3 期。

吴承明:《中国近代农业生产力的考察》,《中国经济史研究》1989 年第 2 期。

杨荫楼:《秦汉隋唐间我国水利事业的发展趋势与经济区域重心的转移》,《中国农史》1989 年第 2 期。

陈家其:《明清时期气候变化对太湖流域农业经济的影响》,《中国农史》1991 年第 3 期。

邹逸麟:《明清时期北部农牧过渡带的推移和气候寒暖变化》,《复旦学报》(社会科学版)1995 年第 1 期。

曹树基:《鼠疫流行与华北社会的变迁(1580—1644 年)》,《历史研究》1997 年第 1 期。

朱士光、王元林、呼林贵:《历史时期关中地区气候变化的初步研究》,《第四纪研究》1998 年第 1 期。

许靖华:《太阳、气候、饥荒与民族大迁移》,《中国科学(D 辑)》1998 年第 4 期。

余蔚:《浅谈唐中叶关中地区粮食供需状况——兼论关中衰弱之原因》,《中国农史》1999 年第 1 期。

包茂宏:《环境史:历史、理论和方法》,《史学理论研究》2000 年第 4 期。

曹世雄、陈莉、郭喜莲:《试论人类与环境相互关系的历史演递过程及原因分析》,《农业考古》2001 年第 1 期。

蓝勇:《明清美洲农作物引进对亚热带山地结构性贫困形成的影响》,《中国农史》2001 年第 4 期。

包茂宏:《非洲史研究的新视野——环境史》,《史学理论研究》2002 年第 1 期。

马新:《气候与汉代水利事业的发展》,《中国经济史研究》2003 年第 2 期。

［英］迈克尔·威廉斯:《环境史与历史地理的关系》,马宝建、雷洪德译,《中国历史地理论丛》2003 年第 4 期。

王孟本:《"生态环境"概念的起源与内涵》,《生态学报》2003 年第 9 期。

王子今:《中国生态史学的进步及其意义——以秦汉生态史研究为中心的考察》,《历史研究》2003 年第 1 期。

张敏:《自然环境变迁与十六国政权割据局面的出现》,《史学月刊》2003 年第 5 期。

包茂宏:《德国的环境变迁与环境史研究——访德国环境史学家亚克西姆·纳得考教授》,《史学月刊》2004 年第 10 期。

包茂宏:《热纳维耶芙·马萨－吉波教授谈法国环境史研究》,《中国历史地理论丛》2004 年第 2 期。

包茂宏:《中国环境史研究:伊懋可教授访谈》,《中国历史地理论丛》2004 年第 1 期。

侯甬坚:《环境营造:中国历史上人类活动对全球变化的贡献》,《中国历史地理论丛》2004 年第 4 期。

佳宏伟:《近十年来生态环境变迁史研究综述》,《史学月刊》2004 年第 6 期。

景爱:《环境史:定义、内容与方法》,《史学月刊》2004 年第 3 期。

王思明:《美洲原产作物的引种栽培及其对中国农业生产结构的影响》,《中国农史》2004 年第 2 期。

杨煜达:《清代中期(公元 1726—1855 年)滇东北的铜业开发与环境变迁》,《中国史研究》2004 年第 3 期。

左鹏:《宋元时期的瘴疾与文化变迁》,《中国社会科学》2004 年第 1 期。

包茂宏:《英国的环境史研究》,《中国历史地理论丛》2005 年第 2 期。

高国荣:《什么是环境史?》,《郑州大学学报》(哲学社会科学版)2005 年第 1 期。

葛全胜、方修琦、张雪芹等:《20 世纪下半叶中国地理环境的巨大变化——关于全球环境变化区域研究的思考》,《地理研究》2005 年第 3 期。

景爱:《环境史续论》,《中国历史地理论丛》2005 年第 4 期。

陈灵芝:《对"生态环境"与"生态建设"的一些看法》,《科技术语研究》2005 年第 2 期。

钱正英、沈国舫、刘昌明:《建议逐步改正"生态环境建设"一词的提法》,《科技术语研究》2005 年第 2 期。

宋言奇:《浅析"生态"内涵及主体的演变》,《自然辩证法研究》2005 年第 6 期。

王礼先:《关于"生态环境建设"的内涵》,《科技术语研究》2005 年第 2 期。

邬江:《探讨生态环境建设、生态环境的内涵》,《科技术语研究》2005 年第 2 期。

阳含熙:《不应再采用"生态环境"提法》,《科技术语研究》2005 年第 2 期。

李根蟠:《再论宋代南方稻麦复种制的形成和发展——兼与曾雄生先生商榷》,《历史研究》2006 年第 2 期。

梅雪芹:《从环境的历史到环境史——关于环境史研究的一种认识》,《学术研究》2006 年第 9 期。

梅雪芹:《论环境史对人的存在的认识及其意义》,《世界历史》2006 年第 6 期。

王利华:《生态环境史的学术界域与学科定位》,《学术研究》2006 年第 9 期。

王利华:《中国生态史学的思想框架和研究理路》,《南开学报》(哲学社会科学版)2006 年第 2 期。

张林波、舒俭民、王维等:《"生态环境"一词的合理性与科学性辨析》,《生态学杂志》2006 年第 10 期。

朱士光:《关于中国环境史研究几个问题之管见》,《山西大学学报》(哲学社会科学版)2006 年第 3 期。

邹逸麟:《历史时期黄河流域的环境变迁与城市兴衰》,《江汉论坛》2006 年第 5 期。

樊宝敏:《先秦时期的森林资源与生态环境》,《学术研究》2007 年第 12 期。

高国荣:《环境史及其对自然的重新书写》,《中国历史地理论丛》2007 年第 1 期。

侯甬坚：《"生态环境"用语产生的特殊时代背景》，《中国历史地理论丛》2007年第1期。

梅雪芹：《环境史：一种新的历史叙述》，《历史教学问题》2007年第3期。

袁立峰：《环境史与历史新思维》，《首都师范大学学报》(社会科学版)2007年第5期。

包茂红：《东南亚环境史研究述评》，《东南亚研究》2008年第4期。

高国荣：《环境史在美国的发展轨迹》，《社会科学战线》2008年第6期。

王利华：《作为一种新史学的环境史》，《清华大学学报》(哲学社会科学版)2008年第1期。

包茂红：《澳大利亚环境史研究》，《史学理论研究》2009年第2期。

梅雪芹：《中国环境史研究的过去、现在和未来》，《史学月刊》2009年第6期。

梅雪芹：《中国环境史的兴起和学术渊源问题》，《南开学报》(哲学社会科学版)2009年第2期。

叶瑜、方修琦、张学珍等：《过去300年东北地区林地和草地覆盖变化》，《北京林业大学学报》2009年第5期。

郑杭生：《改革开放三十年：社会发展理论和社会转型理论》，《中国社会科学》2009年第2期。

包茂红：《印度的环境史研究》，《史学理论研究》2010年第3期。

王建革：《唐末江南农田景观的形成》，《史林》2010年第4期。

包茂红：《日本的环境史研究》，《全球史评论》2011年第1期。

高国荣：《环境史在欧洲的缘起、发展及其特点》，《史学理论研究》2011年第3期。

侯甬坚：《历史地理学、环境史学科之异同辨析》，《天津社会科学》2011年第1期。

王建革：《宋元时期吴淞江流域的稻作生态与水稻土形成》，《中国历史地理论丛》2011年第1期。

王利华：《浅议中国环境史学建构》，《历史研究》2010年第1期。

陈业新：《中国历史时期的环境变迁及其原因初探》，《江汉论坛》2012年第10期。

赵九洲：《传统时代燃料问题研究述评》，《中国史研究动态》2012年第2期。

陈祥：《日本环境史学的研究与发展》，《学术研究》2013年第4期。

王建革：《明代嘉湖地区的桑基农业生境》，《中国历史地理论丛》2013年第 3 期。

夏海芳:《浅论人类发展与自然环境的关系》,《能源与环境》2013 年第 5 期。

朱士光:《试论我国黄土高原历史时期森林变迁及其对生态环境的影响》,《黄河文明与可持续发展》2013 年第 3 期。

韩昭庆:《历史地理学与环境史研究》,《江汉论坛》2014 年第 5 期。

王海燕:《日本前近代史视野下的环境史研究》,《史学理论研究》2014 年第 3 期。

王利华:《〈月令〉中的自然节律与社会节奏》,《中国社会科学》2014 年第 2 期。

周琼:《环境史史料学刍论——以民族区域环境史研究为中心》,《西南大学学报》(社会科学版)2014 年第 6 期。

周琼:《定义、对象与案例:环境史基础问题再探讨》,《云南社会科学》2015 年第 3 期。

肖晓丹:《法国的城市环境史研究:缘起、发展及现状》,《史学理论研究》2016 年第 2 期。

贾珺:《为什么要研究军事环境史》,《学术研究》2017 年第 12 期。

周琼:《中国环境史学科名称及起源再探讨——兼论全球环境整体观视野中的边疆环境史研究》,《思想战线》2017 年第 2 期。

耿金:《13—16 世纪山会平原水乡景观的形成与水利塑造》,《思想战线》2018 年第 3 期。

顾兴国、楼黎静、刘某承等:《基塘系统:研究回顾与展望》,《自然资源学报》2018 年第 4 期。

李鹏涛:《近二十年来非洲环境史研究的新动向》,《史学理论研究》2018 年第 4 期。

蓝勇:《中国环境史研究与"干涉限度差异"理论建构》,《人文杂志》2019 年第 4 期。

索　引

后　记

　　中国环境史作为历史学的新兴、交叉学科，虽然其学术研究及学科建设蓬勃发展，如中国本土学者撰写的中国环境史通史的问世、中国环境史图书的编纂，不断推动学科话语权及其体系的建设与深入，但对一个新学科的构建而言，这些远远不够，环境史学科构建中很多亟待解决的问题，依然是束缚环境史学发展的重要原因。

　　2009 年 5 月，云南大学西南环境史研究所建立。同年 9 月，云南大学历史系基地班第六学期开设"中国环境史"选修课。时任云南大学历史系主任吴晓亮教授将这门课程作为学科增长点来建设，并给予相应的支持，表示只要有学生愿意学习，支持不限人数开课，这给起步阶段的环境史教学及研究以极大动力。云南大学中国古代史学科开始培养环境史方向硕士生，2012 年，开始招收环境史博士生，环境史学科人才培养体系初具雏形，教学与研究同步进行。虽然万事开头难，却有幸得到了国内外师长如李文海、林超民、刘翠溶、朱仕光、尹绍亭、满志敏、吴松弟、蓝勇、王利华、夏明方、侯甬坚、王建革、包茂红、梅雪芹、王星光、钞晓鸿、高国荣、张伟然等先生的鼓励、鞭策、帮助及支持。云南大学校、院的数位领导、尊长、同好的关心、提携，以及很多在这里未能一一提及名字的校内外师友的情谊，温暖、照亮了我们前行的路，我们会铭记在心。

　　在举步维艰中，我校的环境史教学及研究坚持了下来，在校内逐渐形成历史系基地班与全校素质教育选修课兼开的"中国环境史"本科教学及硕博士研究生的人才培养体系，硕士生的"环境史概论""环境史文献""中国环境史专题""环境史理论与实践"等课程在第一至第四学期相继开设，博士生的"环境史前沿""环境史田野调研与实践""环境史研究实习"等课程也渐成规律。不同阶段的教学，是学生与老师的教学相长过程，在授课及课下茶话会讨论中，不同课程的框架、内容、形式乃至中国环境史一些基础问题的思考逐渐形成，开始的几届研究生如和六花、刘雪松、耿金、廖丽、聂选华、徐正蓉、吴寰、王彤、杜香玉、邓云霞等同学的思考、讨论，推进了教学及研究，师生习作也得到学术刊物的支持。随着教学的深入及人才培养模式的形成,环境史教材缺失问题逐渐凸显,很多师友多次建议、催促我们尽快调整教案,进而出版教材。

但在教学初期,中国环境史研究中存在的问题、理论,还处于讨论及逐渐形成的阶段,个人对环境史理论及体系、框架的思考极为稚嫩,我们每次授课都不断修改调整教案,甚至担心因不够严谨而出现错漏,不敢拷贝课件给多次提出要求的学生。2017 年 8 月,我所培养并到复旦大学历史地理研究中心深造的耿金博士毕业来到云南大学工作,为研究所输入了新鲜血液,带来了新思考、新动力。我在由衷高兴的同时,亦迫切感觉到随着国内外环境史学研究的发展,中国环境史学科建设、传承及发展的重要性、急迫性,就请他与我一起合上历史系基地班及全校素质教育选修课"中国环境史"。针对课程设置改革后青年老师不一定有上课机会的情况,学校提倡恢复老教师带新教师上课的"传帮带"传统。出于学科建设及支持研究所教学、人才培养工作的需要,耿金欣然同意并承担了教学工作,我把一直以来想出版图书的想法与他进行了交流。

经过多次商讨图书的体例、框架及主要内容,最终将中国环境史教材定位为入门及初学者参考书的层面上。本书编写小组在已有的课程讲义、课件基础上进行系统整理及完善,具体编写工作交由耿金负责。2018 年 5 月,高等教育出版社编辑包小冰老师为推动此事,专程到云南大学参加研究所主办的"传承与开拓:民国时期西南环境史史料整理与研究"学术会议,商定本书编写事宜。同年 7 月,本书编写小组正式开始编写工作。

考虑到本书的编写是希望给高校本科生、研究生提供学习中国环境史的参考,不宜以专题研究形式呈现,也不宜写成区域环境史论著,那么该如何凝练和撰写长时段、大区域的中国环境史?编写小组多次讨论,决定采用通史体裁,将中国古代各朝代中影响环境变迁的最主要因素、最具代表性的环境变迁过程、结果及人类活动影响等作简要梳理,以各时段不同区域的环境变迁与人类互动过程为主线,将中国古代环境历史发展的脉络勾勒出来,以照顾没有史学基础的学生,使他们在学习中国环境史的过程中,把握中国历史发展的基本脉络,找到时空参照。

确定体例后,编写小组开始组织材料,最大的困难是对目前研究成果的取舍。其中每个题材的选取,都是件十分头疼的事。自 20 世纪 90 年代中国环境史学开始起步以来,经 20 余年的积累,研究成果丰富多彩,要多方吸纳,并有明晰主线,对编写小组而言,无疑是个巨大挑战。所幸在本书编写过程中,耿金认真负责,花费大量精力,将他在环境史领域的思考及积累全部展现出来,书稿整理、编写多由他一人完成,我多从框架结构、体例、材料组织等方面把关。虽然原授课课件为编写小组节省了大量时间与精力,但书稿与课件教案在内容取材及叙述表达方面不尽相同,编写统筹工作都仰赖耿金的心力。

具体编写分工如下:研究生张娜、徐艳波、唐红梅、马卓辉、汪东红参与材料搜集及部分章节编写。书稿绪论,第一章第一节,第二章第三节,第六章第二、第三节,及第七章至第十三章由耿金负责编写;研究生徐艳波、张娜编写第一章第二、三节,徐艳波编写第二章第一、二节,张娜、马卓辉编写第三章,汪东红、耿金编写第四章,马卓辉编写第五章,唐红梅编写第六章第一节及第二节部分内容,周琼编写第十四章。博士生王彤在推荐环境史学阅读书目的整理上给予帮助,在此表示感谢。

本书是对中国环境史线索的基本梳理,限于篇幅与时间关系,每个章节只能选取其关键问题与主线叙述,诸多历史上环境变迁的细节无法一一展现。在具体叙述中,限于编写小组的学力及学养,表述、取材、观点存在极大的提高空间,在不同历史时期环境变迁史实的界定、学理思考方面,也存在偏颇与不足。同时,本书对学界具有重要参考价值的成果蕴含的精华及深厚内涵的吸纳,也有不全面之处,担心曲解了师友们的成果,降低了他们的档次。为此,时常惴惴不安。

当然,还有众多环境史的成果及精华,尤其历史环境变迁的很多重要界面,也未能呈现,曾担心出版这样粗浅的成果,会给中国环境史学科的建设及发展抹黑。但几经忐忑,想到学科发展是需要几代人努力的事,学术研究的发展与提升契机,往往都以一块块砖瓦作为批判的靶子才能获得。因此侥幸地想,这本粗浅但不一定能达初衷的书稿,可以作为一部供学界师友同仁批判并给予指导的习作,并冀望在此基础上引出更丰富、更厚实的环境史研究成果。若能达此目的,也算是对20余年环境史入门学习的一个交代,并拜祈各位师友同仁教正,期待在未来的教学实践中更仔细地探索、听取同道师友的指导及同学的建议后,再进行梳理、修改、补充、完善,推出一部更符合环境史教学需要的图书。

本书获云南大学2019年度本科教材建设项目立项("中国环境史概论",编号:2019JX01)并获经费资助。高等教育出版社包小冰老师对本书编写极为关心,并提出诸多修改意见,在此谨致谢忱。

言犹未尽,疏漏及失误之处,尤其是思考未尽之处,敬请读者批评指正。

周琼
2020年10月